Jürgen Kuttner:

**Das große
Sprechfunk-Lesebuch**

Schwarzkopf & Schwarzkopf

Jürgen Kuttner:

Das große Sprechfunk-Lesebuch

Herausgegeben von Jörg Köhler
Mit Fotografien von Michael Trippel

Schwarzkopf & Schwarzkopf

Jürgen Kuttner: Das große Sprechfunk-Lesebuch
Herausgegeben von Jörg Köhler
Schwarzkopf & Schwarzkopf
ISBN 3-89602-040-4
Copyright © der Texte und Abbildungen bei den Autoren
Originalausgabe – Copyright © dieser Ausgabe 1995 by
Schwarzkopf & Schwarzkopf Verlag GmbH, Kastanienallee 32, 10435 Berlin
Umschlagbild und Fotografien von Michael Trippel –
Lettering, Grafik und Typographie Morten Heise
Satz Verlag auf QuarkXPress

GEBRAUCHSANWEISUNG

Dieses Buch wirklich mit Genuß zu lesen, ist ein schwieriges Unterfangen. Sein hoher intellektueller Anspruch, vor allem aber seine revolutionäre Ästhetik in der Formfrage, macht es zwar einerseits zu einem Klassiker der modernen Unterhaltungsliteratur, andererseits aber auch zu einer gewaltigen Herausforderung an Ihre Bereitschaft, sich von längst liebgewonnenen Lesegewohnheiten zu lösen und sich auf ein einzigartiges Experiment der Sinne einzulassen. Sollten Sie, während Sie diese Gebrauchsanweisung lesen, in einer ausgesucht guten Buchhandlung stehen und sich von der frappierenden Sinnlosigkeit des Titels »Lesebuch« sowie von dem Abbild des netten jungen Menschen auf dem Umschlag beeindrucken lassen haben, dann müssen Sie dieses Buch unbedingt kaufen. Es wird Ihnen gerecht werden, denn Sie können sich unter dem Begriff »Bilderbuch« schon nichts mehr vorstellen. Sollten Sie dagegen bereits zu Hause auf dem Sofa sitzen, während sie diese Gebrauchsanweisung lesen, weil Sie den Protagonisten auf dem Titelbild bestens kennen und lieben, dann haben Sie sich zu einer Kaufentscheidung hinreißen lassen, die Sie nicht bereuen werden. In jedem Falle aber lesen Sie bitte diese Gebrauchsanweisung bis zum Ende, denn sie wird Ihnen die oben genannten Probleme bewältigen helfen, langwieriges Blättern auf der Suche nach einer bestimmten Sequenz ersparen, und Ihnen, falls Sie das Buch gekauft haben, um sich darin selbst wiederzuentdecken, einige Illusionen nehmen.

Bei dem vorliegenden Werk handelt es sich um eine Sammlung handverlesener Höhepunkte aus dem bisherigen radiophonen Schaffen von Dr. Jürgen Sven Bernd Rolf Ernst Maxim Kuttner (im folgenden kurz: Kuttner). Es wäre allerdings völlig verfehlt anzunehmen, daß Ihnen damit nichts weiter als abgeschriebene Radiosendungen angeboten werden. Um sich den Unterschied zwischen den vorliegenden Texten und simplen Tonbandprotokollen plastisch zu machen, können Sie gern eine der nächsten Übertragungen des »Sprechfunk« mitschneiden, abtippen und das entstandene zusammenhangslose Gestammel mit dem gehobenen literarischen Stil dieses Buches vergleichen. Sie werden Augen machen!

Wenn Sie sich aus durchaus verständlichen Gründen dieser Mühe nicht unterziehen wollen, lesen Sie diese Gebrauchsanweisung bis zum Ende. Hier werden Ihnen die wichtigsten Unterschiede ausführlich erläutert.

Das Buch teilt sich in viele, ganz kurze, ganz lange oder auch mittellange Kapitel, deren Überschriften in weit mehr als der Hälfte der Fälle mit den von Kuttner gewählten Themen der jeweiligen Sendungen übereinstimmt. Ausnahmen gibt es immer dann, wenn Kuttner und sein Gesprächspartner über längere Zeit (zwischen zwei und zehn Minuten) in einer Art und Weise vom Thema der Sendung abwichen, die in intellektuellen Kreisen als literarisch wertvoll angesehen werden könnte. Dann wurde das Thema dieser Abweichung automatisch zur Überschrift des Kapitels, besonders krasse Beispiele sind: »Menschen in Bad Harzburg« oder »Die Hundequote«. Aber auch diese Regel gilt nicht immer. Zwei Kapitel des Buches bestehen vollständig aus Telefongesprächen, die nie in ein und derselben Sendung geführt wurden. So sind einerseits unter der schlichten Überschrift »Kuttner« alle die seltenen Momente gesammelt, in denen Kuttner, mitunter sogar gegen seinen Willen, Bruchstücke seiner eigenen Identität verraten hat. Andererseits sind unter der Überschrift »Praktische Lebenshilfe« jene wunderbaren Augenblicke zusammengefaßt, in denen Kuttner mit der gesamten ihm zur Verfügung stehenden Herzenswärme versucht hat, jungen Menschen aus sexuellen, beruflichen oder familiären Nöten zu helfen. Wer nach der Lektüre dieser beiden Kapitel noch mehr über Kuttners inneres und äußeres Ich erfahren und darüber hinaus die Ursachen für seine Sorge um das sexuelle, berufliche und familiäre Wohlergehen der Berliner und Brandenburger Jugend herausfinden will, dem sei das ausführliche Interview des Herausgebers mit Kuttner am Ende des Buches empfohlen. Ebenfalls gegen Ende, kurz nach diesem Interview, findet sich noch ein interessantes Register der im Buch auf verschiedene Weise erwähnten prominenten oder historischen Persönlichkeiten, wie es in jedem Standardwerk der Zeitgeschichte unentbehrlich ist.

Natürlich hat dieses Lesebuch, im Sinne seines literarischen Anspruchs, auch auf einige wenige identitätsstiftende Merkmale der Sendung »Sprechfunk« verzichten müssen. Besonders sinnfällig wird dieser Verzicht im Falle der inzwischen schon legendär gewordenen musikalischen Unterbrechungen in der Sendung, aber auch der stark regional gefärbte Akzent des Moderators mußte aus ästhetischen Gründen einem geflegten Hochdeutsch Platz machen. Man wird einräumen müssen, daß kein Literaturkonsument, der etwas auf sich hält, heute noch ganze Bücher im Idiom eines Heinrich Zille zu lesen bereit ist. Die gesprochene Sprache kann wenigstens in diesem Punkt ihr ästhetisches Hinterherhinken gegenüber der Schriftsprache schwerlich leugnen. Ganz am Rande steht dagegen das Interesse von Verleger und Herausgeber, dieses Buch auch in Gegenden abzusetzen, deren Bewohner des Berliner Dialekts nicht mächtig sind oder ihn sogar als Ausdruck hauptstädtischer Überheblichkeit verachten. In diesem Zusammenhang wurde auch auf die häufigen lautmalerischen Ausschweifungen Kuttners zugunsten seiner ebenso häufigen Standardformulierungen zum Ausdruck des Erstaunens, der Anerkennung oder gewisser Befürchtungen verzichtet. So wurde also aus einem in der Schriftsprache leicht mißzuverstehenden »Eujeujeujeu!« ein unmißverständliches »Horido!«, oder aus einem zweideutigen »Eijeijeijeijei!« ein eindeutiges »Hut ab!«

Ein besonderer Dank des Verlegers und des Herausgebers gilt dem Universalexperten Prof. Dr. mult. Stefan Schwarz, der dem Verlag unter heftigem Zähneknirschen gestattete, in diesem Buch drei ausgewählte Expertisen seiner über zwanzig wissenschaftlichen Erörterungen zu den Themen der »Sprechfunk«-Sendungen abzudrucken. An dieser Stelle soll allerdings nicht verheimlicht werden, daß sich die Herren Dr. Kuttner und Prof. Schwarz seit einiger Zeit mit der Absicht tragen, ihre als »Expertengespräche« in die Radiogeschichte eingegangenen Dialoge demnächst auch in Form eines universellen Sachbuches im gleichen Verlag zu veröffentlichen und daß der Abdruck der drei schon in diesem Lesebuch enthaltenen »Expertengespräche« ihnen dabei als willkommene Werbung dient. Bei diesen drei Gesprächen handelt es sich übrigens um einen wissenschaftlichen Diskurs zur jahrtausendewährenden Tradition des Taxifahrens, um eine historische Erörterung zur Erfindung des Wasserhahnes und um eine zehnminütige zoologische Debatte über die einschneidenden Auswirkungen des Fehlens von Kniegelenken beim Elch.

Aus Gründen eines nicht zu unterschätzenden Rechts auf Wahrung der Intimsphäre von Hörerpersönlichkeiten wurde in diesem Buch weitgehend auf die Nennung der Namen von Anrufern verzichtet. Dadurch wird gleichzeitig auch eine gewisse Konfusion vermieden, die in den eigentlichen Sendungen immer wieder dadurch entstand, daß einzelne Hörer unter richtigem Namen anriefen, einige sich nur mit einem Tarnnamen meldeten, diesen dann aber mehrfach wechselten, und andere überhaupt nicht bereit waren, sich namentlich zu identifizieren. Ausnahmen von diesem Prinzip der strengen Anonymität waren nur gestattet, wenn eine Debatte über den Namen des Anrufers mit ihm selbst, seinem Kumpel, seiner Freundin oder seiner Mutti, das Gespräch wirkungsvoll belebt haben, oder wenn sie im Falle einer ungewollten Konferenzschaltung (wie sie häufig in den Anfangstagen des »Sprechfunk« vorkam) die literarische Orientierung vereinfachte. Von diesen Ausnahmen Betroffene, ihre Kumpel, Freundinnen oder Muttis, werden dafür sicher Verständnis zeigen.

Abschließend weist der Verlag darauf hin, daß alle Protestäußerungen von Lesern dieses Buches im Sinne von »Ich hab mich zwar wiedererkannt, aber so habe ich das nie gesagt!« von vornherein als gegenstandslos betrachtet werden. Der Herausgeber hat sich natürlich um weitgehende Authentizität in der Wiedergabe der Telefongespräche bemüht, fühlte sich aber auch an die Gesetze der deutschen Sprache gebunden, deren Einhaltung das Lesen von Büchern grundlegend vereinfacht. Leider wurden diese Gesetze nicht immer von allen Anrufern beherrscht, wie auch Kuttner selbst etwa jeden siebenundfünfzigsten Satz mit dreiundzwanzig Kommata nicht korrekt beenden konnte. An diesen Stellen hat die helfende Hand des Herausgebers eingegriffen, allerdings ausschließlich mit dem Ziel, die Intention der jeweiligen Aussage zu unterstützen. Nur in Fällen wirklich schwerwiegender Mißverständnisse, grundlegenden Aneinandervorbeiredens oder völlig sinnentleerter Zwischenbemerkungen wurde der Gesprächsverlauf leicht korrigiert und wieder in Fluß gebracht. Das dann aber grundsätzlich zugunsten Kuttners und auf Kosten des Anrufers, denn schließlich obliegt es dem Moderator, durch geschickte Gesprächsführung den Unterhaltungs- und Bildungswert der

Sendung zu steigern, während der Hörer an ihr teilnehmen darf, ohne die geringste Verantwortung zu tragen.

Wenn Sie sich von all diesen notwendigen Vorbemerkungen nicht abschrecken haben lassen, liegt nun ein weit geöffnetes Buch vor Ihnen, das an Themenvielfalt, sprachlichem Reichtum und erzieherischem Anspruch seinesgleichen sucht. Es kann sowohl als soziologisches Fachbuch gelesen werden wie auch als linguistisches Schatzkästchen. Es kann sich für Sie zum nützlichen »Ratgeber der korrekten Gesprächsführung in allen Lebenslagen« entwickeln, es könnte aber gleichzeitig auch ein »Handbuch für den modernen Kabarettisten« werden, enthält es doch Pointen, über die so noch nie gelacht wurde. In der Person Kuttners tritt Ihnen ein sprachgewaltiger Unterhalter entgegen, dem es immer wieder gelingt, Ihnen einen beeindruckenden Einblick in das berühmte deutsche Wohnzimmer zu gewähren, der andererseits aber wie spielend in der Lage ist, wildfremde Menschen zu motivieren, sich dahingehend zu demaskieren, daß sie in ihrem Wohnzimmer seit Jahren Gottesanbeterinnen, Heimchen oder Wüstenrennmäuse züchten, früher einmal Kind waren, als Cervelatwurstzipfelabschnittsbevollmächtiger arbeiten, oder eigentlich das Pappfragezeichen aus einer bekannten Fernsehshow sind.

Andere wiederum gestehen, daß sie abends gern neben einem laufenden Staubsauger einschlafen, sich im Traum oft mit dem überdimensionalen Gehirn eines verstorbenen Philosophen unterhalten, bei ihrer ersten Begegnung mit dem Musiker Ice-T nicht in der Lage waren, »Fuck you!« zu sagen, während des Geschlechtsverkehrs mit ihrer Freundin schon mal Kuttner in Form eines roten Schmetterlings über sich schweben sahen, ihren ersten Kuß am laufenden Wasserhahn geübt haben, oder daß ein inzwischen verstorbener DDR-Schlagerstar ihre damalige Freundin auf offener Bühne vor laufenden Kameras angemacht hat. Aber was solls, lesen Sie lieber selbst.

So nützt dieses Buch in fast jeder Lebenslage, ist Freund und Helfer in Not und Trostlosigkeit. Eines werden Sie allerdings auch in diesem Buch nicht finden: Eine Erklärung dafür, wie Infinitesimalrechnung funktioniert.

Der Herausgeber

ELCHE

Expertengespräch: Haben Elche Kniegelenke?

Kuttner: Jetzt bei mir im Studio Stefan Schwarz, ein ausgewiesener Elchkenner. Er fällt in der Öffentlichkeit vor allem dadurch auf, daß er gern in den Ecken steht und Elch-Anekdoten erzählt. Ich habe ihn hier zu mir ins Studio gebeten, damit er eine seiner berühmten Elch-Geschichten der geneigten Hörerschaft zur Kenntnis bringen kann.

Experte: Erstmal muß ich dazu sagen, daß ich bei weitem nicht nur ein Elch-Anekdoten-Erzähler bin, sondern ein anerkannter Paarhufer-Experte. Dazu gehören nur als Spezifikum die Elche. Paarhufer sind aber auch Antilopen, Gazellen und unter anderen auch Gnus.

Kuttner: Aha, Gnus.

Experte: Wußtest du, daß die Gnus zum Beispiel jährlich eine lange Wanderung durch den Serengeti-Naturpark machen, wobei etwa die Hälfte der Jung-Gnus umkommt?

Kuttner: Aber das weiß doch eigentlich jeder. Wollen wir dann nicht doch lieber über die Elche ...

Experte: Ach so, ja. Ich wollte eine Geschichte aus Lappland erzählen. Lappland liegt in Finnland und die Lappen sind berühmte Elchjäger. In Lappland gibt es die größte Elchpopulation der Welt, wie es woanders ist, weiß ich nicht.

Kuttner: Was machen die denn mit den vielen Elchen in Lappland?

Experte: Die Lappen sind vor allem damit beschäftigt, diesen Elchbestand zu dezimieren. Das ist seit Alters her ihre Aufgabe. Aber das ist andererseits gar nicht so einfach, weil Elche nicht auf herkömmliche Art und Weise dezimiert werden können. Sie sind zum Beispiel relativ resistent gegen Schußwaffen und können mit automatischen Waffen überhaupt nicht gejagt werden.

Kuttner: Da muß man schon Elchwerfer haben oder Elchorgeln.

Experte: Jaja, schon gut. Das Problem besteht darin, daß Elche relativ einfach zur Strecke zu bringen sind, wenn man denn das richtige Know-how hat. Elche haben, und das wissen nur ganz wenige Leute, eigentlich nur die Lappen, Elche haben keine Kniegelenke.

Kuttner: Moment mal, wo bleibt denn jetzt die Verantwortung des Autors. Wenn das öffentlich wird, dann weiß natürlich jeder Depp hierzulande, wie man Elche jagt!

Experte: Ich gehe mal davon aus, daß es in Deutschland nicht so gefährlich sein dürfte, die Geheimnisse der Elchjagd preiszugeben, weil man davon ausgehen kann, daß sich nicht allzuviele Deutsche pro Jahr in Finnland, und gerade in Lappland, aufhalten und bei der Dezimierung des Elchbestandes mitwirken wollen.

Kuttner: Du bist also durchaus durch den lappländischen Jägerverband autorisiert, in weiter entfernten Regionen darzustellen, wie man Elche erlegt. Rein theoretisch.

Experte: Ja. In Finnland selbst wäre das natürlich prekär. Das wird dort auch strafrechtlich verfolgt. Also, ich erwähnte es ja schon: Elche haben keine Kniegelenke. Wenn man einen Elch gehen sieht, dann merkt man, nun ja – er stakst ein bißchen. Elche können auch nicht besonders schnell laufen, der Elch stakst eher gemächlich durch den Wald. Nun könnte man sie von daher vielleicht problemlos einfangen, aber Elche sind natürlich auch sehr groß und sehr stark, besonders fünf oder sechs Tiere auf einmal. Und jetzt gibt es ein Problem.

Kuttner: Für die Elche oder für die Jäger?

Experte: Für die Lappen bitte, wir wollen hier von Lappen sprechen. Aber für die Lappen ist es eher ein glücklicher Umstand, vor allem des Nachts. Nachts, wenn die Elche sich zur Ruhe begeben, denn auch Elche müssen schlafen, können sie nun nicht ohne Weiteres die Beine einknicken. Da sie keine Kniegelenke haben, müssen sie sich beim Schlafen stehend an einen Baum lehnen. In Lappland gibt es aber nur vereinzelt Bäume, es handelt sich schon um den Tundrenbereich, so daß manchmal bis zu zehn Elche um einen einzigen Baum herum stehen, weil es der einzige Baum in der ganzen Gegend ist. Die Lappen haben es sich nun zur Gewohnheit gemacht, diese Bäume, an denen man erkennen kann, daß an ihnen Elche genächtigt haben …

Kuttner: Woran erkennt man denn Bäume, an denen Elche geschlafen haben?
Experte: Elche schlafen sehr unruhig, weil sie stehen müssen. Das ist sehr anstrengend, sie bekommen gerade mal eine Mütze voll Schlaf, wie man im Volksmund sagt. Sie schubbern also wie blöde an den Stämmen herum, und da bleiben natürlich Haarfetzen zurück, Hautfetzen, Schweiß – das kann man riechen, Elche stinken auch ganz erbärmlich, sie haben einen ganz furchtbar übelriechenden Schweiß, deswegen sind sie auch die Könige der nördlichen Tierwelt, kein anderes Tier begibt sich in die Begleitung von Elchen, weil sie so entsetzlich riechen – man kann das also relativ einfach ausmachen. Diese Bäume werden nun von den Lappen, zumindest seit der Bronzezeit, was vorher war, weiß ich nicht, kurzerhand angesägt. Vor der Bronzezeit war das Ansägen aus verständlichen Gründen nicht möglich.
Kuttner: Ja, richtig. Aber ich sehe schon, was kommt. Der übermüdete Elch …
Experte: … lehnt sich also vertrauensselig an seinen alten Schlafbaum und denkt nichts Böses.
Kuttner: Und *krach* fällt der Baum um!
Experte: Richtig. Der Elch fällt hinterher, liegt auf der Seite, links oder rechts, und kommt nicht wieder hoch. Er kann sich nicht wieder aufrichten, denn er hat ja keine Kniegelenke, er kann die Beine nicht einknicken. Er liegt da, guckt dumm und kann am nächsten Morgen ohne Schwierigkeiten von den Lappen eingesammelt werden.
Kuttner: Da haben wir des Rätsels Lösung. Vielen Dank an Stefan Schwarz. Ich würde nur noch ergänzen, daß ich das eigentlich ziemlich unschön finde. Elchjagd ist eigentlich nicht schön. Wenn man Elche hat, dann sollte man die lieber pflegen, sie gießen und mit ihnen sprechen. Das gefällt den Elchen, und das bringt auch den Menschen relativ viel.

Bin ich ein Elch?

Hörer: Wenn ich was zu diesem Expertengespräch sagen soll: Mich wundert, daß der Tierschutzverein noch nicht bei euch angerufen hat!
Kuttner: Wieso? Die Sendung wird doch vom Tierschutzverein gesponsert!
Hörer: Elchschlachten, Elcherlegen, Elchessen ...
Kuttner: Also paß mal auf! Ich habe mich persönlich immer gegen Elchessen verwahrt und gegen Elchjagd habe ich mich gerade ausgesprochen! Habe aber andererseits – man muß ja auch ein bißchen aufklären, die Leute müssen ja wissen, wie es geht – die Frage erörtert, wie man Elche erlegt. Oder wie man Elche erlegt, wenn man Elche erlegt, wenn man Elche erlegen wollte. Ohne daß ich direkt zum Elcherlegen aufgerufen hätte. Und auch nicht indirekt!
Hörer: Nee, ich wollte ja nur ...
Kuttner: Und nur wenn man weiß, wie man Elche erlegt, kann man Elcheerlegen verhindern! Wenn man zum Beispiel angesägte Bäume sieht, dann weiß man, daß man die kleben sollte. Sonst lehnt sich ein Elch dagegen und wird von irgendwelchen Lappen eingesammelt.
Hörer: Ich geb dir mal meine Telefonnummer, dann kannst du mich hinterher belabern!
Kuttner: Ich möchte dich aber nicht hinterher belabern! Ich möchte auch deine Scheiß-Telefonnummer nicht haben. Wirklich!
Hörer: Ich möchte jedenfalls lieber über Elchzucht reden. Wir machen ja Elchzucht hier auf unserem Balkon ...
Kuttner: Weißt du was? Gib mir mal lieber doch deine Telefonnummer. Die werde ich hinterher an den Tierschutzverein weitergeben. Das ist doch das Fieseste, was man machen kann! Elchzucht auf dem Balkon! Das ist ekelhaft und abscheulich!
Hörer: Kennst du denn meinen Balkon?
Kuttner: Nee! Den will ich auch nicht kennenlernen! Bin ich ein Elch?

Wie dreht Elchkäse?

Hörer: Ich war im Urlaub in Finnland unterwegs und du weißt ja: In Finnland gibt es keinen Alkohol. Und immer diese Sonne! Und viele Elche unterwegs.
Kuttner: Massenhaft Elche!
Hörer: Jetzt stell dir vor, du sitzt am Lagerfeuer und willst natürlich ein Pils trinken ...
Kuttner: Faßt neben dich und hast einen Elch in der Hand!
Hörer: Nee, Elche jagt man nicht, wie du schon gesagt hast, man fängt Elche.
Kuttner: Und wie?
Hörer: Du machst »Muh«, und dann kommt erstmal der Elch-Mann an. Und wo ein Elch-Mann ist, dahinter ist auch immer eine Elch-Frau. Du holst also mit dem »Muh« den männlichen Elch ran, dann fangen sich zwei Typen den weiblichen Elch, den brauchst du bloß an seinen Knien festhalten ...
Kuttner: Darf ich dich mal kurz unterbrechen? Du hast doch eben gesagt, daß du Elch-Jagd Scheiße findest?
Hörer: Elchfangen ist aber was anderes. Weil du sie danach wieder freiläßt.
Kuttner: Ach so.
Hörer: Also: Der männliche Elch wird erstmal zur Seite gelegt, und dann stürzen sich alle auf den weiblichen Elch und melken die Elchmilch ab. Das ist ein wahres Zaubermittel!
Kuttner: Die dreht ordentlich, meinst du? So daß man auch einen alkoholfreien Finnlandurlaub übersteht?
Hörer: Erstmal das, und zweitens läßt sie auch die Sinne klar. Also vielfältig anwendbar.
Kuttner: Das ist ja praktisch.
Hörer: Genau. Aber jetzt hab ich ein Problem, und du bist ja heute auch vielfältig als Problemlöser unterwegs.
Kuttner: Nicht nur heute! Das hat sich inzwischen schon rumgesprochen, ich bekomme hier Anrufe aus Südluxemburg, Westfrankreich –

bis zur turkmenischen Grenze reicht es, daß Leute hier anrufen, wenn sie Probleme haben. Und bisher ist es mir eigentlich immer noch gelungen, alles zu beantworten.

Hörer: Also folgendes: Ich finde kaum jemand, der diese Elchmilch-Erfahrung hat. Mein wichtigstes Anliegen ist deshalb: Wie komme ich nachts in den Zoo, um einen Elch anzuzapfen?

Kuttner: Das ist natürlich schwierig. Aber vielleicht kaufst du eine Jahreskarte für den Zoo? Die muß ja auch nachts gelten, wenn die ein ganzes Jahr gilt. Das ist ja bei der BVG nicht anders: Wenn du da eine Jahreskarte hast, kannst du auch nachts mit der U-Bahn fahren. Das heißt, wenn du eine Zoo-Jahreskarte hast, dann kannst du auch nachts in den Zoo.

Hörer: So wie du das darstellst, klingt es fast so, als hättest du damit Erfahrung. Als hättest du dir nachts schon mal deine Elchmilch abgeholt.

Kuttner: Ja natürlich! Du gehst einfach dahin, da steht dann der Elchmelker, – aber du mußt selber deine Flaschen mitbringen. Flaschen haben die da nicht im Zoo, die sind ja auch immer ein bißchen unterbezahlt. Also massenhaft Flaschen gibts da nicht, da ist ja Pfand drauf, und wenn leere Flaschen rumstehen, dann bringt der Elchmelker die gern tagsüber weg. Das Geld legt er dann lieber in geistigen Getränken an. Aber wenn man seine Flaschen selbst mitbringt und dem Elchmelker heimlich vielleicht noch eine kleine Flasche unterschiebt, dann gibt es keine Probleme. Dann zapft er dir die Elchmilch – vier, fünf Liter ist überhaupt keine Frage! Ab acht Liter werden die Elchmelker schon ein bißchen komisch. Du weißt ja, daß eine Elchkuh nicht mehr als vierzig Liter gibt. Es gibt ja auch eine Menge Leute mit Zoo-Jahreskarten, wenn du Pech hast, stehst du da richtig ein bißchen Schlange.

Hörer: Ah ja, danke für den Tip.

Kuttner: Und wenn du aus Versehen doch zuviel Elchmilch mitgenommen hast, dann kannst du daraus auch schön Elchquark oder Elchkäse machen. Der dreht auch total!

Darf man überhaupt über Elche reden?

Hörer: Ich hab ein Problem. Und zwar hab ich gehört, was ihr bis jetzt erzählt habt ...
Kuttner: Das ist ziemlich praktisch. Wenn man eine Problem hat, kann man mich anrufen. Danach hat man dann vier Probleme oder man hat kein Problem mehr. Vorhin hat ja einer angerufen, der hatte zwei Probleme und danach kein Problem mehr. Das ist doch ziemlich gut, oder?
Hörer: Das ist ganz gut, ja.
Kuttner: Aber sag mal, hast du wirklich ein Problem? Das ist ja oft auch bloß eine Floskel, daß Leute sagen, sie haben ein Problem und dann haben sie gar kein Problem ...
Hörer: Es ist ja so gesehen gar kein Problem.
Kuttner: ... und versuchen dann bloß, anderen Leuten ein Problem zu machen. Ich könnte mir sehr schön vorstellen, daß du mir jetzt Probleme machen willst.
Hörer: Nein, also ich ...
Kuttner: Du hast ja eben schon eingeschränkt, daß du eigentlich doch kein Problem hast.
Hörer: So gesehen, schon. Ich ...
Kuttner: Wir müssen uns jetzt mal einigen. Hast du ein Problem oder soll ich ein Problem haben? Wenn es jetzt darauf hinausläuft, daß nur ich jetzt ein Problem haben soll – du hast keins, aber ich soll eins haben – dann würde ich jetzt sofort schlußmachen. Ich will keine Probleme haben!
Hörer: Du hast kein Problem! Du hast kein Problem!
Kuttner: Und du hast auch kein Problem?
Hörer: Nee, ich ...
Kuttner: Dann wird es ja ein ganz entspanntes Gespräch! Erzähl mal!
Hörer: Also erstmal machen Elche »Muh Huh«, und nicht »Muh Muh« wie eine Kuh. Und dann ...
Kuttner: Sag mal, du bist doch jetzt auch ein bißchen auf der Schiene, daß du einen Vortrag halten willst. Aber du machst das ein bißchen ungeschickt mit deinem Vortrag. Du appellierst immer an mich, und

ich muß dann »jaja« sagen. Besser wäre, wenn du jetzt einfach mal diese Appelle rausläßt und richtig einen geschlossenen Vortrag hältst.
Hörer: Und wie lange?
Kuttner: Nicht lange. Zwanzig Sekunden schaffst du doch? Einen Kurzvortrag – ohne daß du immer »Hä?« sagst, und ich dann immer »jaja« sagen muß. Also ohne daß du immer so rhetorische Fragen stellst. Denn im Grunde willst du ja gar nichts von mir wissen, du willst nur dein Zeug erzählen. Ich denke ja, daß es hier auch möglich ist, einfach sein Zeug zu erzählen – aber man muß es konsequent machen. Und du machst es jetzt?
Hörer: Okay.
Kuttner: Die Uhr läuft. Du hältst jetzt einen Vortrag und ich paß auf, was du sagst.
Hörer: Also, Elche ...
Kuttner: Erzähl aber keinen Mist! Die Sendung wird am nächsten Morgen immer ausgewertet! Da sitzt eine große Runde, morgen sind das natürlich Elch-Experten aus unterschiedlichen Zoos. Irgendein Nachfahre von Dathe, der ja leider tot ist, ist natürlich auch dabei, aber das sagt dir jetzt wahrscheinlich nichts?
Hörer: Nee.
Kuttner: Dann glaub mir, wenn ich es dir so sage, das wollen wir mal einfach im Raum stehen lassen. Dathe also, und Schnitzler wahrscheinlich. Ich weiß zwar nicht, warum Schnitzler, aber Schnitzler ist gern bei Auswertungsrunden dabei.
Hörer: Also, ich ...
Kuttner: Die sitzen jedenfalls morgen alle da, und alle unsere Ober-Elche vom ORB sind auch dabei, und wenn du jetzt Mist redest, dann hab ich doch ein Problem. Und ich will keine Probleme haben!
Hörer: Das wär Scheiße. Also, Elche ...
Kuttner: Ich sage die ganze Zeit nichts. Ich höre dir voller Konzentration zu. Du kannst jetzt reden, ohne daß dir jemand ins Wort fällt.
Hörer: Also, der Elch ...
Kuttner: Von mir hast du keine Störung zu erwarten.
Hörer: Nein, weiß ich.

Kuttner: Aber du müßtest jetzt langsam mal anfangen, finde ich. Denn wenn ich das Gefühl habe, daß der Vortrag nicht richtig im Fluß ist, dann bin ich doch immer bemüht, dazwischenzugehen und die Pausen zu füllen.
Hörer: Ja, okay, Elche sind ...
Kuttner: Das ist nämlich nicht schön, wenn Pausen entstehen. Die Leute wollen durchhören, die werden irritiert. Immer wenn eine Pause ist, schalten die um.
Hörer: Okay ...
Kuttner: Da kann man dann nur hoffen, daß auch auf dem anderen Sender eine Pause ist, damit sie wieder zurückschalten.
Hörer: Also, es gibt Elche ...
Kuttner: Man redest du abgehackt! Du mußt durchreden! Reden, reden, reden, reden, reden, reden! Okay, ich werde dafür bezahlt, du nicht, aber es ist doch ein schönes Hobby!
Hörer: Gut, ich fang jetzt an.
Kuttner: Und wenn es ein Hobby ist, dann ist man doch viel motivierter, als wenn man dafür bloß bezahlt wird.
Hörer: Also, jetzt fang ich an.
Kuttner: Ich bin im Grunde völlig unmotiviert. Am Geld, daran liegt mir eigentlich nichts. Wenn der Sprechfunk mein Hobby wäre, dann würde ich hier die ganze Zeit reden. Dann wüßte ich, daß ich was sagen will, dann wüßte ich, was ich sagen will, dann würde ich powern, mir Bücher ins Studio holen, würde mir Gäste ins Studio holen, um mich mit denen zu unterhalten, würde auf der Straße mit einem Mikrofon und so einem kleinen Gerät rumlaufen, um Sachen aufzunehmen und sie dann in der Sendung abspielen lassen – das wäre eine ganz tolle Sendung. Aber dazu muß man motiviert sein! Und am motiviertesten ist man, wenn man seine Arbeit und sein Hobby verbindet, was aber bei mir nicht der Fall ist. Bei mir geht es nur ums schnöde Geld.
Hörer: Schon klar. Kann ich jetzt anfangen?
Kuttner: Und da hat man eigentlich gar keine Lust. Warum soll ich reden. Da kommen mal hier fünf Mark rein, mal da fünf Mark. Dafür lohnt es sich nicht.

Hörer: Du, kann ich jetzt anfangen?
Kuttner: Du darfst nicht fragen, das habe ich dir vorhin schon gesagt! Wenn du fragst, muß ich dir immer antworten. Und dazu bin ich nicht motiviert. Tschüß.

Sind Elche radioaktiv?

Hörerin: Ich komme aus Berlin-Grunewald, und ich wollte auch etwas zur Elcherlegung sagen.
Kuttner: Ach schade! Keiner redet über Elch-Hege und Elch-Pflege!
Hörerin: Doch, darüber möchte ich auch reden. Ich war mit Freunden im Urlaub im größten Elchgebiet von Schweden, und da haben wir uns gedacht, wir könnten vielleicht auch Elche im Grunewald aussetzen.
Kuttner: Das wäre ja schön.
Hörerin: Wir wollen ja Elche auch nur dann jagen, wenn es gut für die Tiere ist. Deshalb wollen wir sie im Grunewald aussetzen, um sie nach zwei Jahren jagen zu können. Aber wir wissen nicht genau, ob dort das richtige Biotop für Elche ist.
Kuttner: Das könnte ich mir schon vorstellen. Ich glaube, der Elch bevorzugt auch eher luxuriöse Viertel. Zarah Leander hat ja auch im Grunewald gewohnt und ist ja erst wieder nach Schweden zurückgezogen, als ihre Villa ausgebombt war. Wie die anderen Elche wahrscheinlich. Aber sag mal, ihr wollt die Elche nur deshalb im Grunewald aussetzen, um sie jagen zu können?
Hörerin: Aber erst nach zwei Jahren.
Kuttner: Das macht es nicht besser!
Hörerin: Hast du schon mal Elchbraten gegessen?
Kuttner: Igitt, nee!
Hörerin: Ich war neulich bei Freunden eingeladen, und die hatten einen hervorragenden Elchbraten.
Kuttner: Aus dem KaDeWe? Da soll's ja alles geben. Löwenzunge zum Beispiel.

Hörerin: Ich geh doch nie ins KaDeWe. Aber der Elch hat geschmeckt.
Kuttner: Jetzt hör aber auf! Jetzt wird das Gespräch aber richtig unappetitlich.
Hörerin: Daher auch meine Frage. Ich habe Angst, daß der Elch radioaktiv verseucht war. Wegen Tschernobyl. Ich hab gehört, daß es dort in der Gegend auch Elche geben soll.
Kuttner: Liebe Elche! Ich drück euch die Daumen, daß ihr alle radioaktiv verseucht seid, damit euch diese Grunewald-Clique nicht auffrißt. Ich find das so ungerecht. Elche sind so nette Tiere, sie sind so kluge Tiere – und du willst die nur aufessen!
Hörerin: Was würdest du davon halten, wenn wir Elche im Grunewald aussetzen würden, ohne sie zu jagen?
Kuttner: Dann wäre ich dafür.
Hörerin: Ich hab auch gehört, daß die Elche in Schweden nur deswegen umgebracht werden, weil sie radioaktiv verseucht sind.
Kuttner: Kann es sein, daß du ein bißchen rumspinnst? Warum sollte man die umbringen, wenn man sie gar nicht essen kann? Dann macht es ja überhaupt keinen Sinn mehr!
Hörerin: Da gibt es wirklich Jäger, die auf Elche Jagd machen ...
Kuttner: Mit einem Geigerzähler?
Hörerin: Nein, Quatsch.
Kuttner: Aber du hast doch gerade gesagt, daß die nur Elche umbringen, weil sie radioaktiv verseucht sind. Das kann man ja nun nicht ohne weiteres am Geschmack feststellen. Vielleicht sollten wir ein Komitee zum Schutz radioaktiv verseuchter Elche gründen? Das sollten wir dann aber erst machen. Bevor ihr die Elche in den Grunewald bringt.
Hörerin: Meinst du, wir sollten keine herbringen?
Kuttner: Natürlich! Der Grunewald ist doch elchmäßig völlig unterbelichtet. Jede Menge große Tiere, aber keine Elche! Ist im Grunde doch eine arme Gegend, der Grunewald.
Hörerin: Also wenn ich keinen Elch essen darf, sollte ich vielleicht doch Vegetarierin werden. Aber ich denke dann immer, den Pflanzen muß das doch auch wehtun.
Kuttner: Aber die schreien nicht so.

Hörerin: Na, vielleicht schreien die nur im Unterbewußtsein.
Kuttner: Da hast du wahrscheinlich recht. Man soll ja auch mit Pflanzen reden.
Hörerin: Vielleicht sollte man nur Milch trinken. Weil die Kühe ja nicht schreien, wenn man denen Milch abzapft.
Kuttner: Das stimmt. Die schreien nur, wenn man ihnen keine Milch abzapft. Insofern sollten wir alle auf Milch umsteigen. Oder auf Bier!

SPASS

Kuttner: Das Thema lautet heute Spaß und soll sich um die Frage ranken: Wie kann man denn in moralisch vertretbarer Weise, in anständiger Art und Weise überhaupt noch Spaß haben? Wo wir doch alle ziemlich genau wissen, daß wir doch alle in einer spaßterroristischen Gesellschaft leben, die es geschafft hat, den Spaß zu industrialisieren, die es geschafft hat, daß Spaß immer Gel im Haar hat, die den Spaß zur Pflicht erhoben hat. Man kommt sich ja heute blöde vor, wenn man nicht zumindest schon mal Bungee gejumpt ist, S-Bahn gesurft oder einen Crash-Test absolviert hat. Von daher wäre ein wichtiges Anliegen der Sendung heute, eher spaßkritische Erörterungen zu pflegen und vielleicht Formen des Spaßes zu favorisieren, die dem einen oder anderen altertümlich vorkommen mögen. Im Grunde geht es um die Rehabilitation der Schlaghosenvariante von Spaß. Es wäre nicht unbedingt das ertrebenswerte Ziel, Spaß so zu definieren, daß es Bestand hätte vor der philosophischen Fakultät der Akademie Français. Sondern es wäre einfach nett, wenn jemand ganz konkret erzählen könnte, woran er denn so Spaß hat.

Ist Spaß spärlich bekleidet?

Kuttner: Vielleicht du?
Hörerin: Ja, hallo.
Kuttner: ... die ja vielleicht auch eher an einer abgedrehten Sache Spaß hat?
Hörerin: An einer total abgedrehten Sache! Rate mal was. Also es ist ...
Kuttner: Halt, halt, halt! Was gewinne ich denn, wenn ich es richtig rate?
Hörerin: Na, rat mal.
Kuttner: Was gewinne ich denn dann? Heute macht ja keiner mehr was, ohne daß er was gewinnen kann.
Hörerin: Gut, du kannst was gewinnen.
Kuttner: Ehrlich? Viel Spaß, stimmts? Na, gut, ich sage: Naturwissenschaften.
Hörerin: Das ist mit einbegriffen.
Kuttner: Mathematik.
Hörerin: Das ist richtig.
Kuttner: Ahja, an Mathematik hast du Spaß. Was habe ich denn jetzt gewonnen?
Hörerin: Woran du viel Spaß hast.
Kuttner: Das habe ich gewonnen? Okay – Bungee-Jumping! Oder ein Auto mit so einem Luftsack drin.
Hörerin: Oh, ich hab nur ein Auto ohne Airbag.
Kuttner: Aber mir macht gerade mit einem Auto mit Airbag gegen die Wand fahren viel Spaß! Wie machen wir das denn jetzt?
Hörerin: Tja ...
Kuttner: Du hast mir das aber versprochen! Du hast mir meinen Spaß versprochen.
Hörerin: Den bekommst du auch. Dazu mußt du aber herkommen. Nach Eisenhüttenstadt mußt du kommen.
Kuttner: Oh, das ist ein weiter Weg. Und das alles ohne Airbag.
Hörerin: Ich wollte dir eigentlich sagen, daß ich Spaß an Mathe, Chemie und Physik habe. Schon seit der Schule. Und daß nie einer begriffen hat, daß man daran Spaß haben kann.

Kuttner: Und nun bist du aus der Schule raus und hast im Grunde überhaupt keinen Spaß mehr.
Hörerin: Nee, nicht mehr.
Kuttner: Na, dann Abendschule!
Hörerin: Das wäre vielleicht ein Weg.
Kuttner: Liest du vielleicht immer noch mathematische Bücher? Oder löst solche Denksportaufgaben?
Hörerin: Ja, manchmal.
Kuttner: Wie ist es mit Geheimschriften entziffern?
Hörerin: Ja, all solchen Schnulli.
Kuttner: Oder sagen wir mal: elf mal sechzehn?
Hörerin: Äh ... ja ... also ... jetzt kommt aus dem Hintergrund 176.
Kuttner: Aus dem Hintergrund? Hast du den Computer nicht ausgeschaltet?
Hörerin: Ich weiß nicht, ob der mein Computer ist ...
Kuttner: Gib mal her, deinen Computer!
Hörerin: Nee, der will nicht.
Kuttner: Ach Mensch, das war so eine nette Stimme! Das war doch auch das, was dich an ihm beeindruckt hat, oder?
Hörerin: Naja, die Ehefrau von ihm sitzt daneben.
Kuttner: Dann will ich nicht weiter stochern. Oder doch: Was macht ihr denn da gerade? Löst ihr gerade Textaufgaben?
Hörerin: Nee, wir sehen gerade Kuttner.
Kuttner: Schön! Hier im Hintergrund ist doch auch viel Spaß, oder?
Im Hintergrund: Die Damentanzgruppe des Wittstocker CC mit silbernem Hut.
Hörerin: Für mich nicht so richtig. Da hättet ihr ein paar Männer hinstellen sollen. Und noch spärlicher bekleidet.
Kuttner: Der Spaß hat also auch seine geschlechtsspezifischen Seiten, über den wir vielleicht im Folgenden noch reden können. Dankeschön.

Stinkt Spaß aus dem Mund?

Hörer: Mein Spaß ist: Ich schlage Freitag abends immer bestialisch zu mit Knoblauch.
Kuttner: Der eigentliche Spaß würde aber darin bestehen, wenn man Sonntagabend mit Knoblauch zuschlägt und am Montag mit dem Taxi zur Arbeit fährt.
Hörer: Das reicht schon immer, wenn ich sonnabends dann im Konsum den Nachschub hole und die Verkäuferinnen sagen: Na, Sie haben ja wieder gesund gelebt! Ich antworte dann immer: Ja, warum verkauft ihr denn das Zeug überhaupt, wenn man es nicht essen soll. Und in der Straßenbahn macht es einen wahnsinnigen Spaß!
Kuttner: Und in der Kaufhalle ist es bestimmt auch schön. Wenn man zur Kassiererin sagt: Fräulein, kommen Sie doch mal ein Stück ran!
Hörer: Ja, klar, du kommst ohne zu hupen, ohne was zu sagen, mit deinem Einkaufswagen durch. Haust du denn auch manchmal solche Dinger weg, so Knoblauch? Könntest du ja machen, du sitzt ja hinter der Scheibe.
Kuttner: Das denkst du! Der Trend geht ja jetzt zu Interaktivität, da werden bestimmt auch bald Gerüche abgestrahlt. Und man kann sich nie sicher sein, ob es jetzt nicht schon so ist.
Hörer: Sicher gibt es auch andere Späße, aber wenn du Knoblauch ißt und Straßenbahn fährst, dann hast du kollektiven Spaß. Das macht unheimlich Laune!
Kuttner: Glaub ich gern.
Hörer: Und ich muß auch sagen: Knoblauch vergeht. Aber wenn man manchmal in der Straßenbahn fährt, da gibt es auch welche, die stinken richtig. Nicht nur unter den Armen, auch aus dem Kragen kommt es da raus – und da ist es doch sehr angenehm, wenn man mit Knoblauchfahne in der Straßenbahn steht und sich noch durchdrängelt, wenn man wieder raus will.
Kuttner: Da wenden sich die anderen Fahrgäste dann geradezu hilfesuchend an dich, weil du nach Knoblauch stinkst.
Hörer: Genauso ist es.

Kuttner: Gut, kann man dich noch an anderen Merkmalen erkennen, außer am Geruch? Ich meine, wenn jetzt plötzlich an Tagen, an denen du keinen Knoblauch gegessen hast, plötzlich in der Straßenbahn Sympathiekundgebungen entstehen und die Leute dir sagen wollen: Mach weiter so!
Hörer: Ja sicher. Daran, daß ich sehr gesund bin.

Kann man Spaß versichern?

Hörer: Also die verstehen Spaß alle falsch. Die können nur irgendwelche Gemeinheiten tun und finden es toll, wenn sie jemand quälen können – aber das ist kein Spaß für mich.
Kuttner: Knoblauch essen ist doch nicht gemein und quälend!
Hörer: Doch, die Geschichte hat mir nicht gefallen.
Kuttner: Vielleicht ist es ein bißchen fies, aber ansonsten ist es doch sehr gesund.
Hörer: Naja, wenn ein anderer sich übergeben muß ...
Kuttner: Übergeben hat er nicht gesagt, nicht waschen ist schlimmer. Und da hat er recht gehabt. Nicht waschen ist wirklich kein Spaß. Aber du hast produktiven Spaß, du trägst mit deinem Spaß zur Erhöhung des Bruttosozialprodukts bei?
Hörer: Auch so teilweise. Ja.
Kuttner: Siehste! An dieser Stelle bietet es sich an zu sagen, worin denn dein Spaß besteht.
Hörer: Ich züchte Gottesanbeterinnen und Heimchen.
Kuttner: Der erste Teil klingt leicht pfäffisch, wenn man so ein Wort gebrauchen darf.
Hörer: Hä?
Kuttner: ... und Heimchen jedenfalls.
Hörer: Ja, sicher.
Kuttner: Könntest du dir da nicht vorstellen, daß junge Menschen, die deine Wohnung betreten, die ja voller Gottesanbeterinnen und

Heimchen ist, doch auch dem Zwang unterliegen könnten, sich übergeben zu müssen? Daß Gottesanbeterinnen und Heimchen zu züchten gar nicht so menschenfreundlich ist, wie du es versuchst, hier darzustellen?

Hörer: Also, ich verkaufe die, und die Käufer haben jetzt auch viel Spaß daran.

Kuttner: An wen verkaufst du die denn? An die katholische Kirche?

Hörer: Nee, mehr privat.

Kuttner: Gottesanbeterinnen, das sind doch so kleine Insekten, oder? Kannst du mir jetzt erklären, wie man es schafft, an so kleinen Insekten, die die Wohnung bevölkern, Spaß zu haben? Außer, daß man damit viel Geld verdient?

Hörer: Naja, ich hatte eine Enttäuschung ...

Kuttner: Eine unglückliche Liebe?

Hörer: Ja ...

Kuttner: Und da dachtest du, wenn auf etwas Verlaß ist, dann auf Insekten. Die bleiben einem treu.

Hörer: Ja, weil Cordula, die hat mir eigentlich nicht so viel Spaß gebracht wie die Gottesanbeterinnen.

Kuttner: So daß du jetzt schöne, beschauliche, friedliche Abende hast, Hand in Hand mit deinen Gottesanbeterinnen?

Hörer: Na, beschaulich ... Es ist ja nicht so, daß die langsam sind!

Kuttner: Da ist also manchmal richtig Remmidemmi in deiner Stube?

Hörer: Da ist Remmidemmi.

Kuttner: Mit den Gottesanbeterinnen?

Hörer: Jaja. Und den Heimchen.

Kuttner: Dürfen die denn frei rumlaufen, bei dir in der Wohnung?

Hörer: Teilweise. Ich hab zwei, die dürfen frei rumlaufen. Aber die anderen sieben, die sind nicht so zutraulich.

Kuttner: Die werden dann richtig wild und unberechenbar?

Hörer: Die beißen! Das tut zwar nicht weh, aber man muß ihnen schon ein bißchen Haustiermanieren beibringen.

Kuttner: Klar, Charakter beibringen. Und dürfen die denn überall hinmachen bei dir? Oder hast du Schüsselchen, überall in der Wohnung?

Hörer: Nee, die dürfen überall hinmachen, das hab ich erlaubt. Das ist so klein, das sieht man kaum.
Kuttner: Aber das riecht doch!
Hörer: Man gewöhnt sich dran. Das riecht besser als Knoblauch.
Kuttner: Kannst du den Geruch beschreiben, daß man so eine Vorstellung hat? So: Ach hier ist wieder ein Gottesanbeterinnen-Züchter in der Straßenbahn!
Hörer: Also jetzt nach Cordula ...
Kuttner: Ist es eine wahre Erlösung, weil die sich immer so eingedieselt hat.
Hörer: Ja, eine wahre Erlösung. Die sind einfach unkomplizierter, die Gottesanbeterinnen. Mit Frauengeschichten hab ich einfach kein Glück.
Kuttner: Und die Gespräche sind auch irgendwie tiefgründiger? Als mit Cordula zum Beispiel?
Hörer: Na, nicht unbedingt tiefgründiger – man hat aber mehr Kontakt.
Kuttner: Und man erntet wahrscheinlich weniger Widerspruch. Sag mal, wieviel kostet denn bei dir so eine Gottesanbeterin?
Hörer: 50 Mark.
Kuttner: Das ist ja nicht billig!
Hörer: Die werden aber auch so 15 Jahre alt.
Kuttner: Gibt es denn auch Gottesanbeterinnen-Versicherungen?
Hörer: Das verstehe ich jetzt nicht.
Kuttner: Na, die stellen doch offensichtlich einen Wert dar. Wenn die jetzt kollektiv vom Tisch runterfallen und sich das Genick brechen, dann hättest du doch einen enormen Verlust. Den könntest du nun vermeiden, indem du versuchst, eine Gottesanbeterinnen-Versicherung abzuschließen.
Hörer: Na, im Schnitt hab ich so 50 – 60 im Monat. Also so ein Verlust stört mich nicht.
Kuttner: Da hast du aber ein ziemlich zynisches Verhältnis zu deinen Tieren. Das muß ich jetzt aber mal sagen und mich damit auch von dir verabschieden. Tschüß!

HEUCHELN

Kuttner: Herzlich willkommen und Guten Abend! Damit wären wir eigentlich auch schon beim Thema der heutigen Sendung. Wenn ich *Herzlich willkommen* und *Guten Abend* wünsche, dann ist das eine Floskel, die sehr häufig ist im Fernsehen, die aber in aller Regel, in nahezu 95% Prozent aller Fälle, gar nichts zu bedeuten hat. Das hat auch seinen Grund, denn man muß ja bedenken: Fernsehen ist eine teure Angelegenheit, da sind viele Leute beschäftigt, da braucht es teure Geräte, und das alles muß natürlich auch teuer übertragen werden. Das heißt, man muß am Ende den Effekt haben, daß möglichst viele Leute vor dem Fernsehgerät sitzen, daß sich möglichst viele Leute angesprochen fühlen. Den erreicht man nun ganz schnell, ganz billig und ganz einfach, in dem man möglichst immer sagt: *Herzlich willkommen* und *Guten Abend!* Also – das Thema heute soll Heucheln sein. Denn eigentlich ist das alles nicht so gemeint. Ich bin ziemlich sicher, daß ich nicht jedem, der da jetzt vor dem Fernseher sitzt, einen Guten Abend wünsche oder ihn herzlich willkommen heißen würde. Weil man – und solche Sätze werden im Fernsehen sehr selten gesagt – schon davon ausgehen muß, daß da auch sehr unsympathische und unangenehme Zeitgenossen vor dem Fernseher sitzen. Man möchte direkt sagen, daß natürlich auch komplette Idioten diese Sendung sehen. Das war übrigens einer der ganz seltenen Momente im Fernsehen, wo quasi ein televisionärer Zeitgeist hoch zu Pferde zu sich selbst gekommen ist, und im Grunde müßte das alles hier jetzt eigentlich implodieren und die Sendung könnte zu Ende sein. – Daß es doch nicht passiert, bedeutet nichts weiter als, daß selbst wenn man im Fernsehen Wahrheiten sagt, sich nichts ändert, daß das also überhaupt keine Bedeutung hat.

VERTRAUEN

Kann man Vertrauen geschäftlich tauschen?

Kuttner: Wir haben hier einen ganz jungen Hörer am Telefon. – Sag mal, am Wochenende gibt es bei euch zu Hause unbeschränkten Fernsehkonsum auch für 17jährige?
Hörer: Ja, klar.
Kuttner: Aus was für einem Elternhaus kommst du denn?
Hörer: Wie meinst du das denn?
Kuttner: Na, sagen wir mal: Soziale Herkunft der Eltern? Neigen die vielleicht ein bißchen zur Verantwortungslosigkeit? Wirst du auch tagsüber häufig vernachlässigt? Sprechen die mit dir? Sprecht ihr am Abendbrotstisch miteinander?
Hörer: Kommt öfter vor.
Kuttner: Also eigentlich kommst du eher aus sicheren sozialen Verhältnissen. Und dann darfst du so spät noch fernsehen!
Hörer: Ja, sicher.
Kuttner: Was machen denn deine Eltern jetzt?
Hörer: Die schlafen schon.
Kuttner: Ach so. Aber sagt denn dir das Thema Vertrauen etwas? Oder wolltest du mich nur als einen wenig vertrauenswürdigen Menschen hinstellen, der beispielsweise nicht 55 Prozent aller Wählerstimmen auf sich vereinigen könnte?
Hörer: Wenn ich jetzt zum Beispiel einem Freund von mir eine Sache erzähle, und ihm sage, er soll sie nicht weitererzählen ...
Kuttner: Aber da weiß man doch, das ist das sicherste Zeichen, daß es unbedingt weitergetragen werden soll! – Der Verweis darauf: Erzähl das aber keinem weiter! Was erzählst du denn da so für Sachen?
Hörer: Na Sachen, die eben keinen Zweiten angehen.
Kuttner: Ja, erzähl mal!
Hörer: Das wird jetzt zu intim.
Kuttner: Ich meine ja nur Sachen, die du dem noch nicht erzählt hast. Ich wäre jetzt also der erste Zweite.

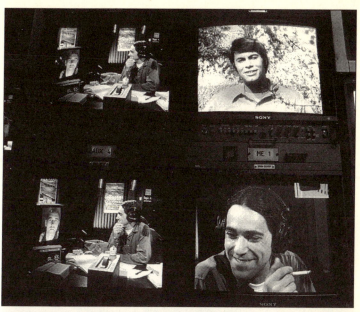
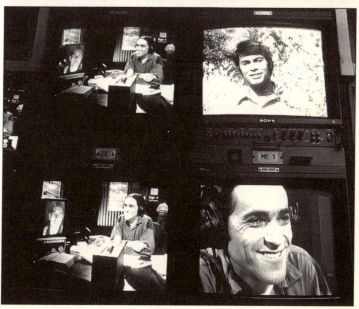

Hörer: Nee, mach ich nicht.
Kuttner: Aus welchem Bereich stammen denn diese Sachen, die du nur Vertrauten erzählst, mit dem Hinweis, daß sie nicht weitererzählt werden sollen?
Hörer: Sexualverhalten und sowas.
Kuttner: Da gibt es Sachen in deinem Sexualverhalten, die dir so sehr auf der Seele brennen, daß du sie unbedingt einem Zweiten erzählen mußt?
Hörer: Naja, Sachen die schon passiert sind.
Kuttner: Ach so. Und was erwartest du dann von dem Vertrauten?
Hörer: Daß er mir auch was erzählt!
Kuttner: Ach, das ist eher so ein Tauschgeschäft! Ich erzähle dir Sachen, die durchaus ein bißchen anmachend sind, und erwarte dann aber auch, daß so etwas zurückkommt. Klasse!
Hörer: Genau so.
Kuttner: Aber wenn der das nun weitererzählt, dann erweitert sich doch nur der Kreis derer, die ihr Sexualverhalten miteinander austauschen. Das wäre doch im Grunde ein ganz akzeptabler Markt für Sexualinformationen!

Kann man Ehefrauen vertrauen?

Kuttner: Nehmen wir mal an, es stehen jetzt drei Typen vor dir. Einer wie ein Bär, weite Jeans, Vollbart ...
Hörer: Wo weit? Oben oder unten?
Kuttner: Oh! Na eher oben weit und unten Birkenstocksandalen. Dann so ein Hagerer, kurze Haare, Nickelbrille, schwarz gekleidet – und dann noch die Bauarbeiter-Variante, in eher ausgetretenen Schuhen und mit Schnurrbart. Wem würdest du am ehesten dein Vertrauen schenken?
Hörer: Tja ...
Kuttner: In einer, sagen wir mal, nicht so lebenswichtigen Situation?

Hörer: Und da ist keine Frau dabei?
Kuttner: Dazu kommen wir später. Also: Vollbart oder Schnauzer?
Hörer: Ein gemütlicher Vollbart hat doch viel für sich.
Kuttner: Gut. Hast du dich schon mal nach solchen Kriterien für Vertrauen entschieden? Zum Beispiel, als der Versicherungsmann so nett aussah?
Hörer: Der hat aber keinen Vollbart gehabt. Versicherungsmänner sind ja gemeinhin immer gut rasiert.
Kuttner: Dann machen wir es andersrum. Welchen Typen würdest du denn rein äußerlich mißtrauen?
Hörer: Gut rasierten.
Kuttner: Na, da hab ich ja heute Glück gehabt. In welchen Situationen hast du denn Vertrauen? Meine These ist, wenn man die Situation nicht überschaut, ist man immer darauf angewiesen, Vertrauen zu haben.
Hörer: Kommt darauf an, ob die Person, um die es geht, männlich oder weiblich ist.
Kuttner: Ach, du wärst eher bereit, Frauen zu vertrauen?
Hörer: Nee, andersrum.
Kuttner: Hast du mit Frauen so schlechte Erfahrungen gemacht?
Hörer: Ich bin einfach der Meinung, daß man Frauen Geheimnisse nicht so anvertrauen kann wie Männern.
Kuttner: Und das hast du auch ausprobiert, das ist wirklich eine Erfahrung von dir? Oder ist das nur etwas Angelesenes?
Hörer: Nee, das ist Erfahrung.
Kuttner: Vielleicht könntest du die mal konkret schildern? – Natürlich nicht aus Sensationslüsternheit oder niederem Interesse meinerseits, sondern weil wir mit dieser Sendung, mit der Darstellung menschlicher Schicksale, gern auch Lehren geben wollen, und damit wiederum versuchen, schlechte Erfahrungen zu vermeiden.
Hörer: Das hat damit zu tun, das sich die Dinge, die man seiner eigenen Freundin anvertraut hat, in ziemlich kurzer Zeit ziemlich weit verbreitet haben.
Kuttner: Verfügst du denn über so etwas, was man eine eigene Freundin nennt?

Hörer: Ich verfüge über eine Frau, die allerdings nicht mehr mit mir zusammenlebt.
Kuttner: Also eher nicht. Gut, von daher ist schon verständlich, daß dein Resümee mäßig bitter ausfallen muß.

Schafft Rasieren Vertrauen?

Kuttner: Mir hat neulich jemand gesagt, daß man Menschen vertrauen kann, bei denen das T-Shirt aus dem Hemd herausguckt, weil die T-Shirts dann immer dazu neigen, so auszulappen. Jetzt bin ich sogar ab und an bereit, das T-Shirt verkehrtrum anzuziehen – dann geht es sogar bis zum Hals, aber es sieht extrem vertrauenswürdig aus, nur das die Stimme dann ein bißchen gequetscht kommt. Hast du denn Punkte, wo du sagen würdest, dem würde ich vertrauen, der hat zum Beispiel einen Ring auf dem rechten Finger, dem würde ich nichts tun?
Hörerin: Nicht ganz sauber rasiert. Das ist mir sympathisch.
Kuttner: Ja! Die sind vertrauenswürdig.
Hörerin: Aber früher im Osten war es einfacher, Vertrauen zu haben. Jetzt ist die Angst größer, nachts auf die Straße zu gehen. Jetzt kann man zu keinem mehr Vertrauen haben.
Kuttner: Und so im politischen Bereich? Da war es ja wie bei den Ärzten: Zu den ganz alten, den Grauhaarigen, da konnte man Vertrauen haben. Die haben das schon gemanagt.
Hörerin: Das hab ich noch nicht so mitbekommen. Ich fand nur gut, wie Honni immer gewunken hat.
Kuttner: Ja, das war auch vertrauenerweckend! Und jetzt sieht man überhaupt nicht mehr durch. Irgendwelche Jugendminister fangen an, sich auszuziehen, und tragen unglücklicherweise auch noch einen Bart dabei. Man ist ja ziemlich überfordert. Wobei aber Biedenkopf und Stolpe sind da doch gute Nachfolger dessen, was man so gewohnt war.
Hörerin: Weißt du, zu wem ich gar kein Vertrauen habe? Zu diesen *Jünger Jesu.* Die standen neulich bei mir vor der Tür und haben mir

stundenlang etwas erzählt von einer besseren Welt und so. Die wollten mich richtig überrumpeln.
Kuttner: Na, solange sie dir nichts verkaufen wollen, kann man sich das doch mal anhören.
Hörerin: Eine Bibel wollten sie mir verkaufen.
Kuttner: Naja, wenn man noch keine hat ...
Hörerin: Ich hatte aber schon eine.
Kuttner: Ach so, das ist was anderes, das kann ich verstehen. Bei der vierten Bibel wird man dann doch mißtrauisch!

Lächeln Wasserwerfer-Fahrer vertrauensvoll?

Kuttner: Wächst denn bei euch in Jüterbog ein Menschenschlag, zu dem man leicht Vertrauen haben kann?
Hörer: Psychologen zum Beispiel. Zu denen hätte ich großes Vertrauen.
Kuttner: Zu Jüterboger Psychologen hättest du großes Vertrauen?
Hörer: Naja, ich bin bei keinem. Aber wenn.
Kuttner: Du hast dir jetzt also eine Berufsgruppe ausgewählt, zu der du dich entschlossen hast, Vertrauen zu fassen, mit der aber du nichts zu tun hast.
Hörer: Ja, genau. Und Taxifahrer.
Kuttner: Weil du auch nie Taxi fährst.
Hörer: Doch. Als Begleitperson sozusagen.
Kuttner: Wie? Als Mitfahrer? Dein Vati fährt das Taxi und du ...
Hörer: Nee, mein Vater ist Pfarrer, der fährt nicht Taxi.
Kuttner: Und wenn, dann nur ein ganz ganz schwarzes Taxi. Aber wie kommst du denn auf Psychologen und Taxifahrer?
Hörer: Bei Psychologen ist es ja irgendwie klar, oder?
Kuttner: Mir nicht so.
Hörer: Na, schon vom Job her. Du liegst da auf so einer Couch und erzählst dem, was du für Probleme hast. Da ist doch schon von vorn herein so ein anonymes Vertrauen aufgebaut.

Kuttner: Ach so, du stellst dir jetzt vor, wie es wäre, wenn du zum Psychologen gehen würdest. Und gehst davon aus, daß das von vorn herein eine vertrauensselige Stimmung wäre.
Hörer: Es sei denn, man gerät an eines der schwarzen Schafe.
Kuttner: Die man aber leicht erkennt. Am starren Blick und daß sich rechts die Hosentasche, wo die Brieftasche sitzt, so komisch ausbeult.
Hörer: Ja, genau.
Kuttner: Hast du denn noch andere Kriterien, an denen du wenig vertrauenerweckende Figuren aus anderen Berufsständen leicht entlarven könntest? Zum Beispiel ein Polizist?
Hörer: Schwer zu sagen.
Kuttner: Stell dir vor, es fährt ein Wasserwerfer in dein Kinderzimmer, die Luke öffnet sich, und es guckt ein Polizist raus. Wonach würdest du entscheiden, ob du dem trauen kannst?
Hörer: Vielleicht am Schnurrbart?
Kuttner: Am Lächeln?
Hörer: Na, okay.
Kuttner: Lächelnde Wasserwerferfahrer. Dann wünsche ich dir aber viel Spaß beim Psychologen, wenn es dann soweit sein sollte.

SCHLAF

Kann man im Schlaf Tee kochen?

Kuttner: Tach, deine Stimme klingt extrem schlafwandlerisch.
Hörerin: Das hast du irgendwo abgelesen.
Kuttner: Nee, nicht abgelesen. Die haben hier beim ORB diese mentalen Schulungen, da wirst du in einen dunklen Raum geführt, so wie diese Wassertanks, wo man in lauwarmer Salzbrühe schwimmt. Da wird man dann sowas von sensibel, daß wir im Grunde gar kein Telefon mehr bräuchten. Wir könnten uns gleich so unterhalten. Das hängt dann nur noch ein bißchen vom Wetter ab.

Hörerin: Ja, bloß, weil ich Sturm heiße.
Kuttner: Das wußte ich nicht! Da haben sie doch wieder gespart, die Kollegen vom ORB. Nachnamen rausbekommen haben sie uns nicht beigebracht. Du wandelst jedenfalls schlaf und kriegst es auch selber mit?
Hörerin: Ja, ich krieg das mit. Nicht immer, aber immer öfter.
Kuttner: Ach, du machst das nur aus Spaß, um deinen Partner zu erschrecken.
Hörerin: Nee! Meinen großen Bruder hab ich mal erschreckt. Da hab ich vor seiner Zimmertür geschlafen.
Kuttner: Aber dann mit Absicht?
Hörerin: Nee! Das war richtig echtes Schlafwandeln.
Kuttner: Was merkt man denn davon selber?
Hörerin: Da hab ich gar nichts gemerkt. Bis mein Bruder dann morgens auf mich raufgetreten ist.
Kuttner: Dann merkt man es, klar. Das ist jetzt also ein Hinweis für Leute, die nicht wissen, daß sie schlafwandeln: Wenn ihr morgens aufwacht, weil euer Bruder auf euch rauftritt, dann seid ihr Schlafwandler.
Hörerin: Ha ha ha.
Kuttner: Das war doch bloß eine kleine Einfügung. Aber gut: Bruder rauftreten – das ist klar, da wird man ganz hart mit der Realität konfrontiert. Aber das Wandeln selbst? Merkt man davon auch was?
Hörerin: Das ist mir gerade vor zwei Wochen passiert, daß ich mitten in der Nacht schlafend aufgestanden bin, in die Küche gegangen bin, den Gasherd angemacht und mir einen Tee gekocht habe.
Kuttner: Da wird es aber gefährlich!
Hörerin: Klar, ich hab am nächsten Abend gleich den Gasherd abgedreht.
Kuttner: Traust du dich denn im Wandeln auch aus der Wohnung raus?
Hörerin: Nee, ich riegele alles ab und laß auch keine Fenster offen.
Kuttner: Das ist ja auch blöd, wenn man hoch wohnt.
Hörerin: Naja, jetzt wohne ich in der ersten Etage, aber früher habe ich in der achten Etage gewohnt. Im Arbeiterwohnheim.

Kuttner: Ach, da hatten die Kollegen bestimmt ihren Spaß. Die haben sich dann immer nachts auf den Flur gesetzt, um dich wandeln zu sehen.
Hörerin: Das Wandeln geht ja noch, am schlimmsten ist ja das Sprechen.
Kuttner: Ach, du sprichst auch noch im Schlaf! Oh, da verrät man ja doch eine Menge.
Hörerin: Jaja, meine Tochter erzählt mir manchmal schon einiges!
Kuttner: Auch Sachen, die Kinder nichts angehen?
Hörerin: Glaube ich nicht. Die hat das ja von mir geerbt.
Kuttner: Ach! Da ist also bei euch die ganze Nacht voll das Gemurmel im Zimmer! Wenn jemand auf dem Hausflur vorbeigeht, heißt es immer: »Ein Krach da drinnen! – Ach so, Sturms schlafen schon.«

Kann man im Schlaf fernsehen?

Hörer: Ich wollte dir jetzt mal ganz allgemein was zu deiner Sendung sagen ...
Kuttner: Obwohl ich darauf hinweisen will, daß das Thema eigentlich Schlaf ist.
Hörer: Okay, ich wollte erstens was zum Thema sagen und zweitens natürlich was zu deiner Sendung, also ...
Kuttner: Welche ist denn die gute Nachricht? Da hab ich dann die Wahl, mir was auszusuchen.
Hörer: Es sind beides gute Nachrichten.
Kuttner: Dann kannst du die Reihenfolge selber festlegen.
Hörer: Eine Kritik ist ja immer auch eine gute Nachricht, also ...
Kuttner: Naja, so scharf bin ich auch nicht auf gute Nachrichten. Erzähl mal lieber vom Schlafen.
Hörer: Okay, ich erzähl dir erstmal, was mir wirklich am Herzen liegt, weil ich diese Sendung auch wirklich gern sehe. Aber ich denke, daß die Sendung immer abflacht, wenn so Themen wie ...
Kuttner: Wenn so über die Sendung geredet wird?

Hörer: ... wenn über Themen gesprochen wird, wie zum Beispiel die Mauer.
Kuttner: Wir wollen auch gar nicht über die Mauer reden, wir reden über Schlaf!
Hörer: Okay, jetzt zum Schlaf. Die Sendung selbst laß ich jetzt mal weg, aber im Prinzip ist es eine tolle Sendung, die ...
Kuttner: Das war schön gesagt. Das ist eine prägnante Formulierung, die verstehe ich und die verstehen die Leute vor den Geräten.
Hörer: Ich sag jetzt nur mal Vox, das ist auch eine ganz anspruchsvolle ...
Kuttner: Mußt du jetzt andere Sendernamen nennen? Kannst du nicht mal ORB sagen, Ostdeutscher Rundfunk Brandenburg?
Hörer: Klar. Kann ich.
Kuttner: Gut, jetzt also zum Thema Schlafen!
Hörer: Also diese Sendung finde ich ganz toll – daß jetzt auch der ORB mal so eine Sendung bringt, wo sich Leute auch selbst einbringen können, weil sie da auch über bestimmte Themen sprechen können ...
Kuttner: Sag mal, jetzt reden wir aber im Grunde über die Mauer, oder? Du könntest es dir doch so einfach machen. Du könntest sagen: Der ORB, das ist ein ganz toller Sender, seit es ihn gibt, muß ich nachts kein Radio mehr hören, sondern mache den Fernseher an – und zack – bin ich eingeschlafen.
Hörer: Nein, ich rede von deiner Sendung! Du hast das Glück, daß du diese Sendung machst.
Kuttner: Ja. Da freut sich der ORB, ich freue mich, insofern hast du jetzt zwei Glückliche vor der Nase, den ORB und mich. Tschüß!

DER 7. OKTOBER

Kuttner: Der 7. Oktober ist jetzt knapp vorbei – aber was hätte es für ein schöner Tag sein können. Kaiserwetter, eine wunderbare Parade, der Genosse Honecker, gestützt von zwei Fahnenstangen auf der Tribüne – Kritiker werden jetzt einwenden, der ist ja schon tot – aber man kann doch davon ausgehen, daß er vielleicht nur zu 20% an Krebs, zu 80% aber an berechtigtem Kummer gestorben ist. Wir wollen uns diesem Thema ganz vorsichtig widmen, nicht rumnostalgisieren, aber es sollte doch die Überlegung gestattet sein: Was hätte man denn jetzt gemacht, wenn es eine Wende und eine Wiedervereinigung nicht gegeben hätte. Was hätte ich gemacht? Ich hätte wahrscheinlich vor dem Fernseher gesessen oder mich, da müßte ich allerdings lügen, an einer Eppelmannschen Bluesmesse beteiligt.

War die Wende geil?

Kuttner: Tag, du bist ja relativ leise zu hören. Bist du immer so leise?
Hörer: Nee, eigentlich nicht. Man sagt mir eigentlich nach, daß ich sehr laut bin.
Kuttner: Ehrlich? Wer sagt denn sowas?
Hörer: Meine Frau.
Kuttner: Na, da hat sie dich aber vierzig Jahre lang belogen und betrogen! Du bist echt ziemlich leise. Aber was würdest du denn machen, wenn es die Wende nicht gegeben hätte?
Hörer: Ich bin damals zu DDR-Zeiten zur See gefahren. Das wurde mir dann aber verboten, und jetzt hätte ich mich vielleicht immer noch bemüht, wieder zur See zu fahren.
Kuttner: Was heißt denn zur See gefahren? Die Havel immer rauf und runter?
Hörer: Nee, richtig groß.
Kuttner: Echt? So richtig La-Paloma-mäßig?

Hörer: Echt. So richtig Afrika und alles.
Kuttner: Und was hast du da gemacht?
Hörer: Na, ich war Matrose, später Bootsmann und dann hab ich da meine Frau kennengelernt.
Kuttner: Auf dem Schiff? Ich denke, da dürfen Frauen gar nicht rauf! Das bring doch Unglück, da fallen doch gleich die Ladeklappen ab!
Hörer: Nee, die war Stewardess.
Kuttner: Ach, war das so ein Reiseschiff? Kein Frachter?
Hörer: Doch, ein Frachter.
Kuttner: Wozu brauchten denn die Frachten eine Stewardess?
Hörer: Wir haben da First Class gegessen, Mann! Wir wurden bedient!
Kuttner: Was, unten im Laderaum habt ihr Kartoffeln gefahren und oben wurden die Matrosen First Class bedient? Von prima Stewardessen, die gleich weggeheiratet wurden?
Hörer: Na, logisch.
Kuttner: Na, dir gings aber nicht schlecht im Osten! Und wie weiter?
Hörer: Na, dann kam der erste Bambino, und danach haben sie mich nicht wieder aufs Schiff gelassen.
Kuttner: Und was macht man dann so als abgehalfterter Matrose an Land? Wird man dann Fernfahrer oder sowas?
Hörer: Nee, ich hab eine Umschulung zum Maler gemacht. Dann war ich Maler mit Auslandserfahrung.
Kuttner: Na, und dann? Ging das bis 89 ran?
Hörer: Ja, und ich bin heute immer noch Maler. Papier an die Wände hängen und Türen und Fenster vollschmieren.
Kuttner: Wenn ich jetzt noch eine Frage hätte, würde ich anfangen mit »Apropos Wende ... « – aber die Frage dazu fehlt mir. Aber sag mal, was war denn die geilste Wand, die du je bemalt hast?
Hörer: Die geilste Wand?
Kuttner: Geil hab ich jetzt nur gesagt, um mich selber ein bißchen der Jugendsprache zu befleißigen.
Hörer: Mit Graffiti hab ich nichts zu tun.
Kuttner: Nee, nee. Ich könnte auch sagen, was war eine schaue Wand, die du bemalt hast?

Hörer: Ich hab mal im Westteil Berlins eine Wand gemacht – das war in einer Millionärsvilla – da hat eine Rolle Tapete 400 Mark gekostet.
Kuttner: Was war denn das für Tapete?
Hörer: Weiß ich auch nicht. Die sah aus wie für 60 Mark.
Kuttner: Naja, eine 60-Mark-Tapete finde ich ja auch schon ein bißchen abgedreht! Aber da hat man dann schon seinen Triumph, wenn man unten die Schnipsel mit nach Hause nimmt und sich überlegt, was das so wert ist?
Hörer: Was willst du denn mit so einem Schnipsel?
Kuttner: Na, ein Meter sind dann schon vierzig Mark! Und so ein Meter fällt doch schon mal ab, oder?
Hörer: Nee, eher nicht. Die kalkulieren schon sehr genau.
Kuttner: Klar, sonst wären sie ja auch nicht Millionär!

Wieviel Putzmittel gab es in der DDR?

Kuttner: Du bist 26, stimmts? Wann bist du denn dann geboren?
Hörer: 68. Am vierzehnten Mai.
Kuttner: Aua, 68 ist ja doch ein kritisches Jahr. Hast du denn eine Vorstellung, was da so passiert ist, am 14. Mai 68?
Hörer: Nee, weiß ich nicht. Außer, daß Sonnenschein war. Und Sonntag.
Kuttner: Ich hab hier nämlich extra ein Buch mitgebracht: Die »DDR-Zeittafel«, da stehen fast alle wichtigen Daten drin. Aber ich seh gerade, der 14. Mai war absolut ereignislos. Du bist irgendwann zwischen dem 7. FDGB-Kongreß und einem Ministerratsbeschluß geboren.
Hörer: Ist ja auch egal.
Kuttner: Na, so egal ist das nicht! An meinem Geburtstag zum Beispiel hat der Kulturbund zur Demokratischen Erneuerung Deutschlands getagt! Das hat ja seine Wirkung gezeigt, wie man jetzt hier sehen kann. Hier sitzt ein demokratischer Erneuerer! Aber gut – wenn sich also nichts verändert hätte, was würdest du dann jetzt so machen?

Hörer: Dann wäre ich noch in Erfurt im Kaufhaus ein Schauwerbegestalter. Und wir hätten heute morgen, um uns vor der Demo zu drücken, einen Soli-Stand gemacht, an dem wir unsere Tapete verkauft hätten ...

Kuttner: Und den berüchtigten selbstgebackenen Kuchen! Oh, die Schaufenstergestalter haben wieder gebacken!

Hörer: Nee, Marmortapete. Die wurde damals sehr gern genommen. Dann hätten wir uns die Hälfte vom Gewinn abgezogen, weil es dafür ja keine Belege gegeben hätte. Von dem Geld hätten wir eine Fete gemacht und uns geärgert, daß wir anläßlich dieses Tages eine Fete machen.

Kuttner: Wieso hättet ihr euch darüber geärgert?

Hörer: Weil das kein guter Anlaß für eine Fete war.

Kuttner: Aber ihr hättet euch andererseits gesagt: Es ist nun mal ein Feiertag, und wenn es ein Feiertag ist, dann muß man schon zusehen, daß man sich zumindest betrinkt.

Hörer: Ja.

Kuttner: Und ihr hättet euch aber mit schlechtem Gewissen und ziemlichen Selbstekel betrunken?

Hörer: Wir hätten uns unserer Gewohnheit hingegeben.

Kuttner: Was hat man denn als Schaufenstergestalter so gemacht im Osten? Malimo-Stoff nett drapiert?

Hörer: Malimo-Stoff und Telosa. Das war ja eine sehr begehrte Fußbodenbelagsware. Damit hab ich auch mein Prüfungsfenster gemacht.

Kuttner: Das klingt ziemlich gut. Könntest du mal so ungefähr dein Prüfungsfenster beschreiben? Mit Fußbodenbelag!

Hörer: Das bestand aus schräghängenden Decken mit dem jeweiligen Fußbodenmuster, die zwei Meter mal ein Meter groß waren. Ich wollte sechs Decken reinhängen, konnte aber nur vier nehmen, weil es zu der Zeit nur vier Muster gab, die auch im Angebot waren. Dann mußte ich in dem Fenster noch eine Gruppe aus Putzmittelfläschchen drapieren. Die konnte ich aber auch nicht allzugroß machen, weil es ja auch nur zwei Sorten Putzmittel zu kaufen gab.

Sollten wir uns an den 7. Oktober erinnern?

Hörerin: Ich war heute auf so einer Party. Da waren so Altkommunisten mit FDJ-Hemd und dann hat ein Mädchen – also es geht ja um heute ...
Kuttner: Eigentlich geht es ja um früher!
Hörerin: Bei mir gehts aber um heute! Und zwar hat da so ein Mädchen, also meine Freundin, fünfzigprozentigen polnischen Wodka getrunken. Dann hat sie mich gegen ein Gitter gezerrt. Ich bin dagegengefallen und hab jetzt ein Loch im Kopf.
Kuttner: Macht dich das nicht auch manchmal nachdenklich, welche Rituale junge Menschen heute haben, wenn sie feiern?
Hörerin: Ja.
Kuttner: Das verstehe ich. Jetzt bist du also mit einem Loch im Kopf und relativ nachdenklich zu Hause und siehst fern.
Hörerin: Und ich hatte keinen, den ich anrufen konnte. Dann seh ich dich und dachte ...
Kuttner: ... rufst du den mal an! Aber wie bringst du jetzt der Mutti bei, daß das FDJ-Hemd vollkommen mit Blut beschmaddert ist?
Hörerin: Ja.
Kuttner: Na gut, du bist jetzt 19, vor fünf Jahren warst du in der Schule, jetzt bist du immer noch in der Schule?
Hörerin: Ja.
Kuttner: Wenn du jetzt mal beide Schulen nebeneinander hältst, welche war besser?
Hörerin: Ich will jetzt nicht über die Schule reden.
Kuttner: Ach so, wir wollen uns jetzt voll auf dein Loch im Kopf konzentrieren?
Hörerin: Genau. Ich war nämlich gerade im Krankenhaus und bin da genäht worden.
Kuttner: Dann war es doch aber ein relativ ereignisreicher Tag! Das ist doch ein 7. Oktober, an den man sich noch schön erinnern kann!

GRAVIERENDE FEHLENTSCHEIDUNGEN

Kuttner: Also das Thema heute lautet: Gravierende – fängt schon gut an, ist kein schlechtes Thema oder? – gravierende Fehlentscheidungen. Und wir wollen dieses Thema wieder im weiten Spektrum fassen. Die erste wirklich gravierende Fehlentscheidung ist wahrscheinlich die Geburt, das ist aber eine Fehlentscheidung, die man ja eher passiv getroffen hat, die einem ja abgenommen wurde. Insofern können wir die gleich weglassen. Und eine alltägliche Fehlentscheidung ist ja möglicherweise die, früh aus dem Bett aufzustehen. Das ist eine Sache, mit der ich mich immer konfrontiert sehe, das ist im Grunde meine permanente Fehlentscheidung. Aber alles, was dazwischen ist, soll das Thema der heutigen Sendung sein, darüber können wir reden.

Hörer: Meine größte Fehlentscheidung ist: Ich war mal Michael-Jackson-Fan.
Kuttner: Kannst du beschreiben, wie es dir gelungen ist, dich von Michael Jackson zu lösen? Der ist ja doch relativ klebrig.
Hörer: Na durch die vielen Aufdeckungen, was der alles so gemacht hat.
Kuttner: Ehrlich? Dadurch ist Michael Jackson von einer Designerpuppe doch erst zum Rockstar avanciert. Sex and Drugs and Rock'n'Roll – das lief doch bisher alles ohne Michael Jackson.
Hörer: Ja, aber nicht mit Kindern!
Kuttner: Das war doch bisher alles nur ein Gerücht. Und als Gerücht reicht es doch auch. Gerücht und Schlaftablette und dann noch schlecht aussehen – das ist doch wunderbar!
Hörer: Ja doch. Stimmt.
Kuttner: Wirst du jetzt langsam wieder Michael-Jackson-Fan? Oder stehst du eher so auf ordentliche Rock-Stars?
Hörer: Ja, auf Pearl Jam zum Beispiel, die sind echt cool.
Kuttner: Gehen die nicht bei rot über die Straße?
Hörer: Weiß ich nicht. Kann sein.

Kuttner: Bei Cypress Hill sagt man ja immer, daß die so rumkiffen.
Hörer: Mag sein. Aber immer noch besser als Michael Jackson.
Kuttner: Ja, der frißt Schlaftabletten, glaube ich. Das finde ich auch blöd. Schlaftabletten sind ja auch nicht so Rock'n'Roll-spezifisch.
Hörer: Das war jedenfalls meine größte Fehlentscheidung.
Kuttner: Ehrlich? Wie alt bist denn du?
Hörer: Ich bin 16.
Kuttner: Na, dann mag das schon sein. Aber war es wirklich die größte? Hast du im zwischenmenschlichen Bereich nichts weiter erlebt? Die fiel nur ins Showbusiness, deine Fehlentscheidung?
Hörer: Ich hab da mal so einen Typen kennengelernt, der hieß Mario. Das war auch meine größte Fehlentscheidung.
Kuttner: Ach, wieso?
Hörer: Der hat mir zum Alkohol verholfen.
Kuttner: Aber auf Michael Jackson schimpfen! Das haben wir gerne.

MÄNNER

Hörerin: Also meine Frage ist: Warum müssen Männer eigentlich immer im Stehen pinkeln?
Kuttner: Ja, warum nicht? Das hat natürlich auch etwas Philosophisches. Es gibt so einen transzendentalen Bogen. Ich kann mich noch an goldige Kindheitstage erinnern, wo ich am Straßenrand stand, wo die Autos vorbeigefahren sind, und hohe Bögen versucht habe zu pinkeln.
Hörerin: Das ist ja was anderes. Ich spreche von der ganz normalen Klobenutzung.
Kuttner: Aber das hat sich natürlich tief ins Unterbewußtsein eingegraben, so daß man gewissermaßen versucht, das immer wieder zu wiederholen.
Hörerin: Fühlst du dich im Sitzen unmännlich?
Kuttner: Ich fühle mich dann nicht unmännlich, es ist nur eine schöne Gewohnheit zu stehen. Da wird Praktisches mit Ästhetischem aufs

Innigste verknüpft. Form folgt Funktion, gewissermaßen. Aber ich verstehe die ganze Debatte nicht, warum Männer jetzt auf die Kloschüssel gezwängt werden müssen. Das ist mir völlig unerklärlich, warum sich daran so eine ideologische Debatte hochziehen kann.
Hörerin: Das hat nichts mit ideologischen Dingen zu tun, sondern einfach mit hygienischen Dingen.
Kuttner: Wieso?
Hörerin: Ja, weil Männer nie treffen.
Kuttner: Also ich kann da nur von mir reden, und da würde ich es abstreiten.
Hörerin: Ich finde Klos, die von Männern benutzt wurden, einfach eklig.
Kuttner: Ich glaube, daß da auch ein großer Teil üble Nachrede ist. In der Regel sind ja Männer in dieser Situation allein, und ob sie treffen oder nicht treffen, ist dann kaum zu verifizieren. Jeder kleine Junge hat doch die Erfahrung, im Winter schon wunderbare Muster in den Schnee gepinkelt zu haben. Oder sogar ganze Sätze. Da kann man doch schlecht von mangelnder Zielgenauigkeit sprechen.

WUT

Kuttner: Heute soll es um Wutanfälle gehen. Wer schon mal schöne, klassische, exotische, darstellungs- und ausbaufähige, vielleicht sogar theaterfähige Wutanfälle gehabt hat, der sollte hier anrufen und sie zum Besten geben.

Machen Choleriker wütend?

Hörerin: Ich hab Nachbarn, die setzen bei mir ein gewisses Wutpotential frei.
Kuttner: Und du hast sicher auch die eine oder andere wummernde Techno-CD?

Hörerin: Ich hab die auch schon mal mit ganz gemäßigter Musik in die Wut getrieben.
Kuttner: Wie lange ist denn so die Anlaufphase bei deinen Nachbarn, bis die wütend werden?
Hörerin: Anlaufphase ist gut. Die brauchen wirklich einen ziemlichen Anlauf, um zu mir hochzukommen. Das sind nämlich nicht die Nachbarn, die in meinem Aufgang neben mir wohnen, sondern die aus dem Nebenhaus.
Kuttner: Ach so! Und wenn du jetzt die Boxen direkt an die Wand stellen und voll aufdrehen würdest – wie lange bräuchten die denn, bis sie den Morgenmantel angezogen haben, ihre Tür aufgeschlossen, die Treppe runtergehetzt, die Haustür aufgeschlossen, um bei dir vor der Wohnung zu stehen und ihrer Wut Ausdruck zu verleihen?
Hörerin: Ich weiß nicht, die sind ja so in den Fünfzigern.
Kuttner: Ach, das ist ja nichts fürs Jugendradio. Die sind ja viel zu langsam.
Hörerin: Vielleicht nehmen sie aber auch den kurzen Weg. Sie brauchen eigentlich nur die Gipswand hier einzutreten. Ich könnte mir vorstellen, daß das mal irgendwann passiert.
Kuttner: Weil da natürlich auch die Überlegung zu Grunde liegt, daß man einfach 300 Meter spart.
Hörerin: Zumal da sowieso ein Loch in der Wand ist, weil da gerade Gasleitungen verlegt werden. Wir können uns also nicht nur hören, sondern auch sehen.
Kuttner: Na, dann stell doch mal die Box direkt an das Loch. Dann könntet ihr noch vor dem Wandeintreten, also noch in gemäßigter Wut, miteinander kommunizieren.
Hörerin: Der ist ziemlich cholerisch, der Mann. Ich weiß nicht, ob das gemäßigt wird.
Kuttner: Ja, Choleriker sind so *entweder-oder* veranlagt. Entweder ganz eintreten oder gar nicht. Mit so einem faustgroßen Loch gibt man sich da nicht zufrieden. Das kann ich dir nicht zumuten, daß du zwar deine Wohnung vergrößerst, dann aber in einer Wohngemeinschaft mit einem Choleriker leben mußt.

Machen Schwule wütend?

Hörerin: Das letzte Mal, als ich bei der Wutspende war, da waren da so smarte Ärzte – das hat die Sache wirklich ungeheuer erschwert.
Kuttner: Ach, solche Hochgewachsenen! Ach, das ist schon toll, wenn der Kittel dann so über dem Kreuz ein bißchen spannt und vorn so das Knopfloch ein bißchen aufgezogen wird, weil da ein gewaltiger männlicher Oberkörper drunter atmet.
Hörerin: Nee, so nicht.
Kuttner: Nee? Dann beschreib doch mal den gutaussehenden, wutspendende junge Frauen betreuenden Arzt.
Hörerin: Großgewachsen stimmt schon mal. Dann braunäugig ... Aber das ist natürlich von Wutspenderin zu Wutspenderin verschieden.
Kuttner: Wir wollen da ruhig von deinem Einzelfall ausgehen.
Hörerin: Okay.
Kuttner: Augenbrauen eher zusammengewachsen?
Hörerin: Nein!
Kuttner: Ach nein? Ich frag nur, weil das immer so Feinheiten sind, die bei Personenbeschreibungen kaum zum Tragen kommen, was ich aber sehr vermisse. Nasenbehaarung zum Beispiel. Ohrläppchen. Könntest du zu den Ohrläppchen noch was sagen?
Hörerin: Ja, der hatte nämlich einen Ohrring. Und das hat meine Wut dann schon eher wieder zum Wallen gebracht.
Kuttner: Du hast den Ohrring wiedererkannt, oder?
Hörerin: Nee, ich hab mir überlegt, der könnte ja auch homosexuell sein. Und das hat bei mir Wut freigesetzt, die der Wutspende förderlich war.
Kuttner: Weil aus deiner Perspektive homosexuelle Männer eher unpraktisch sind. Aber zum Renovieren eignen die sich schon. Also, wenn du jetzt auf engeren Eigennutz setzen würdest, dann hättest du gar keinen Anlaß zur Wut. Aber du gehst eben eher mit lebensplanerischen Absichten zur Wutspende.

Machen Flecken auf dem Teppich wütend?

Kuttner: Hast du denn schon mal einen richtigen Wutanfall gehabt, wo du dich gar nicht darum geschert hast, daß es eine Vase der Ming-Dynastie war, die du an die Wand geworfen hast?
Hörerin: Ja, klar. Hatte ich.
Kuttner: Aber jetzt sei doch mal ehrlich, das war doch keine Vase der Ming-Dynastie, oder?
Hörerin: Ehrlich gesagt habe ich gar keine Wutanfälle.
Kuttner: Ach! Aber du hast doch sicher einen Freund?
Hörerin: Nein, hab ich auch nicht.
Kuttner: Aber wer keinen Freund hat, neigt doch extrem zu Wutanfällen.
Hörerin: Wirklich? Ohne Freund ist das Leben doch sehr ruhig.
Kuttner: Aber freundlos.
Hörerin: Aber ruhig.
Kuttner: Ist es nicht manchmal auch ein Grund, eine Vase an die Wand zu schmeißen, weil die Kerle sich alle drücken? Man weiß, man ist eigentlich ein nettes Mädel, aber die Idioten machen alle einen Bogen um einen.
Hörerin: Weiß ich das?
Kuttner: Ja, weißt du das nicht?
Hörerin: Aber wenn ich immer Wutanfälle kriege, dann vielleicht nicht.
Kuttner: Na, dann nicht. Aber ganz ohne macht man zumindest vor sich selbst vielleicht auch einen leicht bedepperten Eindruck.
Hörerin: Da kann ich dir eigentlich nicht recht geben.
Kuttner: Sag mal, bist du gar nicht selbstkritisch, so daß du deinem eigenen Leben nachsinnst und denkst, Mensch jetzt hab ich ein halbes Jahr ohne jegliche Wutanfälle verbracht? Entweder du bist bescheuert oder du bist manisch lustig.
Hörerin: Das zweite würde vielleicht zutreffen.
Kuttner: Das ist aber auch nicht ganz normal.
Hörerin: Aber zumindest selbstkritisch.
Kuttner: Nee, das wäre jetzt bloß Nachreden, weil ich das ja schon gesagt

hatte. Aber soll ich dir vielleicht einfach noch mal versichern, daß du ein nettes Mädel bist?
Hörerin: Das wäre ganz prima.
Kuttner: Dann würde ich dir jetzt hier, in der Hoffnung, daß bei dir möglichst schnell und sturzbachartig Wutanfälle über diese unfähigen Männer, die so um dich herumschleichen, einsetzen, ausdrücklich versichern: Du bist echt ein ziemlich nettes Mädel.
Hörerin: Mensch, ich hatte schon eine Vase in der Hand, aber die stelle ich jetzt natürlich wieder zur Seite.
Kuttner: Ich hab das doch eigentlich nur gesagt, um dich dazu zu bringen, eine Vase gegen die Wand zu schmeißen! Und es wäre sehr schön, wenn du das so machen könntest, daß man es hier über den Sender hören kann.
Hörerin: Ich glaube, ich hab nicht so eine billige Vase, die ich dafür opfern würde.
Kuttner: Ich würde dir sogar drei Minuten Zeit geben, um in die Küche zu gehen und zur Simulation ein Einweckglas zu nehmen. Wenn du pfiffig bist, nimmst du vorher die Gewürzgurken raus, das macht dann einfach weniger Flecken.
Hörerin: Und du zahlst dann die Vase?
Kuttner: Die Gewürzgurken. Das würde ich dir dann auch in Form von Briefmarken überweisen.
Hörerin: Okay, warte mal kurz.
[Schweigen]
Kuttner: Kinder, Kinder. Das ist ja so einfach im Radio. Die organisiert jetzt kurzfristig einen Polterabend, und dann werden diese Geräusche ...
Hörerin: Ich bin schon wieder da. Ich hab ein Sektglas, das hat nur eine Mark fünfundzwanzig gekostet.
Kuttner: Ein Sektglas ist auch gut. Das ist ja eher so feudal wie bei besoffenen russischen Fürsten, die Champagner trinken und dann die Gläser über die Schulter an die Wand werfen. Aber mach mal, ich zähle es als Wutanfall, auch wenn es im Grunde nur ein Ausdruck feudaler Lebensweise ist.

Hörerin: Aber was ist mit dem Aufräumen? Dann hab ich lauter Glasscherben überall auf dem Boden.
Kuttner: Ja, dafür wäre dann der Freund zuständig, um den du dich ja jetzt viel unbeschwerter kümmern kannst, weil du meine öffentlich-rechtliche Versicherung hast, daß du ein nettes Mädel bist.
Hörerin: Also, hörst du zu?
Kuttner: Gut, ich paß auf.
[Klirren. Glassplittern]
Kuttner: Ist es denn wenigstens zu Bruch gegangen?
Hörerin: Natürlich ist es zu Bruch gegangen.
Kuttner: Na, dann danke ich dir schön!

Machen Flecken an den Wänden wütend?

Hörerin: Also ich muß sagen, ich bin nicht sehr oft wütend – aber wenn, dann ...
Kuttner: ... ein bißchen?
Hörerin: Nee, dann richtig. Das passiert mir zum Beispiel, wenn ich Rad fahre und es regnet.
Kuttner: Den Naturgewalten ausgeliefert zu sein, ist ja ohnehin die alte Wurzel der Wut. Hast du es da schon mal mit Wehren versucht?
Hörerin: Womit?
Kuttner: Na, daß du vielleicht zurückwirfst mit dem Wasser? Oder wenigstens durch Pfützen fährst und harmlose Fußgänger bespritzt?
Hörerin: Ja, das mach ich schon manchmal.
Kuttner: Da staut sich ja immer ein gewisses Maß an Wut an, daß du dann also solidarisch an die Fußgänger weitergibst.
Hörerin: Ich schreie dann auch ab und zu mal. Es kommt aber auch vor, daß ich dann singe.
Kuttner: Was singt man denn, wenn man so wütend ist? *Wacht auf, Verdammte dieser Erde?* Oder *Brüder, zur Sonne, zur Freiheit?*
Hörerin: Nee, sowas singe ich nicht!

Kuttner: Es gibt kein Bier auf Hawaii?
Hörerin: Nee, das auch nicht.
Kuttner: So ein Tag, so wunderschön wie heute?
Hörerin: Ja vielleicht, das schon eher.
Kuttner: Und das aber aus voller Verzweiflung?
Hörerin: Auch wenn es nicht zutrifft.
Kuttner: Ja, es trifft nicht zu, aber mit dem entsprechenden Unterton ist es schon ein großer klassenkämpferischer Song!
Hörerin: Und dann nervt es mich immer, wenn ich in irgendeiner Schlange stehe. Zum Beispiel am Geldautomaten.
Kuttner: Schreist du dann auch?
Hörerin: Nee, da werde ich nur innerlich wütend.
Kuttner: Aber das ist doch unpraktisch, wenn man nur innerlich wütend wird. Man weiß doch, daß das das Leben verkürzt, zu Herzverfettung und Magengeschwüren führt, zu Haarausfall und Parodontose führt.
Hörerin: Daran leide ich eigentlich nicht.
Kuttner: Na, noch nicht! Weil du dich zu wenig vor Geldautomaten rumtreibst. Vielleicht solltest du mal versuchen, vor dem Geldautomaten *So ein Tag, so wunderschön wie heute* zu singen. Du würdest wahrscheinlich sehen, daß die Leute, die mit dir in der Schlange stehen, sofort in deinen Gesang einstimmen würden und du es im folgenden mit eingeschüchterten Sparkassen-Angestellten zu tun hättest, woraufhin die Zahl der Sparkassen-Geldautomaten schlagartig verdoppelt würde. Versuch es mal!
Hörerin: Hm, ich weiß noch nicht.
Kuttner: Na, wenn du *Give peace a chance* singen würdest, dann wäre das nicht so wirkungsvoll. Hast du denn eigentlich auch schöne private Wüte?
Hörerin: Ja, klar. Aber darüber will ich jetzt eigentlich nicht reden.
Kuttner: Schade, die sind doch oft viel interessanter!
Hörerin: Und auch viel lauter.
Kuttner: Und auch viel typischer und viel verbreiteter. Daß jemand vor der Sparkasse laut singt, ist doch eigentlich relativ selten. Aber man legt ja schon gern das Ohr an die Wand, wenn man es im Haus irgendwo

laut scheppern hört, und versucht mitzubekommen, wie er sie da wohl nennen mag, und wie sie ihn daraufhin nennen mag.
Hörerin: Nee, sowas mach ich nicht.
Kuttner: Du hängst nicht immer mit dem Ohr an der Wand? Naja, da muß man ja auch alle halbe Jahre weißen, weil es dann doch nicht schön aussieht.
Hörerin: Nee, zu sowas hab ich gar keine Zeit.
Kuttner: Aber du hast vielleicht viele Hausbewohner, die ihrerseits das Ohr an die Wand legen.
Hörerin: Nee, meine Hausbewohner sind alle selbst ziemlich laut.
Kuttner: Hast du schon mal darauf geachtet, daß, wenn du einen Wutanfall hast, alle anderen Geräusche im Haus ersterben, es ganz still wird und du durchaus auch effektvoll mit einer Nadel werfen könntest, so daß man sie zu Boden fallen hören kann? Versuch mal!
Hörerin: Ja, vielleicht.
Kuttner: Womit wirfst du denn sonst so, wenn du mit deinem Freund wütend bist? Hast du da schon mal was geworfen?
Hörerin: Nee, nach ihm hab ich noch nicht geworfen.
Kuttner: Na, man kann ja auch daneben werfen. Oder hast du mal irgendwas umgerissen?
Hörerin: Na, klar, das kommt ständig vor.
Kuttner: Hast du eigentlich auch so die Erwartungsvorstellung, wie es aussehen mag, wenn ein Fernseher implodiert? Ist das nicht traurig? Man kann ja davon ausgegehen, daß es so etwa 100 Millionen Fernseher in Deutschland gibt, aber kaum jemand je einen implodieren gesehen hat, obwohl eigentlich jeder einen zur Verfügung hätte und das durchaus auch eine praktikable Methode wäre, seine Wut zu artikulieren. Also, einen Fernseher aus dem dritten Stock zu werfen, und dann aber schnell das Kissen auf das Fensterbrett zu legen, um zuzusehen, wie er unten implodiert.
Hörerin: Ich wohne Parterre, da würde sich das nicht lohnen.
Kuttner: Doch, da ist man näher dran! Aber du hast das noch nicht ausprobiert?
Hörerin: Nee, noch nicht.

Kuttner: Hast du denn schon andere Gegenstände im Blick gehabt, um sie vielleicht aus dem Fenster zu werfen? Waschmaschinen wären aber zu unpraktisch, da müßte er ja dann mit anfassen. Gibt es noch andere Sachen?
Hörerin: Ja, das Radio, wenn mir die Musik nicht gefällt.
Kuttner: Na, danke! Dann machen wir wohl lieber erstmal Schluß an dieser Stelle.

Sind die Russen wütend?

Kuttner: Wärst du jetzt wütend, wenn ich dich rauswerfen würde?
Hörer: Nöö.
Kuttner: Das hast du ja gerade nochmal so auf die Reihe gekriegt.
Hörer: Wieso?
Kuttner: Na, ich habe heute einerseits so den Ehrgeiz, über Wut zu philosophieren – andererseits weißt du ja: Die Philosophen haben die Welt nur interpretiert, es geht aber darum, sie zu verändern. Insofern würde ich auch gern jede Menge wütender Menschen schaffen. Wenn du mir jetzt in die Hand versprochen hättest, daß du wütend wirst, wenn ich dich rauswerfe – dann hätte ich gedacht: Ich bin hier bei einer öffentlich-rechtlichen Anstalt angestellt, der Gebührenzahler zahlt dafür, daß hier gesellschaftlich wirksames Radio veranstaltet wird, und hätte dich rausgeworfen, um dich wütend zurückzulassen. Um dem Thema der Sendung gerecht zu werden.
Hörer: Da habe ich ja Glück gehabt. Oder du hast eigentlich Glück gehabt. Ich habe gerade zugeschaltet und weiß gar nicht, um was es geht. Ich schätze mal, ich bin bei Kuttner, oder?
Kuttner: Soll ich dir ein Jingle vorspielen?
[Jingle Rave Satellite]
Hörer: Ist ja genial!
Kuttner: Was ich mir hier immer einfallen lasse! Und das dafür, daß man mit Konsummarken bezahlt wird ...

Hörer: Konsummarken? Ich habe DSF-Marken.
Kuttner: Hast du denn deinen DSF-Ausweis noch?
Hörer: Klar.
Kuttner: Hast du mal nachgezählt, wieviel Geld du in diese, historisch inzwischen völlig überholte Organisation investiert hast?
Hörer: Also ich fand die ganz in Ordnung. Der Grundgedanke als solcher, der ist doch gar nicht so verkehrt gewesen.
Kuttner: Aber ich finde, mindestens die Hälfte müßte doch wieder ausgezahlt werden, weil sich doch der sowjetische Vertragspartner von dieser Freundschaft zurückgezogen hat.
Hörer: Mir gehören jetzt ungefähr zehn Quadratmeter Taiga.
Kuttner: Hast du eine Freundin?
Hörer: Eine?
Kuttner: Gut. Sagen die dir nicht manchmal, daß du ein imperialistisches Arschloch bist?

Darf man seine Ohren vergessen?

Hörer: Ich bin in der glücklichen Lage, mich an meinen angeblich ersten Wutanfall zu erinnern, wenn ich die Wutanfälle in der Babyzeit einmal ausklammern darf. Der Ort war das Büro eines Schulpsychiaters, der mich auf meine Tauglichkeit für die Schule untersuchen sollte ...
Kuttner: Wenn ich dir an dieser Stelle mal ins Wort fallen darf: Das ist ja ein durchaus geeigneter Ort für einen prima Wutanfall, finde ich. Wurdest du da gleich in Zwangsjacke reingeführt?
Hörer: Nein, nein, ich wurde als normaler Mensch reingeführt.
Kuttner: So »normal« quasi in Anführungsstrichen gesprochen?
Hörer: Nee. In Anführungsstrichen würde es ja auf die Anormalität schließen, was wirklich nicht der Fall war.
Kuttner: Also da lasteten nicht mißtrauische Schwesternblicke auf dir?
Hörer: Da ich keine Schwestern habe, war das nicht ...

Kuttner: Oft hat ein Psychiater auch Schwestern. Gerade das Medizinwesen ist ja so geschwisterreich, aber gut – weiter.

Hörer: Die Untersuchung bestand in der einfachen Aufgabe an mich, mich selbst zu zeichnen. Was ich auf künstlerisch unfertige Weise, aber doch mit dem rechten Maß an liebevollem Aufwand erledigte. Dann hat der Psychiater die Zeichnung untersucht und festgestellt, daß ich die Ohren vergessen hatte. Das stimmte auch, aber seine Interpretation, ich würde nie imstande sein, längere Sätze zu verstehen, hat mich dann auf die Palme gebracht. Nur hat man als Fünfjähriger ja nicht das sprachliche Vermögen, einen Wutanfall richtig zu artikulieren ...

Kuttner: Da sind die Palmen noch nicht so hoch.

Hörer: Genau. Ich bin dann aber auf den ersten Ast der Palme geklettert und habe einen prima Satz rausgebracht, wie ich finde. Ich habe gesagt: Sie sind eine pädagogische Null.

Kuttner: Als Fünfjähriger? Hat der da nicht gleich geantwortet: Du altkluger Scheißer – und hat dir eine Backpfeife gegeben?

Hörer: Nee, eine Backpfeife nicht.

Kuttner: Da scheint er aber doch über ein gehöriges Maß an Körperbeherrschung verfügt zu haben.

Sind alle Männer wirklich Verbrecher?

Kuttner: Eine junge Frau, du bist meine Rettung! Endlich!

Hörerin: Gar nicht endlich. Ich hab einen Wutanfall über mich selber – inzwischen.

Kuttner: Warum? Weil du so blöd bist, anderthalb Stunden am Telefon rumzunesteln! Mädel, da muß man ja ziemlich blöd sein.

Hörerin: Ich hab ein neues Telefon seit dem 7. März. Und mein Wutanfall ...

Kuttner: Seit dem 7. März? Zum Frauentag?

Hörerin: Was heißt hier Frauentag! Ich will jetzt nicht von dir ein Thema aufgedrängelt bekommen, ich will meine Wut ...

Kuttner: Aber andererseits kann man sich auch schlecht vorstellen, daß die Telekom durch den Prenzlauer Berg geht und Tulpen verteilt. Wenn, dann doch eher neue Telefone.
Hörerin: Eine Rose habe ich bekommen an dem Tag, aber ...
Kuttner: Von der Telekom? Wie sieht die denn aus, die Telekom? Man stellt sich ja doch eher eine alte häßliche Vettel darunter vor.
Hörerin: Gut, daß das jemand für mich erledigt hat, sonst hätte ich auch schon wieder einen Wutanfall ...
Kuttner: Was hat denn der erledigt?
Hörerin: Na, das Telefon entgegengenommen, da hat ...
Kuttner: Wie heißt denn der überhaupt?
Hörerin: Wer?
Kuttner: Der das Telefon entgegengenommen hat.
Hörerin: Das ist mein Jan.
Kuttner: Sag mal, nimmt dein Jan auch für andere Leute Telefone entgegen? Und macht vielleicht auch den Abwasch und bringt die Mülleimer runter?
Hörerin: Kuttner, merkst du eigentlich, daß du unfähig bist, dieses Thema in deiner Sendung zu behandeln. Bei dir wird grundsätzlich keiner wütend.
Kuttner: Aber warum nicht?
Hörerin: Ja, das ist das Tolle an dir, daß du ...
Kuttner: Jetzt hör aber auf! Jetzt werde ich aber gleich wütend! Jetzt erklär mir mal, daß ich gut als Sprungtuch bei der Feuerwehr arbeiten könnte. Oben der Selbstmörder und hier unten wird er weich aufgefangen. Scheiße, das ist auch nicht schön!
Hörerin: Nee, Kuttner, das ist ...
Kuttner: Meine Arme sind zu kurz! Was denkst du, wie gerne ich die Hörer und auch die eine oder andere Hörerin ohrfeigen würde.
Hörerin: Ich bin ja durch die Sendung auf eine ganz tolle Idee gekommen ...
Kuttner: Na da bin ich ja mal gespannt! Na da bin ich ja mal gespannt, was für eine tolle Idee eine junge Anruferin aus dem Prenzlauer Berg und »meinem Jan« wohl hat!

Hörerin: Dein Jan?
Kuttner: Nee, deinem. Das war in Anführungsstrichen.
Hörerin: Also paß auf ...
Kuttner: Was macht der den sonst noch, außer Telefone entgegennehmen? Was Praktisches auch mal?
Hörerin: Ja, allerdings, aber ich ...
Kuttner: Ha! Das würde mich jetzt mal intereressieren! Das eine wollen wir jetzt mal weglassen – die Männer sind ja alle Verbrecher und denken nur an das eine – das wollen wir jetzt mal weglassen. Aber vielleicht können wir mal das andere erwähnen, wozu der Jan in der Lage ist.
Hörerin: Du bist nicht der Typ dafür ...
Kuttner: Mein Jan, dein Jan, so ein Scheiß! Ich sitze vielleicht auch ein bißchen stoffulös hier, wie du mir gerade wieder bescheinigt hast.
Hörerin: Nee, finde ich nicht.
Kuttner: Aber es ist auch keine Perspektive, als Rundfunkmoderator zum Feuerwehrhandtuch zu mutieren.
Hörerin: Ich hoffe, du willst ...
Kuttner: Oder das Schweißtuch von Boris Becker! Das ist nicht schön. Früher wäre es vielleicht noch das Tuch von der Heiligen Veronika gewesen – und jetzt von irgend so einer Tennispfeife.
Hörerin: Ich höre dir jetzt gleich nicht mehr zu, wenn du mich nicht ausreden läßt. Es müßte dir doch wirklich klar sein, daß in allen anderen Sendungen Grüße an dich geschickt werden. Und ich vermute mal ...
Kuttner: Ach ehrlich? Ich sollte vielleicht mehr Radio hören. Das ist ja nett. Aber warum grüßen die mich nicht mal direkt? Warum können die keine Blumen schicken? Oder Torten? Oder Dienstwagen zur Verfügung stellen? Vielleicht bietet sich mal jemand an, den Mülleimer runterzubringen! Zum Beispiel dein Jan, womit wir wieder beim Thema wären. Der soll ja da einschlägige Erfahrungen haben.
Hörerin: Schreist du mal bitte nicht so, der schläft nämlich schon.
Kuttner: Ach! Jan, aber flugs raus – der Eimer ist voll!

ESSEN

Kuttner: Das Thema heute lautet Essen. Ich würde versuchen, dieses Thema mit eurer Hilfe einzugrenzen zwischen: »Wer nie sein Brot im Bette aß, weiß nicht wie Krümel pieken« und einem Zitat aus dem wunderbaren Buch »Rauh sind des Soldaten Wege«: – »Die rückwärtigen Dienste organisieren, heißt vorausschauen!« Also es soll um Essen gehen. Wesentliche Lebenszäsuren verbinden sich ja meist mit Musik, manchmal aber eben auch mit Essen. Eine Frage wäre da zum Beispiel: Was gabs nach der Scheidung? Eine andere Überlegung wäre: Ganz eklige oder ungewöhnliche Essen. Das verbindet sich bei mir leider nur mit Trinken. Ich habe mal freiwillig einen Schnaps getrunken, in dem eine Schlange drin war. Das fand ich ziemlich bestechend.

Haben Fische Füße?

Hörer: Ich war in Afrika und hab da was ganz Komisches gegessen: Fisch, ohne daß der Kopf ab ist.
Kuttner: Sprotten?
Hörer: Nee, richtig großen.
Kuttner: Und da hast du den Kopf mitgegessen?
Hörer: Mußten wir.
Kuttner: Ich war mal in Ungarn und da hab ich Huhn mit Kopf gegessen. Da schwamm der Kamm in der Suppe rum.
Hörer: Hat bestimmt auch geschmeckt.
Kuttner: In welcher Situation war denn das bei dir?
Hörer: Wir waren in Ghana und da wurden wir eingeladen.
Kuttner: Wie verständigt man sich denn in Ghana?
Hörer: Englisch.
Kuttner: Sag mal was auf Englisch! Sag mal Fisch mit Kopf auf ghanaesischem Englisch.
Hörer: Fisch mit Kopf?

Kuttner: Na was nun? Soll ich dir die Geschichte wirklich glauben? Sag mal, wie heißt das denn nun? Na los!
Hörer: Fish with Heet.
Kuttner: Was »with feet«? Das heißt doch mit Füßen! Na gut, ich glaube dir deine Ghana-Geschichte.

Was kostet Stierblut?

Kuttner: Im Prenzlberg hats ja einen enormen gastronomischen Aufschwung genommen in letzter Zeit.
Hörer: Ja, es gibt eine Menge China-Restaurants. Und es werden eine Menge Hunde vermißt.
Kuttner: Das stimmt aber eigentlich nicht. Mir ist aufgefallen, daß zwar die Zahl der China-Restaurants ungeheuer gewachsen ist, aber auch die Zahl der Hundebesitzer hat ungeheuer zugenommen.
Hörer: Die werden immer neu importiert, weil es immer weniger gibt.
Kuttner: Aber da hängt doch immer ein netter junger Mensch hintendran an so einem Hund. Ist dir das mal aufgefallen?
Hörer: Ich kann das nicht mehr unterscheiden, was der Hund ist, und was das Herrchen.
Kuttner: Na, das ist ja der Standard. Bis sie einem dann aus dem Teller entgegenschauen.
Hörer: Aber ich wollte dir noch was ganz anderes erzählen, was ich früher gern gegessen habe. Mein Lieblingsgericht nach der Schule war Knoblauchsuppe, Schokolade mit Gummibärchen und dazu Salzstangen.
Kuttner: Nacheinander oder gleichzeitig?
Hörer: Gleichzeitig.
Kuttner: Wie macht man denn Knoblauchsuppe?
Hörer: Die hab ich nicht selber gemacht.
Kuttner: Im Osten gabs Knoblauchsuppe in der Tüte?
Hörer: Ich hatte keine Westverwandten, glaube ich.

Kuttner: Hast du denn so Erinnerungen an ein Essen, daß dein ganzes Leben verändert hat?
Hörer: Ja, Schlagersüßtafel.
Kuttner: Wieso hat die dein Leben verändert?
Hörer: Wegen dem Stierblut. Das hat total reingehauen.
Kuttner: Mit Stierblut meinst du aber eher diesen Wein?
Hörer: Nee, was da drin war in der Schlagersüßtafel. Kennst du noch Block-Schokolade? Die kostete doch 2,50 Mark. Da war echter Kakao drin. Und alles was unter 2,50 Mark war, wurde mit Stierblut gemacht.
Kuttner: Gibts jetzt nicht mehr, schade. Entweder gibts keine Stiere mehr, oder es ist jetzt verboten.

Gehört Kasseler auf Wahlplakate?

Kuttner: Das würde mich jetzt sehr beeindrucken, wenn du aus einer Kneipe anrufen würdest. Das machst du wahrscheinlich nicht, oder?
Hörer: Nee.
Kuttner: Sondern ihr sitzt jetzt da zu Hause und habt Hunger. Und wie es dann so üblich ist, ist dann einer in die Küche gegangen und hat gesagt: Kinder, ich koche für uns alle Spaghetti! Und dann kommt so die übliche Pampe.
Hörer: Nee, ich war bei meiner Mutti und hab Kasseler gegessen.
Kuttner: Oh, beneidenswert! In Kassel hört man es ja nicht so gerne, aber hier ist es ja schon ein akzeptiertes Gericht. Bei Kassel fällt mir ein, da gibt es drei Sorten Menschen: Kasseler, Kasselaner und Kasseleber. Ich weiß jetzt aber nicht genau, was das zu bedeuten hat. Wenn jetzt ein Kasseler in der Nähe ist, außer dem von deiner Mutti, dann könnte er hier anrufen und noch mal den Unterschied erklären. Und du rufst hier an, nur um zu erklären, daß deine Mutti einen wunderbaren Kasseler macht?
Hörer: Ja, klar.
Kuttner: Du bist auch das, was man einen korrupten Menschen nennt.

Du hast die wunderbarsten Voraussetzungen, um Politiker zu werden. Ich nehme an, daß man demnächst Wahlplakate von dir mit einem Stück wunderbar gebratenem Kasseler in der Hand überall hängen sieht.

Sind Ritterfilme frauenfeindlich?

Hörerin: Ich war in Indien mit meinen Eltern ...
Kuttner: Da soll man ja prima indisch essen können.
Hörerin: ... und da hab ich eine Klapperschlange gegessen. Das hab ich aber erst im nachhinein erfahren.
Kuttner: Ehrlich? Wie sieht denn Klapperschlange auf dem Teller aus?
Hörerin: Wie Gulasch.
Kuttner: Sei froh, das die Klapperschlange gewürfelt war. Die sind gewürfelt viel ungefährlicher. Aber hast du eigentlich ein Traumessen? Also eine Situation, wo, was du ißt und mit wem du am Tisch sitzen willst.
Hörerin: Am liebsten hab ich es wie früher: Wo man die Keulen nach hinten schmeißen kann.
Kuttner: Wo hast du das denn her?
Hörerin: Das war bei RTL.
Kuttner: Bei RTL sagen sie, daß man die Keulen nach hinten schmeißen darf? Das war wahrscheinlich ein Ritterfilm, den du da gesehen hast.
Hörerin: Nee, das war richtig, wo man die Keulen nach hinten wirft und die Gläser. Aber wo das war, weiß ich jetzt nicht.
Kuttner: Na, bei RTL offensichtlich. Wenn die mal keine Frauen oben ohne haben, dann werfen sie immer die Keulen nach hinten.

KUTTNER

Ist Kuttner Schweinchenpullover?

Hörer: Ich hab da mal eine Frage an dich. Nur so ganz nebenbei mal.
Kuttner: Aus welchem Wissensgebiet stammt denn die Frage? Damit ich mich ein bißchen vororientieren kann.
Hörer: Aus dem Gebiet Kuttner.
Kuttner: Da bin ich ziemlicher Experte. Frag mal, da bin ich kaum zu übertreffen. Da hab ich schon manchen Quiz gewonnen.
Hörer: Was hast du denn letzten Donnerstag gemacht? Hast du da zufällig in der Kneipe gesessen? Kannst du ruhig zugeben.
Kuttner: Also so genau verfolge ich mein Leben ja nicht, daß ich jetzt noch wüßte, ob ich letzten Donnerstag in der Kneipe gesessen habe.
Hörer: Klar, da habe ich dich doch gesehen. Mit so einem schweinchenfarbigen Pullover.
Kuttner: Ja, dann werde ich das wohl gewesen sein. Mit so einem Rucksack?
Hörer: Nee, ohne Rucksack.
Kuttner: Dann habe ich den gerade abgestellt. Aber ansonsten: Am schweinchenfarbigen Pullover bin ich leicht zu erkennen.
Hörer: Ja, und ich habe auch die Stimme erkannt. Die Stimme kennst du doch aus dem Radio, dachte ich mir.
Kuttner: Vielleicht war auch Radio an.
Hörer: Nee, Donnerstag ist kein Sprechfunk. Also du warst da mit so einem gewesen und dann kam ...
Kuttner: Dann kam noch einer dazu? Also, einen kenn ich, und wenn da einer war, dann wird er es wohl gewesen sein. Du hast mich überzeugt, ich werde wohl am Donnerstag in der Kneipe gewesen sein. Ist die Frage gut beantwortet?
Hörer: Gibst du es zu?
Kuttner: Ja, klar. Hab ich jetzt was gewonnen?
Hörer: Ja, äh ...
Kuttner: Was heißt denn »ja, äh«?

Hörer: Du hast Freibier gewonnen. In der Kneipe, wo du letzten Donnerstag warst.
Kuttner: Freibier hab ich ja sowieso immer überall.
Hörer: Denkste!
Kuttner: Was heißt hier denkste! Hast du mich bezahlen sehen?
Hörer: Na, logisch!
Kuttner: Dann war ich es doch nicht. Schweinchenpullover mit Bezahlen bin ich nicht, ich bin Schweinchenpullover ohne Bezahlen. Ehrenwort!

Hat Kuttner dünne Ärmchen?

Hörer: Ich möchte jetzt gern mal eine Liebesgeschichte von dir hören!
Kuttner: Da habe ich ja neulich schon einiges angedeutet!
Hörer: Und heute möchte ich mal einen kleinen Ausschnitt daraus hören.
Kuttner: Das ist ganz schwierig. Das ist eigentlich eine große zusammenhängende Liebesgeschichte. Die umfaßt die letzten 22 Jahre. Ich meine, für einen wirklich guten Moderator ist es natürlich kein Problem, 22 Jahre am Stück zu erzählen – die Frage ist aber: Wird das denn auch bezahlt? Ich glaube nicht, daß der ORB mich dafür bezahlen würde, 22 Jahre hintereinander zu moderieren. Aber ich habe eben eine permanente Liebesgeschichte.
Hörer: Mach mal einen kleinen Ausschnitt.
Kuttner: Aber die fängt ganz früh an, meine Liebesgeschichte.
Hörer: Macht nichts. Fang mal an.
Kuttner: Es ist ein kalter Februartag, ich bin vier Jahre alt. An der Hand von meiner Mutti gehe ich eine lange finstere kalte Straße herunter. Nasser Schnee fällt ...
Hörer: Und du möchtest gern einen Döner essen?
Kuttner: Sag mal, du kannst doch jetzt nicht dazwischenreden! Ich wollte keinen Döner essen, ich war ein braver Ost-Bengel. Da gab es keine

Döner, Mann! Das höchste der Gefühle war eine Bockwurst! Aber die gab es vielleicht mal zu Weihnachten, wenn es das Jahr über überhaupt was zu essen gab. Es gab auch mehrere Jahre ohne Essen, auf eine Bockwurst mußten wir schon lange sparen.

Hörer: Na gut.

Kuttner: Also: Es ist Winter. Der Mond wirft fahles Licht auf die kalte Straße. Zack knallt es runter, das fahle Licht und ich an der Hand von meiner Mutti. Meine kleinen verfrorenen Beine stolpern die Straße entlang. Mutti zieht ungeduldig an meinem kleinen dünnen Kinderärmchen immer in Richtung Kindergarten. Und dann kommt er auch schon näher, der Kindergarten, hell leuchtend fällt das typische warme Kindergartenlicht durch die verglaste Eingangstür. Wir stehen davor, öffnen die Tür, und der Drachen von Kindergärtnerin – Brigitta hieß er – steht in der Tür, lächelt ein falsches Lächeln, erst in Richtung Mutti, dann in meine Richtung. Das typische falsche Schlechte-Zähne-Lächeln, was man eben so von bösen Brigitta-Kindergärtnerinnen kennt. Meine Mutti gibt mich ab, und Brigitta, immer noch das falsche böse Kindergartenlächeln im Gesicht, nimmt mich auf den Arm. Mutti geht raus, die Tür fällt schwer ins Schloß, und da beginnt eine große Liebesgeschichte. Aber das kann ich erst das nächste Mal weitererzählen. Das war der Anfang.

Ist Kuttner total der King?

Kuttner: Mensch Kinder, wie die Zeit vergeht. Ich glaube, ich werde langsam doch ein Profi-Moderator, der es schafft, ohne daß er sich mit anderen Leuten unterhält, sich also einfach mit sich selbst unterhält, zwei, drei, vier oder acht Stunden zu füllen, und immer bloß Musik zu spielen. Also ich bin meinem großen Ziel jetzt zwanzig Minuten näher gekommen. Jetzt muß ich aber doch noch das heutige Thema sagen. Diese Sendung besteht ja nicht nur aus Sprechfunk und aus mir, sondern auch noch aus einem Thema. Das Thema heißt heute: Angeber.

Also ich glaube, das ist ein Thema direkt für euch, liebe junge Radiohörer, ihr könnt hier anrufen und sagen, womit ihr am liebsten angebt. Um es vielleicht ein bißchen plastisch zu machen, worum es gehen soll, erzähle ich vielleicht erstmal, womit ich selber relativ gern angebe. Das sind zwei Sachen. Erstens ist es mein total klasse Körperbau – aber damit gebe ich nicht so öffentlich an, ich lasse ihn mehr so nebenbei durchschimmern, er ist immer verhüllt von einem kleinen Schleier. Dieser Schleier, das ist dann schon die zweite Sache, mit der ich gern angebe: Das sind meine total prima Klamotten. Wenn ich zum Beispiel sonnabends vormittags bis teilweise schon sonnabends nachmittags, wenn ich dann meinen hellgrauen Jogginganzug, weiße Tennissocken mit blauen Ringelstreifen dran, prima weiße Riemensandalen und meine weinrote Handgelenktasche trage, wenn ich so also unten auf der Straße bin, dann bin ich total der King.

Hat Kuttner Müllbewußtsein?

Kuttner: Du kannst mich auch gern was fragen. Ich sitze sonst hier immer als Guru und stelle Fragen wie ein Vernehmer ...
Hörer: Wie heißt du und wie alt bist du?
Kuttner: Ich heiße Jürgen und bin irgendwas zwischen 18 und 44.
Hörer: Ach so, das verrätst du nicht.
Kuttner: Na gut. Ich bin 41.
Hörer: Darf ich mal tippen? 25 würde ich sagen.
Kuttner: 41 würde ich sagen.
Hörer: Nee! Das ist nicht dein Ernst.
Kuttner: Doch! ich könnte dir zum Beispiel schön von früher erzählen. Da gab es die Butter noch auf Marken, und da gab es die Mauer noch nicht. Als ich mit 41 geboren wurde, da gab es Milch noch in Kannen.
Hörer: Deine Nase wird immer länger.
Kuttner: Nee! Da hab ich Milch immer noch in Kannen geholt. Ich hab damals bei meiner Oma gewohnt und bin da immer zum Milchladen

gegangen. Das Schöne an Milch in Kannen ist ja, daß man den Deckel abmachen und dann die Milch immer so rumschleudern kann. Wenn man das schnell genug macht, fällt keine Milch raus.
Hörer: Früher gab es aber Milch in Kannen in Supermärkten.
Kuttner: Früher gab es im Osten aber keine Supermärkte, sondern Kaufhallen. Und da wiederum gab es nur Milch in Flaschen oder in Tetraedern.
Hörer: Die mußte man doch immer auswaschen, hab ich gehört.
Kuttner: Die Tetraeder konnte man wegschmeißen, aber die Flaschen mußte man auswaschen, um sie zurückzubringen und sein Geld wiederzubekommen. Von daher hab ich ja auch noch so ein ganz verkorkstes Müllbewußtsein. Mir tut es zum Beispiel immer noch leid, Zeitungen wegzuschmeißen. Schön, was?

Wird Kuttner Generalsekretär?

Kuttner: Ab 14 hört es ja auf, daß man mit Leuten vernünftig reden kann. Danach versteinern und verkalken die Leute.
Hörer: Also bist du auch erst 14?
Kuttner: Ich bin ein Mentalitäts-Vierzehner. Aber bei mir steht auch eine Riesenanstalt dahinter, der ORB. Ich werde mentalitätsmäßig immer auf 14 runtergetunt, einfach im Interesse der Einschaltquoten und der Zielgruppe. Dieses Radio ist ja ein Jugendsender, wenn hier Erwachsene beim Zuhören erwischt werden, dann gibt es gleich Gebührenerhöhung. Um aber das Radio zu machen, stehen eigentlich nur alte Menschen zur Verfügung, da gehört eben viel technisches Wissen und eine gewisse Allgemeinbildung dazu, die man erst so ab 40, 42 oder auch 44 hat, wie zum Beispiel bei mir. Das sind also die, die radioseitig hier sitzen und immer in die Mikrofone reinsprechen – das sind alles alte Menschen. Die könnten, wenn sie sich viel Mühe geben, vielleicht so auf 37 runterkommen, 36 vielleicht auch, aber da müssen sie schon sehr drücken. Bei Frauen geht es noch ein bißchen weiter,

vielleicht auch mal bis 34. Aber die kommen natürlich nicht an die magische Zahl 14 ran. Dazu gibt es nun diese großen öffentlich-rechtlichen Anstalten, da tunen die dich voll runter.

Hörer: Auf 14?

Kuttner: Voll auf 14. Solange ich jetzt also noch hier sitze, bin ich voll auf 14 getunt, dann verlasse ich die Anstalt, und sofort spult es sich wieder hoch auf 44, 46 oder auch 52 wie bei mir. Das könntest du aber eigentlich auch, du müßtest dich nur in so eine Anstalt begeben.

Hörer: Und wie komme ich dahin?

Kuttner: Ja, das ist das Schwierige! Da jetzt den Weg in die öffentlich-rechtlichen Anstalten zu beschreiben ... das ist im Grunde das, was Dutschke den langen Marsch durch die Institutionen genannt hat. Man fängt erst als Pförtner an ...

Hörer: Wie lange warst du Pförtner?

Kuttner: Na, das kannst du dir ausrechnen. 52 bin ich jetzt, auf 14 runtergetunt, macht eine Differenz von 38. In meiner persönlichen Planung rechne ich jetzt noch mit 28 Jahren, bis ich Intendant bin.

Hörer: Mit 80?

Kuttner: Vorher wirst du das nicht. Das ist nun mal so.

Hörer: Und dann weiter?

Kuttner: Dann Generalsekretär.

Hörer: Mit über 80?

Kuttner: Ach, das geht dann wieder relativ schnell. Als Intendant wirst du sofort verschlissen, und wenn du als Intendant verschlissen bist, wirst du Generalsekretär, Bundestagsabgeordneter – sowas. Darunter nicht mehr.

PRAKTISCHE LEBENSHILFE

Kann man mit Lippenstift schreiben?

Kuttner: Hallo, wer bist denn du?
Hörer: Tag, Kuttner. Na?
Kuttner: Na? Das sind Gesprächsanfänge, die ich liebe: Na? – Hallo! – Wie gehts denn so? – Tolles Wetter auch draußen!
Hörer: Mir gehts gut, und dir?
Kuttner: Ist dir schon mal aufgefallen, wie die Sonne so durch die Blätter scheint? Und die Blätter richtig hellgrün leuchten? Das ist doch schön! Da zieht Ruhe ins Herz und Frieden in die Seele. Bei dir nicht?
Hörer: Naja.
Kuttner: Geh doch mal draußen ein bißchen spazieren. Es ist so ein schöner Sonntag ...
Hörer: Ist doch langweilig.
Kuttner: ... und die arme Jugend sitzt vor dem Radio. Bekommt ganz faltige pergamentene Haut, helle Haare, rotumränderte Augen und ganz platte Ohren.
Hörer: Vom vielen Telefonieren.
Kuttner: Jaja. Wollen wir uns eigentlich unterhalten?
Hörer: Hast du ein Thema?
Kuttner: Nee, hast du ein Thema?
Hörer: Vielleicht deinen Hang zur ehemaligen UdSSR?
Kuttner: Warum müssen wir uns immer über mich unterhalten?
Hörer: Naja.
Kuttner: Also wenn ich mich über mich unterhalten wollte, und ich denke, ich bin ein relativ unterhaltsamer Mensch, dann müßte ich mich eigentlich nicht anrufen lassen. Dann würde ich mich hier hinsetzen und sagen: Lieber Kollege von der Technik, mach doch mal das Mikrofon auf – und dann würde ich mich mit mir unterhalten. Ich denke sogar, ich würde mich richtig gut unterhalten, und es würde sich zum größten Teil um meine Person drehen, weil die schon irgendwie mein Lebensmittelpunkt ist, den ich immer wieder bewundere.

Hörer: Naja.
Kuttner: Aber vielleicht können wir uns über dich unterhalten? Wie alt bist du denn? Wie siehst du aus? Hast du eine Freundin?
Hörer: Nee, zur Zeit nicht.
Kuttner: Und die anderen beiden Fragen?
Hörer: Hä?
Kuttner: Na gut, machen wir mit der dritten weiter. Warum hast du denn keine Freundin?
Hörer: Weil ich bei der schönen Sonne nicht spazierengehe.
Kuttner: Siehste! Vielleicht solltest du dir mal so einen Gemeinschafts-Radioempfänger anschaffen. Es gibt ja Radios, wo zwei Lautsprecher dran sind, da können dann nette Paare davorsitzen. Du hast ein Mono-Radio, stimmts?
Hörer: Nee, eigentlich nicht.
Kuttner: Und dann ohne Freundin? Das ist doch die reine Verschwendung!
Hörer: Stimmt, da ist ein Kanal völlig ungenutzt.
Kuttner: Ach du lieber Gott! Wie alt bist du denn?
Hörer: 25.
Kuttner: Von wo aus rufst du an?
Hörer: Tempelhof.
Kuttner: Beruf?
Hörer: Informationselektroniker.
Kuttner: Jetzt haben wir ein schönes Psychogramm. Wollen wir aus der Sendung für die nächsten zwei Minuten mal eine Art Kleinanzeige machen? Du suchst doch sicher eine Freundin.
Hörer: Eigentlich schon.
Kuttner: Wie müßte die denn so sein?
Hörer: Ach herrje. Wie sollte die sein? Naja, nett sollte sie sein.
Kuttner: Gut, nett ist doch schon mal ein ziemlich klares Kriterium. Da fühlt sich ein Teil der Frauen angesprochen, und andere dagegen wissen, daß sie überhaupt nicht in Frage kommen. Wie groß bist du denn?
Hörer: 1,83.
Kuttner: Na, da kommen ja viele Frauen in Frage, wenn die kleiner sein

sollen als du. Und die sollen sicher kleiner sein als du. Und wenn sie größer wären?
Hörer: Naja, es kommt immer auf den Menschen an.
Kuttner: Ehrlich? Also Nettigkeit könnte überschüssige Größe wieder wettmachen?
Hörer: Allerdings.
Kuttner: Das ist ja gut! Und wofür sollte sie sich denn so interessieren?
Hörer: Ach herrje! Du kannst Fragen stellen.
Kuttner: Frage ich eben andersrum: Wofür interessierst du dich denn so? Du hörst sicher gern Radio ...
Hörer: ... und ansonsten eben für meinen Beruf: Computerelektronik.
Kuttner: Computerelektronik? Na, da vereinsamt man doch ziemlich. Da steht doch im Grunde eine Freundin nur im Wege.
Hörer: Ach, wieso, nee.
Kuttner: Ja, was machen wir nun mit dir? – Jetzt mußt du deine Telefonnummer ansagen, damit die potentiellen Freundinnen zuhauf anrufen können.
Hörer: Ach nee, laß mal gut sein.
Kuttner: Also sowas jetzt! Jetzt hast du die alle interessiert, die sitzen jetzt alle da mit einem Lippenstift und einem Blatt Papier in der Hand und wollen deine Nummer haben!
Hörer: Ach nee, lieber nicht.
Kuttner: Na gut, dann sag sie nur mir.
Hörer: Nee.
Kuttner: Ich meine, ich will mich jetzt nicht bewerben, nicht daß du das jetzt falsch verstehst. Zumal ich weiß Gott nicht jünger und langbeiniger bin als du. Aber jetzt haben wir umsonst alle Berliner und Brandenburger Mädchen verrückt gemacht, weil du deine Telefonnummer nicht preisgibst. So eine Sendung führt eben manchmal auch in die Irre. Tschüß!

Haben 22jährige Frauen künstliche Wimpern?

Kuttner: Tag, wer ist denn da?
Hörer: Hier ist der Deter.
Kuttner: Tag, Peter.
Hörer: Deter, du Arsch!
Kuttner: Peter, hast du das Gefühl, daß ich mich hier etwa beschimpfen lassen muß?
Hörer: Nein, ich will dich nicht beschimpfen.
Kuttner: Peter, meinst du, daß ich mich beschimpfen lassen muß? Öffentlich?
Hörer: Nein, das wollte ich nicht.
Kuttner: Über den Sender?
Hörer: Nein, ich nehme alles zurück.
Kuttner: Dann paß mal auf. Mit Spitznamen werde ich auch »Der Täufer« genannt. Und wenn ich jemand irgendwie anspreche, dann heißt der fürderhin – wenn ich mal fürderhin sagen darf, ein eher älteres Wort, aber ab und an finde ich es auch schön, wenn man eher ältere Worte in seine Rede einflicht – dann heißt der fürderhin auch so, wie ich ihn angesprochen habe.
Hörer: Okay.
Kuttner: Also, ich taufe dich hiermit auf den Namen Peter und wünsche dir für dein restliches Leben alles Gute.
Hörer: Alles klar, vielen Dank. Was ich dir sagen wollte ...
Kuttner: Peterli! Peterli! Darf ich dich Peterli nennen?
Hörer: Du darfst mich auch Peterli nennen. Aber was ich ...
Kuttner: Peterli klingt schön, das ist irgendwie zärtlich. Das fehlt ja heutzutage ein bißchen im Radio, daß die Moderatoren zärtlich sind. Ich finde, die kommen immer entweder belehrend oder superstarig daher. Aber das hier ist eine Sendung, wo es auch viel Zärtlichkeit gibt.
Hörer: Okay, was ich dich fragen wollte ...
Kuttner: Und Herzenswärme. Die gibt es in der Sendung auch jede Menge. Bildung will ich jetzt gar nicht erwähnen, weil Bildung eigentlich eine ziemlich klare Voraussetzung ist. Zumal die ganze Veranstal-

tung hier ja auch vom Brandenburger Bildungsministerium gesponsert wird. Aber eben Zärtlichkeit und Herzenswärme.
Hörer: Ja, also ...
Kuttner: Daran mangelt es doch wirklich in dieser kalten kalten Zeit.
Hörer: Auf jeden Fall.
Kuttner: Die Leute gehen nur immer mit Ellenbogen aufeinander los, in diesem permanenten Gedränge.
Hörer: Ja, du hast ja so recht.
Kuttner: Weiß ich, daß ich recht habe. Dieser Bestätigung hätte es jetzt deinerseits nicht bedurft. So, Peterli, worüber wollen wir denn reden?
Hörer: Was ich dich fragen wollte, also erstmal zur letzten Sendung ...
Kuttner: Sag mal, Peterli, hast du nicht auch den Eindruck, daß du das mißverstehst? Ich sage immer, worüber wollen wir reden – und dann werde ich immer gefragt!
Hörer: Aus der Frage ergibt sich ja dann das Gespräch.
Kuttner: Sag mal, Peterli, würdest du mich denn auch fragen, wenn du für die Antwort viel viel Geld zahlen müßtest?
Hörer: Kommt drauf an, wieviel.
Kuttner: Sagen wir mal dreistellig. Vor dem Komma dreistellig.
Hörer: In welcher Währung denn?
Kuttner: Das müßte schon die harte Deutschmark sein. Die wir alle so lieben.
Hörer: Ich würde dich aber lieber in equadorianischer Währung bezahlen. Der Kurs ist viel besser.
Kuttner: Was meinst du denn jetzt mit besser? Du meinst das sicher, in typischer egoistischer Junger-Menschen-Manier, für dich besser.
Hörer: Für mich günstiger, ja.
Kuttner: Dann ist der Kurs nicht besser. Dann ist der Kurs schlechter.
Hörer: Für dich, ja.
Kuttner: Und wir wollen hier mal schön von mir ausgehen. Im Mittelpunkt steht der Mensch. Also du wolltest mich jetzt kostenfrei was fragen?
Hörer: Wir haben ja letzten Dienstag schon mal bei dir angerufen ...
Kuttner: Das klingt ja nicht wie eine Frage.

Hörer: Warum hast du denn meine Nummer nicht noch mal durchgesagt?
Kuttner: Weil ich das vergessen habe.
Hörer: Schade.
Kuttner: Soll ich dir mal was erklären? Ich wollte heute eine Sendung über Vergeßlichkeit machen. Das heutige Thema sollte Vergeßlichkeit sein. Und weißt du, warum es nicht dazu gekommen ist? Weil ich das Thema vergessen habe.
Hörer: Ist ja nicht so schlimm, ich wollte ...
Kuttner: Ist schon schlimm! Ich wollte gern mal eine Sendung über Vergeßlichkeit machen.
Hörer: Also, du hast ja gesagt, du willst auch Kontaktanzeigen in deiner Sendung haben. Und da wollte ich sagen, wenn ein schönes Mädchen mit schönen Augen Lust hat, mit mir auf das Cypress Hill Konzert zu gehen, ich hab noch eine Karte ...
Kuttner: Was für ein Konzert?
Hörer: Cypress-Hill-Konzert. Das ist am ...
Kuttner: Was für ein Konzert?
Hörer: Cypress Hill.
Kuttner. Was für ein Konzert?
Hörer: Cypress Hill!
Kuttner: Also, ein Hhm-Hhm-Konzert. Gut, meinetwegen.
Hörer: Kennst du nicht Cypress Hill, die Rap-Gruppe aus Los Angeles? Die spielen am ...
Kuttner: Wie heißen die?
Hörer: Cypress Hill.
Kuttner: Wie? Kannst du das vielleicht mal ein bißchen langsamer sagen? Stell dir doch mal vor, ich wäre jetzt ein schönes Mädchen mit schönen Augen. Wenn ich dann bisher was mitbekommen habe, dann daß es sich um Peterli handelt, daß Peterli aber eine verdammt undeutliche Aussprache hat. Und das ist nicht gerade eine Sache, die schöne Mädchen mit schönen Augen animiert.
Hörer: Ich-spreche-jetzt-ganz-deutlich. Kannst-du-mich-besser-verstehen?

Kuttner: Du spricht jetzt ein bißchen affig. Aber mach nur.
Hörer: Also am Siebenundzwanzigsten ...
Kuttner: Das hättest du ruhig ein bißchen nuscheln können, das versteht man auch so.
Hörer: ... da ist ein Konzert von einer Gruppe aus Los Angeles. Dazu habe ich noch eine Freikarte übrig, weil ...
Kuttner: Peterli, weißt du, was mich jetzt noch interessieren würde, wenn ich ein schönes Madchen mit schönen Augen wäre?
Hörer: Was denn?
Kuttner: Wie die Gruppe aus Los Angeles heißt.
Hörer: Also sie müßte sich ganz einfach das Wort Zypressenhügel aus dem Deutschen ins Englische übersetzen. Der Zypressenhügel – Cypress Hill.
Kuttner: Na gut, das wollen wir mal gelten lassen. Also wenn irgendein Mädchen mit tiefsinnigen schwarzen Augen zuhört, das jetzt den Ehrgeiz hat, deutsch-englische Wörterbücher zu wälzen und Peterli kennenzulernen, dann sollte sie zuerst mal hier bei mir anrufen. Ich hab da noch so einige Hintergrundinformationen zu Peterli. Aber sag mal, wie hieß die Gruppe noch mal?
Hörer: Die hieß Zypressenhügel.
Kuttner: Vielen Dank. Das war ein ausgesprochen informativer Anruf.
Hörer: Darf ich dir noch mal meinen Kumpel geben?
Kuttner: Na gut.
Kumpel: Hallo, Kuttner?
Kuttner: Das wird wieder so eine Endlosnummer. Redest du jetzt auch soviel wie das Peterli?
Kumpel: Nein, auf gar keinen Fall.
Kuttner: Wie findest du denn Peterli als Namen für deinen Freund?
Kumpel: Beschissen, aber paßt.
Kuttner: Wie findest du denn dann deinen Freund?
Kumpel: Auch reichlich beschissen.
Kuttner: Na, dann paßt es doch wirklich. Sag ihm mal, er soll Zypressenhügel sagen üben.
Kumpel: Wie sieht es denn eigentlich bei dir aus mit Frauen? Du willst

in deiner Sendung immer Leute vermitteln, aber bist du denn selbst unter der Haube?

Kuttner: Sonst wäre ich ja nicht so selbstlos und würde hier rumvermitteln.

[Gekünsteltes Lachen im Hintergrund]

Kuttner: Ach Gott! Peterli versucht im Hintergrund zu lachen. Das klingt aber reichlich gekünstelt. Das klingt ungefähr so gekünstelt, als wenn er »Siebenundzwanzigster« sagt.

Kumpel: Sag mal, kannst du mich ein bißchen beraten mit Frauen? Ich hab ein Problem, kannst du mir vielleicht helfen?

Kuttner: Helfen kann ich sicher, aber billig wird es nicht.

Kumpel: Also paß auf, ich habe gestern eine schöne Frau kennengelernt ...

Kuttner: Soll ich dir was sagen? Ich habe das Gefühl, du hast ein bißchen Probleme mit Frauen.

Kumpel: Richtig. Ich ...

Kuttner: Das ist Menschenkenntnis. Das entwickelt man eben, wenn man hier so sitzt und mit lauter Seelenwracks zu tun hat.

Kumpel: Also ich hab gestern eine schöne Frau kennengelernt, aber die ist drei Jahre älter als ich. Und jetzt weiß ich nicht, ob ich das intensivieren soll.

Kuttner: Ach Gott! Das kommt natürlich darauf an. Wenn du elf bist, und sie jetzt vierzehn, dann ist es natürlich ein ziemlicher Abstand. Wie alt bist du denn?

Kumpel: Ich bin neunzehn und sie ist 22.

Kuttner: Ach Gott, so eine reife Frau! Die wird dich aber schön schuriegeln. Laß es lieber sein!

Kumpel: Meinst du, ich soll es sein lassen?

Kuttner. Auf so alte Frauen würde ich mich ja nicht einlassen. Zweiundzwanzigjährige! Die stehen ja kurz vor der Rente. Das geht ganz schnell, und dann mußt du den Rollstuhl schieben und sie die Treppe hochtragen. Mach das nicht!

Kumpel: Aber sie meinte, sie fühlt sich jünger als 22. Was soll ich davon halten?

Kuttner: Ja, das sagen die immer! Gerade die Zweiundzwanzigjährigen sagen gern, daß sie sich jünger fühlen. Und daß sie ja auch noch nicht so alt aussehen. Aber ich sag dir: Die Haare sind gefärbt und die Wimpern sind künstlich. Gerade bei Zweiundzanzigjährigen!
Kumpel: Also alles Beschiß?
Kuttner: Da sei bloß vorsichtig! Du reitest dich da in was rein und weißt nicht was.
Kumpel: Ach, Scheiße. Kennst du denn nicht eine schöne Frau in meinem Alter?
Kuttner: Also, paß mal auf. Selbst wenn ich eine kennen würde, dann würde ich sie nicht an anonyme Anrufer vermitteln, die offensichtlich den Mutterinstinkt bei Zweiundzwanzigjährigen wecken. Weißt du was? Fang an, Briefmarken zu sammeln, dann gehst du in einen Philatelisten-Klub, da sind auch nette Mädels. Aber die sind wenigstens ordentlich.

Befördern Skilifte auch Fahrräder?

Kuttner: Ich finde, daß man den Hörern Mut machen und ihnen gut zusprechen muß. Ich versuche gerade, dir gut zuzusprechen. Kommt das an bei dir?
Hörer: Nicht ganz.
Kuttner: Nee? Was müßte ich denn da machen? Ich bin ja bereit, auch immer ein bißchen was zu lernen. Ich will doch versuchen, bester Gut-Zusprecher vom Sender zu werden.
Hörer: Du könntest mir Ratschläge geben.
Kuttner: Ja, das mach ich doch gern! Worum geht es denn? Mit dem Fahrrad vielleicht was nicht in Ordnung?
Hörer: Mit dem Fahrrad? Ja, stimmt, das klappert. Woher weißt du denn das?
Kuttner: Bin ich denn nun Menschenkenner oder nicht?
Hörer: Also paß auf. Wenn ich das rechte Pedal ganz runtertrete …

Kuttner: Ja, das kenne ich! Gerade wenn es unten ist, dann macht es so klapp.
Hörer: Jaja. So klapp.
Kuttner: Das hat auch den Effekt: Je schneller man fährt, um so schneller klappert es.
Hörer: Schneller nicht, aber häufiger.
Kuttner: Jetzt hast du mich verbessert. Aber gut, mein Rat an dich würde lauten: Fahr so langsam wie möglich, um das Klappern so weit wie möglich einzuschränken. Wenn du jetzt zum Beispiel nur eine Pedalumdrehung innerhalb von zwanzig Minuten machst, dann macht es nur alle zwanzig Minuten mal klapp. Das kann man eigentlich ertragen, oder? Wenn du schneller fahren willst, dann fahr nur so den Berg runter.
Hörer: Wo ich wohne, sind keine Berge.
Kuttner: Dann würde ich umziehen an deiner Stelle.
Hörer: Wohin denn?
Kuttner: Na dahin, wo viele Berge sind. Und du mußt aufpassen, daß du oben wohnst. Um aber erstmal hochzukommen, wäre es praktisch, wenn ein Skilift in der Nähe wäre.
Hörer: Ein Skilift?
Kuttner: Na, damit du dich, ohne die Pedale zu treten, mit dem Fahrrad hochziehen lassen könntest. Und immer wenn du unten in der Stadt was zu tun hättest, könntest du, ohne in die Pedale zu treten, runterrollen. Oder eben nur einmal in zwanzig Minuten. Das hält man in deinem Alter noch aus, alle zwanzig Minuten so ein klapp. Hab ich dir jetzt ein bißchen geholfen?
Hörer: Ich weiß nicht.
Kuttner: Ach, das mit dem Umzug schaffst du schon. Schönen Dank für deinen Anruf.

Kann Margarine-Essen in der Familie liegen?

Kuttner: Hallo! – Hallo! – Hallo? Mensch, da ist aber jemand ungeduldig geworden. Jetzt ist der einfach weggegangen. Hallo? Bist du eben mal auf Toilette gegangen? Hallo?
Hörer: Hallo?
Kuttner: Ja! Wo warst du denn?
Hörer: Ich hatte den Hörer kurz beseite gelegt.
Kuttner: Das ist ja doch ziemlich blödsinnig. Man ruft jemanden an und legt dann den Hörer hin.
Hörer: Ich mußte gerade meiner Mutter sagen, was ich heute beim Abendbrot auf die Stulle haben will.
Kuttner: Na was denn, erzähl mal! Oder anders: Sag mal lieber deiner Mutter, sie soll in der Küche das Radio anmachen, und dann sagst du ihr durch, was du auf die Stulle haben willst. Einverstanden?
Hörer: Einverstanden.
Kuttner: Ist deine Mutter gerade in der Küche? Habt ihr in der Küche ein Radio?
Hörer: Ja, haben wir. Also wie soll ich das jetzt machen?
Kuttner: Na, du rennst jetzt schnell mal in die Küche und machst ihr das Radio an. Dann kommst du wieder zurück und kannst ihr durchsagen: Mutti, ich möchte ... zum Beispiel Mortadella. Aber nichts vorher verraten!
Hörer: Okay. Ich renne los.
[Schweigen]
Kuttner: Der schleicht ja. Der rennt gar nicht.
[Schweigen]
Kuttner: Na, da bin ich ja mal gespannt. Die arme Mutti.
[Schweigen]
Kuttner: Wahrscheinlich verrät der doch schon alles. Hallo? Glaubst du, ich hör das nicht! So haben wir nicht gewettet! Ich hör das doch.
[Schweigen]
Kuttner: Rennt der nun oder rennt der nicht? Na, mal sehen ...
Hörer: Hallo?

Kuttner: Ha, jetzt habe ich mich aber erschrocken.
Hörer: Jetzt bin ich bereit.
Kuttner: Du bist aber nicht gerade gerannt.
Hörer: Ich hab mich wirklich beeilt, aber ich mußte erst die Frequenz reindrehen.
Kuttner: Ach so, na dann gehts jetzt los. Sprechfunk präsentiert: »Was will ich auf die Stulle haben«.
Hörer: Mutti, paß auf! Auf die erste Stulle möchte ich Käse und Salami, ein bißchen Ketchup drüber und noch einen Toast oben rauf. Insgesamt möchte ich übrigens vier Stullen.
Kuttner: Vier Stullen?
Hörer: Ja, klar. Vier insgesamt, zwei Weißbrot und zwei schwarze, zwei mit Margarine und zwei mit Butter. Dann möchte ich die eine mit ganzer Salami belegt haben und die andere mit zwei Käsescheiben drüber. Dazu möchte ich noch Limo und ein Glas Saft. Okay?
Kuttner: Kannst du deine Mutti jetzt auch sehen?
Hörer: Sie sieht jetzt gerade von der Küche aus um die Ecke.
Kuttner: Wenn sie noch Fragen hat, könnte sie die ja vielleicht übers Radio stellen. Dann müßte sie nur mal kurz ans Telefon kommen. Hol mal die Mutti her.
Hörer: Okay. Moment mal.
Kuttner: Es werden ja im Radio soviele unsinnige Veranstaltungen präsentiert, warum nicht auch mal ...
Mutti: Ja, hallo?
Kuttner: Na? Haben wir doch schön präsentiert, was Ihr Sohn auf die Stulle haben will!
Mutti: Ganz schöne Sonderwünsche, muß ich sagen.
Kuttner: Finde ich eigentlich auch. Haben Sie von daher vielleicht noch Rückfragen an den Jungen?
Mutti: Nee, nee. Ist schon alles klar angekommen.
Kuttner: Gut, aber warum ißt der Bengel denn zwei mit Margarine und zwei mit Butter?
Mutti: Das verstehe ich auch nicht. Aber wenn er meint ...
Kuttner: Und wie macht er es, wenn er eine ungerade Stullenzahl hat?

Also wenn er zum Beispiel nur drei Stullen will – neigt er da eher zu Butter oder zu Magarine?
Mutti: Da wird es natürlich schwierig.
Kuttner: Aber was sagen denn da so Ihre Erfahrungswerte?
Mutti: Dann eher Rama, also Margarine.
Kuttner: Ah ja. Wegen der Figur? Oder ist er vielleicht der Werbung so aufgesessen?
Mutti: Glaube ich eigentlich nicht.
Kuttner: Sieht denn der Junge viel fern? Vor allem viel Werbefernsehen?
Mutti: Werbefernsehen weniger. Aber man wird ja zwischendurch immer dazu gezwungen.
Kuttner: Oder ist sein Vater vielleicht Lebensmittelchemiker?
Mutti: Nee.
Kuttner: Auch nicht im Entferntesten?
Mutti: Nee, der ist Baumaschinist.
Kuttner: Na, dann liegt ja Margarineessen eigentlich nicht in der Familie. Essen Sie denn selbst viel Magarine?
Mutti: Ja, schon.
Kuttner: Ach, dann ist es eher doch so etwas wie mütterliches Vorbild. Dann ist der Sohn doch ganz gut geraten. Man merkt das ja doch eher immer so an Details, an Kleinigkeiten.
Mutti: Nee, der ist gut geraten. Der sieht auch sehr gut aus.
Kuttner: Er sieht gut aus! Dann sollte ich vielleicht auch auf Margarine umsteigen. Aber haben Sie vielleicht noch eine Botschaft an Ihren Sohn? Also etwas, was Sie ihm vielleicht außer den Stullen für das Leben mitgeben wollen? Ich glaube, das ist viel eindrucksvoller für ein Kind, wenn die Mutti es aus dem Radio raus sagt.
Mutti: Ach, das ist jetzt schwierig. Ich hab ihm schon so viele Ratschläge erteilt.
Kuttner: Aber einen Rat, an den er sich noch seine sechzig, siebzig restlichen Lebensjahre erinnern könnte?
Mutti: Ich glaube nicht, daß er den befolgen würde. Auch übers Radio nicht.

Kuttner: Aber Sie können davon ausgehen, daß ihm das doch im Gedächtnis hängen bleiben wird, was Sie jetzt sagen. Deshalb wäre es wirklich schade, wenn wir das alles hier nur so auf das Butter- und Margarinelevel herunterziehen würden.
Hörer: Meine Mutter muß jetzt wieder in die Küche.
Kuttner: Na, das sind ja Sitten bei euch! So gut geraten bist du wohl doch nicht!

Ist nur die SPD schuld?

Kuttner: Hallo, wer ist denn da?
Hörerin: Hier ist Callamistra.
Kuttner: Carla Mistra?
Hörerin: Nee, zusammen.
Kuttner: Also Callamistra. Was heißt denn das?
Hörerin: Das kommt aus der Antike.
Kuttner: Na und? Weiter.
Hörerin: Tja, da mußt du schon Bücher wälzen.
Kuttner: Ich nehme an, daß du die gewälzt hast. Oder wie bist du auf den Namen gekommen?
Hörerin: Weil es auch mein Beruf ist.
Kuttner: Callamistra ist dein Beruf? Na, das ist aber nicht so leicht! Da hat man doch den ganzen Tag viel zu tun.
Hörerin: Aber sicher.
Kuttner: Aber das ist doch eigentlich eher ein Männerberuf: Callamistra. Schon wegen der körperlichen Anstrengung.
Hörerin: Nee, früher vielleicht.
Kuttner: Das machen jetzt auch Frauen? Aber ganz bestimmt nur auf ABM-Basis! Du wurdest vom Arbeitsamt umgeschult und jetzt haben die dich als Callamistra eingesetzt. Weil es Kerle wieder nicht machen wollen!
Hörerin: Nee, zum größten Teil machen das jetzt nur noch Frauen.

Kuttner: Ach! Das habe ich nicht gewußt. Und gibt es denn viel Arbeit, so als Callamistra nach der Wende?
Hörerin: Ja schon. Nur jetzt, in der Zeit des Sommerschlußverkaufs überhaupt nicht.
Kuttner: Und willst du dich dann als Callamistra selbstständig machen, wenn es mit der ABM ausläuft? Ich meine, es wurde zwar vor kurzem schon ein Callamistra-Verband e.V. gegründet, aber im Grunde gibt es doch immer noch viel zu wenig.
Hörerin: Nee, eigentlich gibt es schon viel zu viel.
Kuttner: Es gibt zuviel Callamistren? Nee! Immer, wenn man mal eine braucht, ist wirklich keine aufzutreiben! Schlag doch einfach nur mal das Branchenwörterbuch auf – denkst du da sind freie Callamistren eingetragen? Nee, ist nicht! Das ist doch ein noch völlig unausgeschöpfter Markt. Ich sag dir, mach dich selbstständig!
Hörerin: Mach ich ja auch, ab September.
Kuttner: Gut! Ich hoffe, daß ich damit wieder einem jungen Menschen zu einer selbständigen Existenz verholfen habe. Die Sendung soll ja in Zukunft möglicherweise auch von der Treuhandanstalt und von der Bundesanstalt für Arbeit unterstützt werden, weil sie schon vielen jungen Leuten zu ihrer wahren Bestimmung verholfen hat. Und in deinem Fall könnte ich in den heutigen Auswertebogen schreiben, daß ich wieder eine Existenzgründung befördert habe. Oder?
Hörerin: Naja, nicht ganz.
Kuttner: Wieso? Na gut, ein bißchen Einfluß hatte natürlich auch die ABM-Geschichte. Aber wenn die dann ausläuft, habe ich dir immerhin Mut gemacht und dir den Rat gegeben, dich als Callamistra selbstständig zu machen. Zumal ja der Markt wirklich noch völlig unerschlossen ist. Jedenfalls in Berlin und Brandenburg. Ich glaube in Sachsen-Anhalt und Sachsen gibt es inzwischen schon ziemlich viel Callamistren. Das liegt wohl auch ein bißchen an der CDU, die macht da viel Druck. Aber hier? Ob das an der Hildebrandt liegt? Oder an der SPD? Oder an dem Stolpe und der Stasi? Ich weiß es nicht. Worauf führst du denn das zurück?
Hörerin: Äh ... ja ... äh ... also, eigentlich wollte ich ...

Kuttner: Da wirst du wahrscheinlich Recht haben! Das ist ja jetzt ein typisches Expertengespräch geworden zwischen uns. Wie man es oft auch im Fernsehen sieht, wenn über wichtige Probleme geredet wird.

Haben süße Frauen eine Allergie?

Hörer: Also, mein Problem ist Folgendes. Ich renoviere gerade meine Wohnung, weil ich mit einer recht süßen Frau zusammenziehen wollte.
Kuttner: Mit was für einer Frau?
Hörer: Süße Frau. Gute Frau.
Kuttner: Gute Frau, das klingt ja auch schön. Du setzt jetzt sicher darauf, daß sie auch zuhört.
Hörer: Nein, ich glaube, die schläft schon. Aber das eigentliche Problem ist, daß ich, bevor ich mit ihr zusammenziehen wollte, eine Katze hatte. Die Frau hat aber eine Katzenallergie.
Kuttner: Ach Gott!
Hörer: Das ist echt klasse, oder?
Kuttner: Das ist gar nicht so klasse! Ich bin schon sturzbetroffen.
Hörer: Ja, mich macht das ganz schön betroffen.
Kuttner: Na, mich auch!
Hörer: Jetzt stehe ich also irgendwie dazwischen. Ich muß mich jetzt entscheiden, ob ich die Katze loswerden will ...
Kuttner: ... oder die Frau ins Tierheim gebe?
Hörer: Nee, das nun nicht!
Kuttner: Und jetzt wolltest du von mir einen Rat haben?
Hörer: Nee, jetzt wollte ich eigentlich mal über den Sender fragen, ob jemand Interesse hätte.
Kuttner: An der Frau oder an der Katze?
Hörer: An der Katze!
Kuttner: Andererseits könntest du natürlich auch fragen, ob es nicht katzenunallergische süße Frauen gibt. Die könnten sich ja auch melden.

Hörer: Ach, nee.
Kuttner: Na gut. Also im Grunde soll ich jetzt den Wunsch weitertragen, daß jemand, der keine Allergie hat und trotzdem aber eine süße Frau ist, sich hier meldet, damit dein weiteres Lebensglück nicht gefährdet ist und das Renovieren auch Sinn macht?
Hörer: Aber bitte nur ernsthafte Angebote. An der Katze liegt mir schon viel. Eigentlich ist es ein Kater, der ist zehn Jahre alt, kastriert ...
Kuttner: Das ist ja auch ein trauriges Schicksal!
Hörer: Naja, wir zwei sind immer ganz gut miteinander ausgekommen.
Kuttner: Also endlich mal ein wirklich praktisches Anliegen, bei dem ich wirklich praktisch helfen kann. Das freut mich aber. Hast du sonst noch irgendeine Bekundung?
Hörer: Eine Bekundung?
Kuttner: Na, irgendwas, was du loswerden willst, was endlich mal gesagt werden müßte?
Hörer: Nee, eigentlich nicht.
Kuttner: Mit dem Renovieren bist du auch schon fast fertig? Sonst könnten wir vielleicht noch ein paar Leute suchen, die da mithelfen?
Hörer: Nee, das schaffe ich schon allein.
Kuttner: Na, da wünsche ich dir viel Glück, daß du die Katze in gute Hände loswirst und die gute Frau in deine guten Hände gelangt.

Ist Weintrinken wirklich romantisch?

Hörer: Ich wollte dich fragen, ob du nicht mal eine Winterliebe für mich und Collin hast.
Kuttner: Ihr seid zwei einsame Jungs mit einsamen Herzen?
Hörer: Ach ja!
[Lachen im Hintergrund]
Kuttner: Wer lacht denn da im Hintergrund?
Hörer: Das ist der Collin und die Katrin, aber das darf ich dir eigentlich nicht sagen.

Kuttner: Was ist denn mit der Katrin? Da habt ihr doch schon eine potentielle Freundin im Raum.
Hörer: Zumindest von mir aus ist es mit Katrin nicht mehr so gut.
Kuttner: Wieso?
Hörer: Na, man sollte alte Beziehungen nicht aufwärmen.
Kuttner: Ach so. Und wie steht Katrin zu Collin?
Hörer: Hab ich sie noch nicht gefragt. Sie sehen sich heute das erste Mal.
Kuttner: Und, wie sehen sie sich an?
Hörer: Er umarmt sie gerade, aber ich weiß nicht, ob ich ihm das glauben soll.
Kuttner: Nee, man muß da eher auf die ganz feinen Zeichen achten. Auf längere Blicke und gleiche Rhythmen. Haben sie sich vielleicht schon mal vorsichtig berührt?
[Lachen im Hintergrund]
Hörer: Ja, sie lachen gerade gleichzeitig.
Kuttner: Lachen ist ja auch ein beliebtes Zeichen von Flirten. Das ist die Stufe drei der Annäherung.
Hörer: Okay, aber was wird nun aus mir?
Kuttner: Na, sieh doch erstmal zu, wie da junges Glück wächst! Ist das ein Egoist! Laß die doch erstmal zusammenkommen, ausgehen, tanzen, und dann hast du zwei Leute, die ein ganz existentielles Interesse daran haben, daß du auch endlich unter die Haube kommst, weil du immer dazwischenstehst und extrem nervst.
Hörer: Nee, ich hab einen anderen Vorschlag. Du bist doch jetzt ein Star, und es gibt so viele schöne Frauen, die dich umschwärmen. Du hast doch aber bestimmt schon eine Freundin und mußt die einfach abblitzen lassen. Da sagst du einfach das nächste Mal: Hey, Baby, ich kenn da einen ganz lieben Typen! Und dann gibst du ihr meine Telefonnummer.
Kuttner: Mit dem Star, das stimmt ja einfach nicht. Es gibt den klassischen Star, also den ganz normalen Stern, dann die Weißen Riesen und die Schwarzen Löcher. Ich falle eher unter die Kategorie Schwarzes Loch.

Hörer: Mach dich doch nicht kleiner als du bist!
Kuttner: Meinst du, daß ich doch ein Weißer Riese bin?
Hörer: Weißt du was, Collin hat sich eben wieder von Katrin weggesetzt.
Kuttner: Mensch, da spielen sich ja Dramen ab bei euch! Also gut, wer also Interesse an einem herrenlosen jungen Mann hat ...
Hörer: Ich bin auch ganz romantisch!
Kuttner: Wer Interesse an einem ganz romantischen damenlosen jungen Mann hat, der soll sich hier melden. Wir machen hier eine amerikanische Versteigerung, das letzte Gebot gilt. Du bist jetzt ausgeschrieben. Können es auch Jungs sein?
Hörer: Eigentlich nicht so.
Katrin: Ja!
Hörer: Katrin hat ja gesagt.
Kuttner: Hab ich gehört, gib mal Katrin her.
Hörer: Die traut sich nicht.
Kuttner: Katrin, hör mal zu. Das ist jetzt ganz im Interesse von deinem Freund hier. Du könntest als einzige ein wirklich realistisches Bild von diesem jungen Mann zeichnen, was in seinem Interesse ist, im Interesse der Sendung, und der weiblichen Zuhörerschaft überhaupt.
Katrin: Er ist einfach zu romantisch und zu lieb, das muß ich einfach mal sagen.
Kuttner: Für dich meinst du jetzt?
Katrin: Nein, das sage ich im Interesse vieler ...
Kuttner: ... betroffener Frauen? Frauen, die noch nicht betroffen sind, sollten das also jetzt mal ausprobieren. Wie sieht denn eigentlich »zu lieb« aus?
Katrin: Na, Locken, schmal ...
Kuttner: Nee, ich meine wie einer ist, der zu lieb ist!
Katrin: Ich laß mich jetzt nicht von dir verwickeln, ich geb ihn dir zurück.
Hörer: Was soll ich jetzt dazu noch sagen!
Kuttner: Gar nichts. Du bist jetzt hier ausgeschrieben. Geh lieber mal ein Bier trinken, und laß die beiden allein.

Hörer: Einen Wein! Bier ist doof.
Kuttner: Das würde ich jetzt so nicht unterschreiben. Aber geh von mir aus einen Wein trinken, oder auch einen Hagebuttentee, wenn du willst.
Hörer: Einen Jasmintee.
Kuttner: Du bist echt zu romantisch! Tschüß!

TAXIERLEBNISSE

Expertengespräch:
Fuhr Baron Pierre de Coubertin noch Eselskarren?

Kuttner: Heute geht es um Taxierlebnisse. Um kuriose, um seltsame, um unwahrscheinliche, um schöne, um traurige und vielleicht sogar um blutige Taxierlebnisse. Mir gegenüber sitzt jetzt direkt aus Regensburg eingefahren, nein eingeflogen, obwohl man auch vermuten könnte, daß er schon mal eingefahren ist – der berühmte, bekannte und bei einigen sogar beliebte Taxihistoriker Stefan Schwarz. Meine erste Frage: Wie wird man denn Taxihistoriker?
Experte: Ich komme ursprünglich aus einer ganz anderen Richtung, die ja vielleicht in Hörerkreisen auch schon bekannt ist: Ich bin eigentlich Zoologiehistoriker und bin bei Forschungen zur Taxidermie, das ist das Ausstopfen von Tieren, auf den Ursprung des Taxis gekommen.
Kuttner: Nun geht meine Frage gleich ins Zentrum des heutigen Themas: Woher kommt denn eigentlich das Taxi, wie wir es heute kennen und teilweise auch benutzen?
Experte: Die Taxis kommen natürlich von Thurn und Taxis, diesem Fürstenhaus in Regensburg.
Kuttner: Dieser Taxidynastie?
Experte: Genau. Die Fürsten von Thurn und Taxis waren eifrige Jäger und haben die edleren Stücke, also Dammwild, Rotwild, Keiler ...
Kuttner: Elche?

Experte: ... auch Elche, Bären, Auerhähne und dergleichen mehr ausstopfen lassen. Das wurde nun unten in Regensburg gemacht, und dann wurden diese ausgestopften Tiere mit einem Gefährt, einem Eselskarren, hoch zur Burg gebracht. Das Ausstopfen selbst dauerte etwa 14 Tage, das Enthäuten, Entdärmen – Taxidermie heißt ja eigentlich Entdärmen, also im Auftrage von Thurn und Taxis die Därme aus dem Tier entfernen, damit es haltbar bleibt – dieser Karren nun, der von der Stadt Regensburg, Regensburg ist ja sehr alt, hoch zum Schloß derer von Thurn und Taxis fuhr, wurde unter anderen auch von fußlahmem Volk benutzt, das sich hinten raufgesetzt hat, weil es wußte, alle zwei, drei Tage geht da ein Karren hoch. Wenn sie etwas auf der Burg zu erledigen hatten, sind sie einfach mit diesem Karren mitgefahren, vorn waren also die Bären, Elche, Auerhähne – all das ausgestopfte Getier, und hinten saßen die armen Leute drauf, die sich mit diesem Taxidermie-Karren, wie er eigentlich korrekt im Volksmund hieß, auf die Burg schaffen ließen.

Kuttner: Kam es da nicht zu Zwischenfällen, zu Mißverständnissen vielleicht, daß der eine oder andere Taxidermiegast, wenn ich ihn so bezeichnen darf, dann oben in der Burg ausgestellt wurde?

Experte: Das hat es gegeben. Das ist zwar ein trauriges Kapitel in der Geschichte von Regensburg, aber das hat es gegeben.

Kuttner: Wenn man also heute ein Funktelefon betätigt, um ein Funktaxi zu rufen, kann man da weiterhin davon ausgehen, daß man in die Kassen derer von Thurn und Taxis zahlt?

Experte: Natürlich, selbstverständlich.

Kuttner: Es sind ja adelsgeschichtlich eigentlich zwei Linien: Thurn und Taxis. Wie hat sich denn der andere Zweig über die Jahrhunderte gerettet?

Experte: Die eigentliche Ausnutzung dieser Idee des Taxis im Interesse derer von Thurn und Taxis kam erst im späten 18. Jahrhundert. Vorher gab es allerdings schon einen gewissen Wildmangel in den Wäldern um Regensburg herum, und die Jagd kam zum Erliegen. Damit gab es im Fürstenhaus von Thurn und Taxis Probleme bei der Freizeitgestaltung. Man hat sich dann darauf verlegt, Leibesübungen zu unternehmen. Während man also früher durch den Wald und die Flur striff, versammelte man sich nun jeden Morgen um sechs auf dem Hof und machte dort allerlei Übungen, die von einem Leibesübungslehrer angeleitet wurden: Das war der Herr Jahn.

Kuttner: Der Thurnvater?

Experte: Der dann später Thurnvater genannt wurde.

Kuttner: Der der eigentliche Urahn der linken Seitenlinie derer von Thurn und Taxis ist?

Experte: Ja. Er hat sich bei einer Übungsstunde mit einer Prinzessin in die Ahnenreihe derer von Taxis hineinkopuliert.

Kuttner: So daß es eigentlich eine Zusammenführung zweier alter Familien war, die davor nichts miteinander zu tun hatten?

Experte: Richtig. Vorher gab es nur Taxis.

Kuttner: Dagegen steht nun die These, die von einer historischen Ausdifferenzierung spricht. Diese These sagt, es waren schon immer die von Thurn und Taxis, eine Familie, die sich erst im späten 17. Jahrhundert getrennt hat und einerseits die Taxifahrerdynastie begründete, die ja bis heute zum Beispiel in der Potsdamer Taxifahrergenossenschaft existiert, – und andererseits die Linie, die über Thurnvater Jahn, über Coubertin schließlich bei Diepgen und den Olympiabefürwortern gelandet ist. Das ist ja eine These, die eigentlich deinen Anschauungen strikt widerspricht.

Experte: Nein, die Familie hieß früher noch ganz anders. Die hießen so am Anfang des zwölften Jahrhunderts ja Rikscha-Thurn und Taxis.

Kuttner: Aber im Zuge der Befreiungsbewegungen im Nahen Osten haben sie sich dann umbenannt?

Experte: Nein, Fürst Rikscha ist nach Asien gegangen und hat dort versucht, etwas Ähnliches aufzuziehen. Dort ist ja bis heute das Karrenhafte, von dem ich vorhin sprach, noch weit verbreitet. Er hat das orthodoxe Modell weitgehend beibehalten.

Kuttner: Er ist also nicht den progressiven Kräften dieser Welt zuzuordnen?

Experte: Ich glaube nicht. Ich denke, daß Taxifahren ohnehin eine stock-konservative Angelegenheit ist.

Kuttner: Gut. Dein Taxi geht jetzt gleich wieder zum Flughafen. Schönen Dank für den Besuch.

Darf man im Knast Apfelsinen essen?

Kuttner: Ich hab ja vorhin gesagt, wir wollen das große Feld Taxierlebnisse in Sektoren einteilen: kurios, seltsam, unwahrscheinlich, schön, traurig, böse und blutig. Für welchen Sektor hättest du denn etwas anzubieten?
Hörer: Kurios und seltsam.
Kuttner: Okay, ich mach mir mal Striche dahinter, damit wir das morgen in der Redaktionskonferenz auch statistisch ausweisen können. Fang mal mit dem Seltsamen an!
Hörer: Also, da war ein älterer Mann, der ganz spät nachts an einer dunklen Ecke einstieg. Ich sehe mir die Fahrgäste selten an, jedenfalls fragt er dann später plötzlich, warum ich diesen »Istanbul 2000«-Aufkleber hintendrauf hätte. Ich wollte da nicht so drauf eingehen, worauf er dann sagt, er sei der Sohn von Adolf Hitler. Ignaz Hitler. Und ob ich ihn nicht kennen würde, er hätte damals Kreta erobert und alle Kreta-Frauen geschwängert.
Kuttner: Horido!
Hörer: Da war mir klar, der Junge hat einen kleinen Schaden. Ich mache das Licht an, um ihn zu sehen, und er hatte sich natürlich auch so ein original Bärtchen angeklebt.
Kuttner: Hast du nicht gleich gekontert, daß du der Sohn von Stalin bist? Um ihm zu zeigen, wo der Hammer hängt?
Hörer: Nein, ich wollte hören, was er noch zu erzählen hat. Aber das war alles nur wahnsinnig krudes Zeug.
Kuttner: Sag mal, du kennst doch viele Leute, und du kennst doch auch viele Taxibenutzer. Ist die Zahl derer, die ein bißchen seltsam sind, unter den Taxibenutzern höher als unter den Leuten?
Hörer: Nachts sind ja sowieso 70 Prozent der Leute angetrunken und

benehmen sich anders als sonst. Aber jetzt die andere Geschichte: Da waren zwei Jungs, die sich als professionelle Kokainhändler ausgewiesen haben. Sie hätten den größten Ring hier in Berlin, und sie müßten jetzt ins Krankenhaus Geld einziehen, von einem, dem sie gestern die Fresse poliert haben, weil er nicht zahlen konnte. Der würde jetzt mit gebrochenem Kiefer im Krankenhaus liegen.
Kuttner: Waren aber eher so verrotzte Lausbuben, oder?
Hörer: Ach, die waren eigentlich ganz ulkig drauf. Die verkumpeln sich schnell mit einem Taxifahrer.
Kuttner: Meinst du jetzt die Kokainhändler oder eher das junge Volk, was sich mit Taxifahrern schnell verkumpelt?
Hörer: Ach, da gibst auch alte, die sich verkumpeln.
Kuttner: Hast du ihnen das abgenommen mit dem Kokain?
Hörer: Die haben mich gefragt, ob ich Hasch rauche – ich sage: Naja gelegentlich – und da haben sie eine Tüte gebaut. Die Haschklumpen lagen in einem Beutel drin, der war außerdem voll von so weißem Zeug, das nicht aussah, als ob es nur Puder wäre. Nach dem Krankenhaus sind wir dann nach Lankwitz gefahren, weil der Typ schon wieder entlassen war. In Lankwitz war seine Wohnung.
Kuttner: Also du hast auch noch einen Erlebnisbericht bekommen?
Hörer: Ja klar, ich war ja der Mitverschworene in diesem Moment, ich war ja sowas wie der Fahrer. Ich hatte mich schon darauf eingerichtet, daß ich den ganzen Tag mit denen rumfahre, weil ich es auch ganz spannend fand.
Kuttner: Ja, mein Lieber, ein politisches Amt kannst du nicht mehr bekleiden mit der Vergangenheit!
Hörer: Warum denn ich? Jedenfalls war der dann auch nicht zu Hause, und die Typen haben ganz eiskalt mitten am Tag die Fensterscheibe eingeschlagen und sind da rein. Es gab ein lautes Klirren, alle Nachbarn waren am Fenster und ich dachte: Mein Gott, jetzt kommen bestimmt gleich die Bullen um die Ecke geschossen. Es passierte aber nichts. Nach zehn Minuten kamen sie wieder raus und sagten: Alles klar, sie hätten jetzt auch einen Autoschlüssel, und dann sind sie weg.
Kuttner: Na, da ist dir ja ein schönes Geschäft durch die Lappen gegan-

gen. Hättest du verhindert, daß die da einsteigen, hättest du die noch ein Weilchen rumkarren können!
Hörer: Ach, für mich war das schon spannend genug.
Kuttner: Richtig wie im Film, oder? Ich hoffe jetzt nur, daß ich nicht als Mitwisser belangt werde. Nehmen wir mal an, jetzt hört irgend so ein Polizist, der zufällig gerade im Taxi sitzt, die ganze Geschichte mit!
Hörer: Ach so!
Kuttner: Die verfolgen das gleich zurück, und wen sie als ersten kriegen, das bin ich!
Hörer: Ach Quatsch, Kuttner.
Kuttner: Jaja, ich darf deine Nummer nicht weitergeben, da muß ich den aufrechten Journalisten spielen und sagen, ich muß meinen Informanten schützen – und du bist fein raus!
Hörer: So was passiert einem ja ständig beim Taxifahren, da muß man sich schon fair verhalten.
Kuttner: Das kann man aber auch machen, wenn man hier anruft. Schickst du mir dann Apfelsinen nach Moabit?
Hörer: Jetzt wart doch erstmal ab, jetzt drück mal nicht die Muffe.
Kuttner: Jaja, wart mal ab! Wer weiß, was hier nächstes Mal los ist, wenn sich irgendein anderer Sprechfunker meldet.
Hörer: Ja, meinst du?
Kuttner: Klar, ich sitze jetzt da und zittere!
Hörer: Na vielleicht nehmen die Bullen es auch nicht so genau.
Kuttner: Tja, man weiß es nicht. Nachher werfen die wieder erst mit Wasser und fragen dann, ob die Geschichte erfunden war. Das war jetzt aber einen Bärendienst, den du mir erwiesen hast!
Hörer: Das ist hier eben eine Weltstadt, da passiert halt sowas.
Kuttner: Das mußt du mir nicht erzählen, das mußt du den Jungs mit den grünen Mützen erzählen! Ob du vielleicht mal runtergehen könntest und versuchen, ob du einen siehst, daß du ihm sagen kannst: Das ist hier eine Weltstadt und so? Und daß die nicht soviel Radio hören sollen im Dienst?
Hörer: Ja, mach ich. Tut mir leid, Kuttner, das wollte ich wirklich nicht.
Kuttner: Tja, der Abend ist im Arsch. Tschüß!

Darf man Geldscheine an Autotüren kleben?

Kuttner: Hast du ein bißchen Creme dabei, damit ich meine Handgelenke einschmieren kann, die Handschellen sind immer so eng.
Hörer: Ich hab Mobilat zu Hause, aber ...
Kuttner: Mobilat, was ist denn das? Gleitcreme?
Hörer: Nee, das ist so für Venenentzündungen.
Kuttner: Sag mal, hör ich mich an, als ob ich eine Venenentzündung hätte?
Hörer: Das kann man sich auf die Hand schmieren. Aber ich will nicht vom Thema ablenken, das finde ich heute voll gut. Ich sitze hier die ganze Zeit am Radio und höre zu.
Kuttner: Ja, ich finde es auch gut. Und ich höre auch die ganze Zeit zu. Weißt du, wer mir besonders gefällt? Der Moderator, der ist klasse, stimmts? Nur die Anrufer sind Scheiße.
Hörer: Also ich wollte fragen: Du hast einen Doktor gemacht?
Kuttner: Ich bin Doktor. Sowas macht man nicht, sowas ist man.
Hörer: Dr. phil.?
Kuttner: Ach Quatsch! Tierarzt! Dr. vet. heißen die. Wetten?
Hörer: Dann habe ich eine falsche Information. Ich hab über Verbindungen gehört, du bist irgendwas mit Kunst oder so.
Kuttner: Siehste, das funktioniert alles nicht. Seh ich aus wie mit Kunst oder so?
Hörer: Eigentlich nicht, deshalb hab ich mich auch gewundert.
Kuttner: Sag mal, bin ich jetzt hier zum Ausfragen da oder soll ich dich ausfragen?
Hörer: Gut, frag mich aus.
Kuttner: Da frage ich noch mal kurz meinen Redakteur, warte mal ... ja, ich soll dich ausfragen. Hast du denn ein schönes Taxierlebnis?
Hörer: Ja, ein böses und blutiges. Also, da war ich mit meiner Mutti in Prag ...
Kuttner: Ach du lieber Gott! Mit dem Taxi hingefahren?
Hörer: Nee. Aber vom Bahnhof in Prag. Da stehen sie alle schon immer rum und fragen: Taxi, Taxi? Da haben wir ein Taxi genommen.

Kuttner: Schön!
Hörer: Dann wollten wir zu dem Hotel, in dem wir wohnen.
Kuttner: Und dann seid ihr voll gegen eine Wand geknallt!
Hörer: Nee. Der Taxifahrer hat uns durch ganz Prag gefahren, dabei war das Hotel gleich in der Nähe.
Kuttner: Na, das ist doch schön! Da habt ihr die Stadt ein bißchen kennengelernt.
Hörer: Das haben wir später auch zu Fuß.
Kuttner: Aber zu Fuß ist doch viel mühsamer! Dann hättet ihr doch auch gleich zu Fuß dahingehen können. Wenn schon Taxi, dann muß das auch Spaß machen.
Hörer: Aber das Taxi war voll klein, voll ungeräumig und stickig.
Kuttner: Und deine Füße? Meinst du, die sind nicht auch ungeräumig und stickig?
Hörer: Nö. Vierundvierzigeinhalb.
Kuttner: Und das nennst du groß? Stell mal deinen Fuß neben ein Taxi, dann siehst du, was groß ist! Aber wo bleibt denn jetzt das Blut?
Hörer: Na, das hat dann 200 Kronen gekostet.
Kuttner: Das ist ja nicht mehr soviel. Das sind jetzt nur noch 80 Pfennig.
Hörer: Der Schock kam aber erst später, als wir erfahren haben, daß es eigentlich nur 40 Kronen gekostet hätte.
Kuttner: Dachtet ihr, daß der euch für zwei Pfennig durch die Stadt karrt? Mensch, du fährst aber mit einer gewissen Naivität ins Ausland.
Hörer: Ich hatte ja keine Ahnung, wieviel dort ein Taxi kostet. Wir hatten zwar einen Reiseführer, aber da stand es nicht drin.
Kuttner: Vielleicht versuchst du es dann erstmal in befreundeten Ländern wie Sachsen-Anhalt oder Mecklenburg.
Hörer: Nee, hier ist ja Taxifahren inzwischen so teuer geworden. Ich fahr hier mit meiner Mutti und allein erst recht nicht mehr Taxi. Obwohl die ja jetzt auch Werbung am Auto haben.
Kuttner: Stell dir mal vor, es wäre keine Werbung am Taxi. Dann müßtest du das auch noch bezahlen. Sei froh, daß die von der Werbung dir das abnehmen.

Hörer: Ich würde sagen, das fließt doch eher in die Taschen der Firma.
Kuttner: Nee, dadurch wird das Taxifahren billiger. Das fließt direkt in deine Tasche. Ich such mir die Taxis auch immer nach großen Firmen aus. Da wird die Fahrt billiger.
Hörer: Auch bei »Olympia 2000«?
Kuttner: »Olympia 2000« ist spottbillig! Die haben ja eine Viertelmilliarde! Das Geld müssen die ja irgendwie verteilen – das sind ja oft nette Leute, die sagen: Berlin soll Olympia sein. Und wenn *Berlin soll Olympia sein* gilt, und das gilt ja jetzt erstmal, dann bekommen wir eine Viertelmilliarde. Und jetzt haben die die Viertelmilliarde und müssen das Geld verteilen. Das wird dann teilweise an Taxis rangeklebt. Weil es aber nicht so schick aussieht, wenn man da direkt Geld ranklebt, kleben die da so kleine nette Aufkleber ran, wo draufsteht: »Olympia 2000«. Die sind direkt Geld wert, was wieder in deine Tasche fließt. Das Problem dabei ist nur, daß es erst aus deiner Tasche herausgeflossen ist. Aber ansonsten ist es eigentlich eine schöne Sache.

Kann die Polizei wirklich die Wahrheit herausfinden?

Kuttner: Jetzt haben wir endlich wieder einen richtigen Taxifahrer am Telefon.
Anrufer: Ich muß Ihnen mal ganz ehrlich sagen, Sie können sich ein ganz dickes Minus eintragen! Ich spreche hier in der Mehrzahl der Taxikollegen, und die sind der Meinung, das, was Sie über den Sender bringen, das ist unterm Niveau.
Kuttner: Inwiefern? Können Sie das vielleicht etwas konkreter machen?
Anrufer: Erstmal fängt das schon mit Ihrer Aussprache an. Als Moderator hat man eine bestimmte Gürtellinie.
Kuttner: Meinen Sie, daß ich eher sächseln sollte?
Anrufer: Nö, vielleicht wäre es ganz gut, wenn Sie mal ganz manierlich reden würden. Und nicht mit »Bullen« und »Scheiße« und sowas über den Sender kommen würden.

Kuttner: Sagen Sie immer »Angehöriger der Volkspolizei«, wenn Sie von den Kollegen mit den weißen Mützen sprechen?
Anrufer: Das hat damit nichts zu tun. Aber ein Moderator, der eine Frequenz hat, der öffentlich senden darf und am Sendepult sitzt, der sollte doch eine bestimmte Umgangssprache haben. Ich hatte eben einen Kunden in der Taxe, der sagt zu mir: Sagen Sie mal, sind denn alle Taxifahrer so vom Jargon abhängig? Ich meine, berlinern tun wir alle ein bißchen. Aber was Sie machen, ist dann doch ein bißchen übertrieben. Und die Geschichten, die bis jetzt rübergekommen sind, sind auf deutsch gesagt unter aller Sau.
Kuttner: Wieso? Die sind doch offensichtlich so passiert! Für die Geschichten, die hier erzählt werden, kann ich doch nichts!
Anrufer: Das ist ja richtig, aber es gibt doch auch genug Geschichten, die nett und gut sind. In Ihrer Sendung kommt aber ganz deutlich zum Ausdruck, daß der Taxifahrer nur verarscht wird und im allgemeinen naiv und blöd ist.
Kuttner: Ich glaube, das verstehen Sie jetzt aber ziemlich falsch. Ich habe nicht den Eindruck, daß hier Taxifahrer verarscht werden und daß die Leute, die hier angerufen haben, naiv und blöd sind. Die waren eigentlich ziemlich okay.
Anrufer: Das waren aber alles nur Pauschalfahrer.
Kuttner: Soll ich eine Auswahl machen und nur die Festangestellten nehmen?
Anrufer: Das habe ich nicht gesagt.
Kuttner: Ich würde Ihnen jetzt die Gelegenheit geben, eine nette, anständige, saubere Taxifahrergeschichte zu erzählen.
Anrufer: Nee, ich wollte mich offiziell im Namen meiner vielen Kollegen beschweren, die gesagt haben: Das geht unter die Gürtellinie!
Kuttner: Hier ist bisher noch gar nichts unter die Gürtellinie gegangen!
Anrufer: Man kann aber vieles auch anders formulieren. Wie gesagt, wir Taxifahrer sind das Sozialpaket der Nation, das stimmt nun mal, wir erleben viele Dinger – aber doch nicht in dem Jargon, junger Mann!
Kuttner: Wissen Sie, vielleicht bin ich ja auch ein Kollege von Ihnen. Ich bin ein Radiotaxifahrer. Hier steigen Leute ein und erzählen mir

ihre Geschichten. Das ist doch nett. Schreiben Sie denn Ihren Fahrgästen vor, was die für Geschichten erzählen sollen, wenn sie bei Ihnen im Wagen sitzen?
Anrufer: Nein, das sagt doch gar keiner! Uns gefällt einfach Ihre Ausdrucksweise nicht.
Kuttner: Andererseits hat mich der Ostdeutsche Rundfunk Brandenburg extra auf eine Ausspracheschule geschickt, damit ich jetzt so sprechen kann. Das hat viel Geld gekostet.
Anrufer: Sie wollen mir doch nicht anheimstellen, daß alle Taxifahrer so sprechen wie Sie!
Kuttner: Sie wollen mir doch nicht anheimstellen, daß ich mit Ihnen hochdeutsch spreche!
Anrufer: Nee, aber man kann es doch in einer netten Form verpacken. Und die Geschichten, die bis jetzt rübergekommen sind – also ich dachte, wir reden hier über die Wahrheit.
Kuttner: Soll ich die jetzt auch noch nachprüfen? Ich bin doch kein Polizist, um jetzt mal das Wort Bulle zu vermeiden. Ich kann doch nicht mal überprüfen, ob Sie wirklich ein Taxifahrer sind oder nicht.
Anrufer: Doch, ich sitze hier direkt in der Zentrale, und ich habe auch eine Taxinummer, die 6218!
Kuttner: Das glaube ich Ihnen gern, aber soll ich da jetzt einen Zivilbeamten hinschicken?

Wird in Mädchenpensionaten Dialekt gesprochen?

Kuttner: Hallo, wer ist da?
Hörer: Ja, hier ist Kuttner.
Kuttner: Dann wird das jetzt ein Selbstgespräch?
Hörer: Mal sehen, das wird schwierig.
Kuttner: Mal sehen, ob ich schnell genug bin.
Hörer: Das ist wie der, der sich in der Zelle einen Brief schreibt und nicht weiß, was drin steht.

Kuttner: Ja, genau. Tag, Kuttner.
Hörer: Tag.
Kuttner: Ich frag mal jetzt ganz scheinheilig: Wie gehts dir denn?
Hörer: So schlecht gehts mir gar nicht. Aber es ist auch ein bißchen schizoid. Ich muß nämlich im Moment gar nicht arbeiten, und du mußt arbeiten.
Kuttner: Kann man so sagen. Du merkst, es wird eine komplizierte Geschichte.
Hörer: Bevor jetzt einer durchdreht: Ich bin in Wirklichkeit gar nicht Kuttner. Das brauchen wir aber keinem zu sagen, okay?
Kuttner: Bist du denn Taxifahrer?
Hörer: Nee, früher bin ich mal Schwarztaxi gefahren.
Kuttner: Im Trabi?
Hörer: Mit einem Trabi, ja. Aber ich wollte noch was zu dem Kumpel von vorhin. Also, wenn dich der Sender das Berlinern so dufte gelernt hat ...
Kuttner: Das war teuer! Ich war anderthalb Jahre auf der Schule!
Hörer: ... also dann! Du kannst das aber auch wirklich gut.
Kuttner: Na, manchmal falle ich ja noch ins Hochdeutsche. Dann gibts aber auch gleich Ärger am nächsten Tag.
Hörer: Mach das nicht! Das Berlinern muß doch wieder verbreitet werden in Berlin! Ich hab ja, nachdem sich die Wessis uns angeschlossen haben, auch gemerkt, warum.
Kuttner: Weil die alle schwäbeln!
Hörer: Ja! Da kann keiner mehr richtig berlinern. Da lachst du dich tot, wenn du dahinkommst. Da kommst du dir vor wie im Mädchenpensionat! Obwohl ich ein hochgebildeter Mensch bin, beharre ich auf dem Berlinern.
Kuttner: Selbst ich als Studierter beharre darauf.
Hörer: Du hast auch studiert! Naja, das merkt man aber. Ziemlich intelligenter Mensch, wenn du so sprichst. Du merkst, daß ich mich gerade mit mir selbst unterhalte? Ich bin doch Kuttner!
Kuttner: Ich doch auch, Mensch.

WASSERHÄHNE

Kuttner: Heute habe ich mir gedacht, daß man endlich mal über Wasserhähne redet. Wasserhähne sind ja wirklich Gegenstände des Alltags, über die viel zu wenig geredet wird. Und jeder hat jeden Tag – jedenfalls die ordentlichen sauberen Deutschen, die häßlichen Deutschen weniger – aber die ordentlichen sauberen Deutschen haben schon die Tendenz, doch ab und an einen Wasserhahn in die Hand zu nehmen, was immer sie dann damit veranstalten. Aber der Wasserhahn ist trotzdem ein Gegenstand, der außerhalb jeglicher Beachtung steht, und ich finde, darum gerade ist er auch ein Gegenstand, der in die Beachtung wieder viel stärker hereinrücken sollte. Und diesem Zweck soll die heutige Sendung dienen.

Expertengespräch: Sind Lebkuchen wasserdicht?

Kuttner: Mit mir im Studio heute wieder der Universalspezialist Stefan Schwarz. Guten Abend!
Experte: Guten Abend!
Kuttner: Ich sage nicht umsonst Universalspezialist. Du bist ziemlich sicher, was Elche und Taxis betrifft, und ich habe neulich in einer großen Berliner Morgenzeitung gelesen, daß du durchaus auch als Experte für Handwaschbecken giltst.
Experte: Das kann man mit Fug und Recht behaupten.
Kuttner: Wie kam es denn dazu?
Experte: Ich habe neben meinen vielen anderen Verpflichtungen auch eine E-12-Professur an der Sektion für angewandte Warmwasser-Wirtschaft des Wasser-Hahn-Meitner-Instituts hier in Berlin inne. Vor ein paar Jahren habe ich mich habilitiert – oder rehabilitiert, je nachdem, wie man es nennen will –, ich hatte einen schweren Unfall, danach habe ich mich habilitiert, also meine B-Promotion fiel in die Zeit nach meinem schweren Unfall, deshalb spreche ich immer von meiner Rehabi-

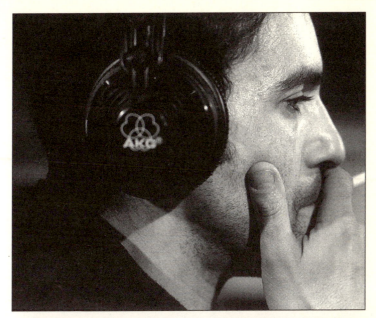

litierung. Ich habe also eine B-Promotion geschrieben über das Thema »Zivilisation, zivilisatorischer Fortschritt, Menscheitsentwicklung und fließendes Wasser«.

Kuttner: Damit sind wir im Grunde beim Thema des heutigen Abends: Der Wasserhahn. Woher kommt denn der Wasserhahn eigentlich? Ist er, wie so viele andere Erfindungen der Menschheit, eher im frühen Quadrocento anzusiedeln, oder vielleicht in der Nähe von Avignon, oder reicht die Geschichte des Wasserhahns noch weiter zurück?

Experte: Das ist eine Definitionsfrage. Freilich finden sich erste Versuche, fließendes Wasser in menschliche Wohnungen zu leiten – kontrolliert in menschliche Wohnungen zu leiten, muß man ja sagen, denn es finden sich in der Urgeschichte viele Versuche, fließendes Wasser unkontrolliert in menschliche Wohnungen zu leiten: Das sind Überschwemmungen, Dammbrüche und einiges mehr – das ist aber das Stadium der unkontrollierten Wassereinleitungen. Im Römischen Reich wurde das erste Mal versucht, kontrolliert Wasser in menschliche Wohnungen zu leiten. Das bestätigen Ausgrabungen in Pompeij.

Kuttner: Dazu bedurfte es doch aber gewisser technologischer Überlegungen. Die Vorstellung, den Tiber in eine altrömische Wohnung zu leiten, hätte doch mit den bekannten Katastrophen enden müssen!

Experte: Man hat sich ganz einfach die Natur angesehen und festgestellt: Es gibt Bäche, Ströme und Flüsse. Dann hat man sich gedacht, warum sollte man davon nicht einen Abzweig machen und dieses Wasser in menschliche Wohnungen leiten. Bis dahin war es kein Problem, mit der Erfindung des Spatens waren dafür alle Voraussetzungen geschaffen. Das eigentliche Problem war ein ganz anderes. Das Wasser war nun in die Wohnungen hineingeleitet worden und floß dort vor sich hin. Man hatte es verfügbar, man konnte daraus schöpfen – aber man konnte es nicht abstellen. Es floß also Tag und Nacht durch die Wohnung. Menschen sind bei dem Versuch, auf die Toilette zu gehen ...

Kuttner: ... weggeschwemmt worden?

Experte: Richtig. Am nächsten Tag fehlte dann der Hausherr, und das bedeutete großes Unglück. Schwarzgekleidete Frauen rannten schrei-

end durch die Stadt. Es gab damals aber auch – das muß ich der Gerechtigkeit halber sagen – gewisse Versuche, das Wasser zu stoppen. Man hatte zum Beispiel einen Bach von der Größe einer heute ganz normalen Kanalisation in eine Wohnung eingeleitet und benutzte nun einen sogenannten Stopfstein, um über Nacht die erwähnten Hausherren- und Gattenwegschwemmungen zu verhindern, indem man die Quelle mittels des Steins einfach verstopfte.

Kuttner: Das waren diese großen mühlsteinartigen Gebilde, die vor den Einfluß des Hauses gerollt wurden?

Experte: Richtig. Das bedeutete nun aber, daß man am nächsten Morgen, wenn man sich waschen wollte, nur vollkommen nackt vor diesen Stopfstein treten konnte. Man rollte den Stein dann einfach zur Seite und war sofort gewaschen. Es war also nicht möglich, etwa besonders delikate oder andere nur teilweise Waschungen vorzunehmen, ja man konnte sich auch nicht einfach nur die Hände waschen.

Kuttner: Einzelne Körperpartien zu waschen war also völlig ausgeschlossen?

Experte: Richtig. Entweder man ließ sich ganz auf den Wasserstrom ein oder gar nicht.

Kuttner: Aber dann kam es doch zur berühmten ersten technischen Revolution, die zu einer Miniaturisierung des bis dahin noch frei fließenden Wassers führte?

Experte: Es gibt eigentlich zwei technologische Revolutionen, deren Verschmelzen schließlich zur Erfindung des Wasserhahns führte. Sie sind beide relativ alt. Ich hatte ja schon früher erwähnt, daß das Römische Reich einerseits durchaus in der Lage war, fließendes Wasser in Wohnungen zu leiten. Andererseits gab es schon seit Jahrtausenden – ich möchte fast sagen seit Jahrmillionen – eine Technik, die darauf beruhte, etwas abzudrehen. Das Abdrehen als solches war damals schon lange bekannt. Stillstand als Ergebnis eines Abdrehvorgangs war schon in der Urgesellschaft als Jagdtechnik angewandt worden. Vor allem bei kleinen Vögeln: Wachteln, Rebhühnern ...

Kuttner: Tauben?

Experte: Auch bei Tauben – umgedreht, abgedreht, stillgestanden.

Kuttner: Bis hin zum Hahn?
Experte: Bis hin zum Hahn. Das war also bekannt. Aber aufgrund irgendeines Versäumnisses sind die beiden Techniken nie miteinander verknüpft worden. Das Abdrehen mit der Folge des Stillstandes ist bis dahin nie auf Wasserflüsse angewandt worden.
Kuttner: Das Abdrehen war also ein technologischer Vorgang, den man zwar in der Natur vorgefunden hatte, den man sich aber erst ins Bewußtsein rufen mußte, um dann Installationskunde in Gang zu setzen?
Experte: Richtig. Es gab dann, so etwa um zwölf vor Christi Geburt, in einer römischen Vorstadt ein Ereignis, das die beiden Techniken für alle sinnfällig – der Mensch denkt über Bilder – miteinander verknüpfte. Das war der große Dammbruch, der direkt neben der Geflügelfarm Roms stattfand und tausende Hähne hinwegspülte. Diese Hähne verstopften innerhalb kurzer Zeit die römische Kanalisation. Nichts ging mehr, alles war dicht. Angesichts der toten Federviecher kam nun ein Unbekannter auf die entscheidende Idee und sagte: Laßt es uns doch so versuchen! Wir wollen doch mal sehen, ob wir das Wasser nicht abdrehen können.
Kuttner: Wann gab es den ersten klassischen Wasserhahn in Deutschland?
Experte: Das war der Nürnberger Wasserhahn von 1162.
Kuttner: Und der hatte dann auch schon alle Attribute des uns geläufigen heutigen Wasserhahns?
Experte: Nein, natürlich nicht. Es war eigentlich nur ein Faschingsspaß. Der Hahn war aus Lebkuchenmehl gebacken und hatte dadurch den Nachteil, daß er Wasser durchließ. Schließlich weichte der Lebkuchen durch, und der Wasserhahn verlor völlig seine Funktionsfähigkeit.
Kuttner: Später hat man die Materialien dann immer mehr verbessert, bis am Ende der Wasserhahn in seiner heutigen Form entstand. Und damit hätten wir das Thema eigentlich erschöpfend behandelt.
Experte: Richtig. Das ist im Prinzip alles, was zur Geschichte des Wasserhahns gesagt werden muß.
Kuttner: Vielen Dank und viele Erfolge noch am Wasser-Hahn-Meitner-Institut! Tschüß.

Kuttner: Der Wasserhahn im Leben junger Menschen – das ist ein Thema, das schon längst auf der Tagesordnung steht. Die Illustrierten hat es schon lange beschäftigt, und nun ist es auch hier im Rundfunk angekommen. Ich muß natürlich zugestehen, daß dahinter das stinkereiche Wasser-Hahn-Meitner-Institut steht. Die bezahlen hier die Sendung, die bezahlen mich und die bezahlen auch die Techniker, die da draußen herumlungern. Aber das macht ja nichts, das Thema ist interessant, und warum soll man sich interessante Themen nicht richtig teuer bezahlen lassen.

Dahinter steht also deren Interesse: Wie steht der häßliche junge Deutsche zum Wasserhahn. Sehen wir uns einer ungewaschenen Zukunft gegenüber oder hat der Wasserhahn doch Chancen? Macht es Sinn, nun endlich die milliardenverschlingende Hahnreform in Gang zu setzen oder sollte man sie lieber sein lassen, weil vielleicht die Digitalisierung der Wasserversorgung ins Haus steht und nur noch virtuelles Waschen angesagt ist? Das ist ein wichtiger Punkt, über den ich mit euch gern reden möchte.

Kann man ein Aquarium skizzieren?

Hörer: Bei uns hat der Wasserhahn vor zwei Monaten seinen Geist aufgegeben. Der hatte ein kleines Loch, und da ist das Wasser immer rausgespritzt.
Kuttner: Damit verfehlt er ja total seine Funktion!
Hörer: Es kam auch immer noch da Wasser raus, wo Wasser rauskommen sollte. Aber es kam auch seitlich. Wir haben nun zur Ablage für Zahnputzbecher eine Glasplatte darübergebaut …
Kuttner: Über den Wasserhahn?
Hörer: Ja, an die Wand eben.
Kuttner: Das verstehe ich nicht.
Hörer: Also paß auf: Auf dem Waschbecken ist der Wasserhahn …
Kuttner: Über dem Waschbecken! Also ich meine, unten ist so ein

Waschbecken und darüber, direkt aus der Wand, kommt so ein Wasserhahn raus ...
Hörer: Nee, warte mal. Der Wasserhahn kommt bei uns nicht aus der Wand, sondern aus dem Waschbecken.
Kuttner: Aus dem Waschbecken? Wie habt ihr den denn da reingekriegt?
Hörer: Der war da schon!
Kuttner: Davon habe ich ja noch nie was gehört. Ein normaler anständiger deutscher Wasserhahn kommt aus der Wand!
Hörer: Nee, bei uns kommt der aus dem Waschbecken. Vom Rand des Waschbeckens kommt der hoch. Und in großem Bogen wieder runter.
Kuttner: Wie kann denn das Wasser dann abfließen, wenn der Wasserhahn da drin liegt im Waschbecken? Das kommt doch gar nicht wieder raus! Läuft das denn oben über den Rand vom Waschbecken rüber? Dann habt ihr immer nasse Füße. Ach so, deshalb habt ihr die Glasscheibe raufgelegt. Und Fische ausgesetzt. Ja! Das ist ein Aquarium, jetzt verstehe ich! Du sprichst die ganze Zeit von einem Aquarium. Du bist völlig vom Thema abgekommen!
Hörer: Nein, nein, nein! Also paß auf ...
Kuttner: In welche Klasse gehst du denn, Mensch?
Hörer: Also soll ich dir das jetzt erklären oder nicht?
Kuttner: Mir mußt du nicht erklären, was ein Wasserhahn ist. Wenn das einer weiß, dann ich! Ich glaube, du mußt das dir erklären.
Hörer: Also gut, erkläre ich es mir. Es ist so ...
Kuttner: Wollen wir vielleicht schon Schluß machen, und du setzt dich gemütlich zurück und erklärst es dir?
Hörer: Nein, nein!
Kuttner: Nee? Vielleicht machst du dir auch eine Skizze dazu? So wird es oft anschaulicher, wenn man sich etwas erklären will. Wenn ich mir schwierige Worte erkläre, mache ich mir auch gerne eine Skizze. So richtig flächig. »Das ist ein weites Feld« zum Beispiel. Was ist ein weites Feld? Da hat man doch kaum eine Vorstellung. Aber schon, wenn du ein weißes Blatt Papier und einen Stift nimmst und es aufmalst, dann weißt du, hier ist der Feldrand mit Feldsteinen und in der Mitte ist nur totales Feld. Und schon weißt du Bescheid.

Hörer: Hä? Wie?
Kuttner: Na, dann danke ich dir für die Verwirrung, die du hier gestiftet hast. Die setzen die Sendung eines Tages noch ab! Tschüß!

Hat Gagarin die Erde zu sehr geliebt?

Hörer: Ohne Wasserhähne wäre ich arbeitslos.
Kuttner: Wieso denn?
Hörer: Ganz einfach: Ich bin Bademeister.
Kuttner: Super! Sag mal, stimmt das, daß man als Bademeister immer Haare auf der Brust haben muß und pausenlos im Solarium rumliegt?
Hörer: Auf keinen Fall! Ich seh hier bei mir noch kein einziges Haar.
Kuttner: Aber vielleicht bist du auch erst Badelehrling oder Badegeselle.
Hörer: Nee, nee. Richtiger Bademeister.
Kuttner: Macht man da richtige Meisterprüfungen?
Hörer: Mehr so ein Diplom.
Kuttner: Dann ist es nicht so, daß einem ein Ertrinkender gestellt wird, den man retten und dann stolz der Handwerkskammer präsentieren muß?
Hörer: So ist es nicht.
Kuttner: Ihr habt gar keine Ernstfallproben? Jeder Tischler muß doch einen Tisch machen können, der dann auch hält! Und als Bademeister reicht es, wenn man theoretisch Bescheid weiß, wie man jemand vor dem Ertrinken rettet? Da habe ich aber nicht soviel Vertrauen zu dir.
Hörer: Nee, das hat mehr mit Suppen zusammenbrauen zu tun. Wo sich Leute dann reinlegen können. Zum Beispiel Fichtennadelbad, oder ...
Kuttner: Ach, du bist Badewannenmeister! Na, das ist was anderes. Mit Badelatschen, die Beine immer frei, aber einen weißen Kittel an?
Hörer: Ja, so ähnlich.

Kuttner: Und ohne Wasserhähne wärst du arbeitslos. Dann drück ich dir mal die Daumen, daß sie dir erhalten bleiben.
Hörer: Ja, wenn die weg wären, das wäre schlimm für mich.
Kuttner: Da würden dann die Zahlen in Nürnberg, bei der Bundesanstalt für Arbeit – zack – in die Höhe schnellen.
Hörer: Aber dann hätten wir mehr Klempner.
Kuttner: Ja, aber nur möglicherweise! Wenn denn noch ein bißchen Weisheit regiert unter den Politikern. Man kann das ja sehen. Hast du mal einen Atlas zur Hand? Schlag doch mal deinen Atlas auf!
Hörer: Fußballatlas?
Kuttner: Ach Quatsch! Nimm einfach mal an, du hast einen Atlas. Du schlägst ihn auf, und was siehst du? Welt. Oben drüber steht dann noch oft geographisch oder physisch. Jetzt trägst du über die Kontinente hin mit kleinen Kreuzchen die Stellen ein, wo Wasserhähne sind. Nehmen wir mal an, du machst das mit einem blauen Filzstift. Dann gibt es in Großstädten Ballungen, da wird es richtig blau. Es bleiben aber auch weite Flächen übrig. Da siehst du nun den Zusammenhang zwischen Wasserhähnen und Klima. Da, wo nicht genug Wasserhähne angebaut, hergestellt oder installiert werden, da ist zum Beispiel Wüste. Das heißt, daß da, vom Globalen, vom Politischen her, nicht in weitergehenden Zusammenhängen gedacht wurde. In weiten Teilen der Welt, in der Sahara, Gobi, in großen Teilen von Australien wurde klempnermäßig nicht genug gearbeitet, und das führt erst zu Versteppungen, schließlich aber zur Verwüstung.
Hörer: Richtig, das stimmt. Man müßte vielleicht Wasserhähne so mitnehmen können wie ein Mobiltelefon.
Kuttner: Der mobile Wasserhahn steht zwar noch aus, könnte dann allerdings für eine gleichmäßige Verteilung von Wasserhähnen über die Kontinente hin sorgen, so daß man, wenn man mit Filzstift kleine blaue Kreuzchen machen würde, wo ein Wasserhahn ist, ein schönes hellblaues Bild von der Erde hätte, so wie es Juri Gagarin weiland aus dem All gesehen hat, woraufhin er die Erde sehr lieben lernte, dann aber mit seinem Flugzeug direkt auf die Erde zu abgestürzt ist. Da war die Liebe zu groß und er dann tot.

Hörer: Das ist Pech.
Kuttner: Mehr ist dazu jetzt nicht zu sagen. Man wird eher nachdenklich, wenn übergroße Liebe, schnelle Annäherung und Vereinigung zu sofortigem Herzstillstand führen können. Ich danke dir für deinen Anruf, wir sind wieder einen Schritt weitergekommen.

Dürfen Linkshänder Auto fahren?

Kuttner: Du willst deinen Vermieter verklagen? Wegen einem Wasserhahn?
Hörerin: Ja!
Kuttner: Wegen fehlender Wasserhähne?
Hörerin: Nein. Quatsch. Bei mir im Bad, da ist der Heißwasserhahn links und der Kaltwasserhahn rechts.
Kuttner: Das ist eine Mischbatterie für Linkshänder! Die werden doch immer benachteiligt.
Hörerin: Nein! Paß doch mal auf...
Kuttner: Du bist aber Rechtshänderin?
Hörerin: Die Geschichte ist doch noch gar nicht zu Ende. Wenn ich nämlich in die Küche gehe, dann ist es genau umgekehrt. Und jetzt habe ich mir so die Hand verbrüht, daß ich eine Woche nicht arbeiten konnte! Deshalb will ich jetzt meinen Vermieter auf Schadensersatz verklagen.
Kuttner: Wirklich? Der rückt doch bestimmt nicht raus mit seiner Hand!
Hörerin: Und jetzt wollte ich dich als Spezialisten mal fragen, ob es da nicht eine Norm gibt. Ob man nicht immer links kalt oder rechts warm oder andersrum installieren muß. Ich komme da immer ganz durcheinander.
Kuttner: Das ist doch ganz klar! Das eine ist für Linkshänder und das andere für Rechtshänder. Für Rechtshänder ist der Heißwasserhahn rechts und für Linkshänder ist der Heißwasserhahn links. Und jetzt haben die sich wahrscheinlich gedacht: Die Linkshänder werden

immer benachteiligt. Die werden ja immer gezwungen, mit rechts zu schreiben, mit rechts den Heißwasserhahn zu öffnen und sich mit rechts über die Haare zu streichen. Dabei wird die linke Hand völlig unterentwickelt. Das führt dann natürlich im Kopf zu Chaos, denn die Gehirnhälften regieren die Hände überkreuz. Die rechte Gehirnhälfte ist für die linke Hand verantwortlich, die linke Gehirnhälfte ist für die rechte Hand verantwortlich. Wenn jetzt der Linkshänder gezwungen wird, sich wie ein Rechtshänder zu verhalten, es aber im Kopf andersrum gespeichert hat, dann kommt es dazu, daß er sich oft die Hände verbrüht.
Hörerin: Wenn ich als normale Rechtshänderin aber immer während der zehn Schritte vom Bad in die Küche völlig umdenken muß ...
Kuttner: Wieviele Zimmer hat denn deine Wohnung?
Hörerin: Nur eins.
Kuttner: Na, dann ist alles klar. Deine Wohnung ist wahrscheinlich nur für gegensätzlich gepolte junge Paare zugelassen. Damit es ausgeglichen wird. Die haben wahrscheinlich gedacht: In dieser kleinen Wohnung stehen nur zwei Wasserhähne zur Verfügung, einer in der Küche und einer im Bad. Es soll aber keiner benachteiligt werden, denn das kann in einer jungen Beziehung zu Konflikten führen. Das wurde von vornherein bedacht, so daß im einen Teil der Wohnung – also im Bad – die Mischbatterie für Linkshänder angebracht wurde, in der Küche aber dann für Rechtshänder. Du müßtest dir jetzt einen Freund suchen, der Linkshänder ist, damit du dir nicht noch weitere Körperteile verbrühst. Und der wäre dann von der Wohnung und vom Vermieter her der einzige Berechtigte, im Bad das Wasser auf- und zuzudrehen. Und du dürftest das nur in der Küche.
Hörerin: Dann muß ich mich also morgens immer in der Küche waschen?
Kuttner: Oder du bittest den jungen Linkshänder, daß er dir die Hähne im Bad öffnet. Das würde ja auch eine gewisse Nähe und Vertrautheit bringen, die oft gerade die Stabilität einer Beziehung ausmacht. Ich würde dich also bitten, mach deinem Vermieter keinen Ärger, das ist ein ausgesprochen sozial denkender Mann. Sonst stecken die in ihrer

Miethai-Verbindung die Köpfe zusammen, tuscheln, und dann gibt es eines Tages nur noch Rechtshänder-Wasserhähne. Da werden die Linkshänder völlig kirre. Aber gerade unter den Autofahrern und Politikern gibt es jede Menge Linkshänder – da kommt es dann zu schrecklichen Sachen, im Straßenverkehr und in der Politik.

Stimmt das wirklich?

Hörer: Du hast gerade lautstark verkündet, es gibt keine Maßregeln, auf welcher Seite warm und kalt sein muß.
Kuttner: Nein, das stimmt nicht. Ich habe verkündet, daß es Maßregeln gibt. Damit sich linkshändige Hörer nicht immer die Hände verbrühen.
Hörer: Ich bin zwar auch Linkshänder, und ich kann das der Dame auch gut nachfühlen, aber es hängt nicht von Links- und Rechtshändern ab.
Kuttner: Teilweise auch. Weil da sonst im Kopf etwas durcheinandergerät und man sich die Finger verbrüht.
Hörer: Das ist alles Quatsch. Das war zwar sehr schön erzählt, aber es stimmt nicht.
Kuttner: Na, es hat doch aber gestimmt. Ich hab gesagt: Es gibt natürlich feste Regeln für warm und kalt. Aber eben für Linkshänder andere als für Rechtshänder.
Hörer: Nein, davon ist es nicht abhängig. Es muß immer links warm sein und rechts kalt. Das ist europäisch genormt.
Kuttner: Ja, für Rechtshänder!
Hörer: Nein, für alle.
Kuttner: Dann gab es aber einen Einspruch in Den Haag, das hast du wohl vergessen! Diese große Linkshänder-Initiative, die sich dort dagegen stark gemacht hat, daß Wasserhähne immer auf Rechtshänder abgestimmt sind. Und sich für eine europäische Linkshänder-Wasserhähne-Norm eingesetzt hat.
Hörer: Aha.

Kuttner: Aber das Problem ist jetzt noch, daß es immer noch zuviele Importwasserhähne gibt. Besonders bei japanischen Importwasserhähnen ist es sehr undurchsichtig. Da ist es mal so und mal so. Da kann heiß manchmal auch grün sein.
Hörer: Das ist dann wahrscheinlich je nach Land. Hast du zufällig die Adresse von dem Linkshänder-Verband?
Kuttner: Nee, schreib direkt nach Den Haag, Europäischer Gerichtshof, Abteilung linkshändige Wasserhähne. Die können dir bestimmt weiterhelfen.
Hörer: Mach ich. Das klingt sehr interessant.

Dürfen sich Kinder unter Wasserhähnen aufhalten?

Hörerin: Du hast ganz vergessen, daß es neben den Wasserhähnen zum Drehen auch Wasserhähne zum Heben gibt. Wo man dann so einen Hebel hat ...
Kuttner: Ach, das würde ich im Grunde nicht direkt für einen Wasserhahn halten, das ist irgend so eine abscheuliche imperialistische Erfindung!
Hörerin: Das stimmt nicht! Das ist ja nur, damit du die Druckstärke und die Temperatur vom Wasser besser regeln kannst.
Kuttner: Nee, das ist die sogenannte Angebermischbatterie. Das ist für so Leute, die immer die eine Hand in der Hüfte haben und dann so wippenden Ganges ins Bad gehen, um mit der rechten Hand den Hebel nur so hochzuschnipsen, damit das Wasser rauskommt. Während man normalerweise viel plebejischer, handwerklicher, mit seinem Blaumann und ganz schmutzigen Pfoten ins Bad tritt und dann mühsam den Hahn aufdreht. Das ist was völlig anderes, das sind Welten, die da aufeinanderkrachen.
Hörerin: Und wenn man keinen Blaumann hat?
Kuttner: Dann sollte man nicht ins Bad gehen. – Also ihr habt Angeberwasserhähne zu Hause?

Hörerin: Einen. Außerdem ist es kein Angeberwasserhahn, sondern viel praktischer. Es gibt ja sogar Wasserhähne mit Lichtschranke.
Kuttner: Wo man durchgeht, und sofort wird man vom Wasserhahn total bespritzt? Das ist doch eher was für öffentliche Bedürfnisanstalten!
Hörerin: Eher für Schwimmhallen, würde ich sagen.
Kuttner: Ach, du meinst Duschen! Das ist, wo einem das Wasser auf den Kopf trifft. Das ist natürlich was anderes. Wenn einen das Wasser aus dem Hahn direkt auf den Kopf trifft, dann ist man entweder in der Dusche, oder man ist noch ziemlich klein.
Hörerin: Wenn du es so nimmst, ist es aber auch ein Wasserhahn.
Kuttner: Ich wollte es aber nicht so nehmen.

Sind Ameisen wirklich fleißig?

Hörer: Ich finde es toll, daß wir hier mal über Wasserhähne reden, denn die haben ja nun schon seit Jahren eine wichtige Aufgabe zu erfüllen, und sie erfüllen sie auch wirklich zuverlässig. Du kommst jeden Morgen in dein Bad rein, und dein Wasserhahn funktioniert.
Kuttner: Ja, das ist mir auch aufgefallen. Die sind ja verflucht diszipliniert, diese Wasserhähne. Tag und Nacht harren sie ohne zu mucken an der Stelle aus, wo ein kluger Klempner sie hingestellt hat.
Hörer: Und jeden Morgen gehen sie an, und es kommt Wasser raus.
Kuttner: Ich hab auch schon oft versucht, nachts ganz unverhofft die Badtür aufzureißen, ohne Licht zu machen, und blind hinzugreifen. Aber der Wasserhahn war da! Nicht, daß die mal Pause machen – nein.
Hörer: Das finde ich super.
Kuttner: Ich hoffe, daß jetzt wieder die ganze Berliner und Brandenburger Jugend zuhört. Also: Liebe Kinder, liebe Jugendliche, nehmt euch ein Beispiel am Pflichtbewußtsein des häßlichen deutschen Wasserhahns, der ausharrt, wo ihn der Klempner hingestellt hat! Wir sitzen alle in einem Boot, und die Einheit kommt nicht von allein!

Hörer: Nicht fleißig wie die Ameisen, sondern fleißig wie der Wasserhahn!

Kuttner: Still, geduldig und diszipliniert wie der deutsche Wasserhahn! – Ich hoffe, das ist jetzt als Botschaft angekommen, und es hat wieder jemand vom Brandenburgischen Bildungsministerium zugehört, um die Kollegen nun endgültig davon zu überzeugen, daß das hier eine für die Jugend unabdingbar notwendige Sendung ist, die im Grunde pausenlos in den Schulen übertragen werden sollte. Dann käme es nämlich nicht zu so unschönen Vorfällen, daß die Schüler sich gegenseitig die Frühstücksbrote verstecken oder Milchtütchen auf die Stühle legen.

Hörer: Ganz genau!

Kuttner: Da sind wir jetzt eigentlich ziemlich weit gekommen mit unserem Gespräch. Ich finde es immer schön, wenn man so ein Thema gemeinsam gesprächsweise herausarbeitet, ein Thema geradezu entwickelt, also es am Anfang erstmal eingepackt hat, dann aber zufällig zwei Leute zusammenkommen, der eine über Telefon, der andere über Radio, und es Schritt für Schritt entfalten. Da entsteht dann ein weiter gedanklicher Bogen, der schließlich zu einer wunderbaren Moral führt, wie ich sie gerade vorgetragen habe. Sag doch jetzt mal deine Meinung dazu! Ich meine, du hast zwar jetzt mitgearbeitet, hast dadurch vielleicht auch ein paar positive Vorurteile, aber das wirkt doch, oder? Das ist nicht aufgesetzt und kommt direkt beim Hörer an, den wir ja erreichen wollen, und den es zu verändern und zu bessern gilt.

Hörer: Natürlich!

Kuttner: Vielen Dank!

SCHÜLER UND LEHRER

Kuttner: Liebe Kinder, liebe Schüler, liebe Freunde des Sprechfunks! Vielleicht würdet ihr es doch mal schaffen, eure wunderbaren Lehrer dazu zu bringen, hier anzurufen. Es passiert hier immer wieder, daß irgendwelche Schüler anrufen, über ihre Lehrer herziehen und sagen: Der ist doof. Ich finde, es wäre als ein Akt der ausgleichenden Gerechtigkeit besonders wichtig und auch pädagogisch wirkungsvoll, daß vielleicht mal Lehrer hier anrufen und sagen, welche Schüler sie besonders blöd finden. Denn es kann ja nicht sein, daß immer nur die Lehrer blöd sind. Ich hab oft den Eindruck, daß auch die Schüler blöd sind – manchmal sogar noch viel blöder als die Lehrer. Stimmt das?
Schüler: Tja ...
Kuttner: Jetzt bist du sprachlos!
Schüler: Es gibt aber auch Lehrer, die sind von Natur aus blöd, da kann man nichts machen.
Kuttner: Wie ist denn so das Verhältnis? Sind mehr Schüler blöd oder mehr Lehrer?
Schüler: Das kann man so nicht sagen. Es gibt ja mehr Schüler als Lehrer. Das müßte man dann ja erst umrechnen.
Kuttner: Aber sag mal, Prozentrechnung habt ihr doch hoffentlich schon gehabt! Wenn man jetzt also die Zahl der blöden Schüler auf die Gesamtzahl der Schüler überhaupt bezieht, dann hat man sicher eine Prozentzahl. Und wenn man die Zahl der blöden Lehrer auf die Gesamtzahl der Lehrer bezieht, dann hat man doch auch eine Prozentzahl.
Schüler: Naja, schon ...
Kuttner: Also gut, wir wollen das jetzt mal kurz durchrechnen. Wenn ein Lehrer von zehn Lehrern blöd ist, dann sind zehn Prozent der Lehrer in dieser konkreten Situation blöd. Wenn aber 103 blöde Schüler bei insgesamt 1000 Schülern blöde sind, dann gäbe es 10,3 Prozent blöde Schüler. Dann wären also mehr Schüler blöd als Lehrer. Bist du mitgekommen?
Schüler: Klar bin ich mitgekommen.

Kuttner: Sag das nicht so ohne weiteres. Ich bin selber kaum mitgekommen. Aber gut, jetzt haben wir erstmal den Vergleichsmodus geklärt. Kannst du nun mal abschätzen, wer blöder ist: Lehrer oder Schüler?
Schüler: Das ist ungefähr gleich.
Kuttner: Das ist, glaube ich, eine sehr ausgewogene Aussage, wie sie sich auch für öffentlich-rechtliches Radio gehört. Dann danke ich dir schön! Ansonsten nochmal mein Aufruf: Kinder mobilisiert mal eure Lehrer! Ich finde, es wäre pädagogisch wirklich wertvoll, wenn Lehrer hier anrufen und sich über ihre blödesten, renitentesten, widerlichsten, ekelhaftesten, großmäuligsten, lautesten, nervensten und störensten Schüler aufregen würden. – Tag, wer bist du denn?
Lehrer: Du wolltest doch einen Lehrer haben? Jetzt hast du einen!
Kuttner: Ein richtiger Lehrer! Oh Gott, da muß ich ja »Sie« sagen.
Lehrer: Um Gottes willen! Nein!
Kuttner: Sag mal, ich hab jetzt eine Frage, die mich doch sehr interessiert. Ich weiß gar nicht, ob ich das Mikro nicht lieber ausmachen sollte, aber meinst du, daß das hier eine pädagogisch eher wertvolle Sendung ist?
Lehrer: Zumindest interessant.
Kuttner: Ach, interessant sage ich auch immer, wenn ich nicht so genau weiß, was ich sagen soll.
Lehrer: Ich denke mal, für meine Schüler wäre sie doch ein bißchen zu hoch.
Kuttner: Meinst du, daß die so doof sind? Das wäre doch jetzt ein prima Anfang für die Lehrer-beschimpfen-Schüler-Sparte. Das gefällt mir ja sehr gut.
Lehrer: Das dachte ich mir schon.
Kuttner: Hast du auch manchmal den Eindruck, daß deine Schüler richtig doof sind?
Lehrer: Du hast es doch vorhin schon schön ausgerechnet: Es gibt genausoviel doofe Schüler wie doofe Lehrer. Hattest du keine doofen Lehrer?
Kuttner: Ja, hatte ich auch, stimmt.

Lehrer: Siehste. Und ich hab jetzt doofe Schüler.
Kuttner: Aber Namen kannst du jetzt sicher nicht nennen, oder? Andererseits wäre der doofe Schüler dann vielleicht auch stolz, daß er sich mal im Radio hört. Sag mal einen Namen.
Lehrer: Ach weißt du, da gibt es so viele ...
Kuttner: Wirklich? Wodurch zeichnen sich denn besonders blöde und widerliche Schüler aus?
Lehrer: Blöde oder widerlich?
Kuttner: Gut, die widerlichen. Wie wehrt man sich denn als ordentlicher Lehrer gegen die widerlichen Schüler?
Lehrer: Das ist ganz schwer. Meistens versuche ich, sie auf die Schnauze fallen zu lassen. Aber die sind ja oft auch nicht doof. Deshalb ist es ganz schwierig.
Kuttner: Ja, das ist eine brisante Mischung: Nicht doof aber widerlich. Die begegnen einem ja überall, nicht nur als Schüler, dieses Volk rennt ja überall rum.
Lehrer: Richtig. Die liebe ich auch als Erwachsene ganz besonders.
Kuttner: Hast du denn mal so richtige Berühmtheiten in deiner Klasse gehabt? Also ich meine, die heute Berühmtheiten sind?
Lehrer: Das »Gesicht von Berlin« hab ich mal in meiner Klasse gehabt. Das ist irgend so ein Fotowettbewerb.
Kuttner: Ach ja, das hab ich neulich in der Zeitung gesehen. Das war doch so ein widerlicher Grinser, oder? Der sah ein bißchen aus wie Zahnpastareklame.
Lehrer: Die sehen alle immer ein bißchen aus wie Zahnpastareklame. Aber das ist doch auch ganz nett.
Kuttner: Hör mal, wenn man die Oberlippe bis zur Stirn hochzieht, das ist doch nicht ganz normal!
Lehrer: Dafür ist man dann aber auch berühmt. Dafür muß man schon Tribut zahlen.
Kuttner: Welche Fächer unterrichtest du denn so?
Lehrer: Mathe und Bio.
Kuttner: Mathe ist ja nicht gerade ein beliebtes Fach, oder?
Lehrer: Nee, das kann man wirklich nicht sagen.

Kuttner: Hast du aber denn den Ehrgeiz, deine Schüler an Mathe zu interessieren? Gibts da Tricks? Kannst du vielleicht mal einen verraten, ohne daß jetzt alle deine pädagogischen Bemühungen gleich zum Scheitern verurteilt sind?
Lehrer: Das Wichtigste ist, daß man für die, die sich das alles nicht so richtig vorstellen können, mal losgeht und ihnen zeigt, wie das alles in der Wirklichkeit aussieht. Also Längenmessung macht man eben nicht an der Tafel, sondern da schickt man sie durchs Haus, damit sie mit irgendwelchen Meßgeräten die Flure ausmessen.
Kuttner: Also Kinder, seid wachsam! Wenn euch jemand plötzlich durchs Haus schickt, dann will er euch bloß Mathe schmackhaft machen!

GEDICHTE

Hörer: Mir ist ein Gedicht eingefallen, das habe ich selber geschrieben. Da war ich 17 und bin nach Sizilien getrampt.
Kuttner: Trag mal vor!
Hörer: *Der Flaschengeist und die Laterne*
      waren und sind noch gut und gerne
         ein Rind mit Hut im Wind.
Kuttner: Das ist ja ein ziemlich rätselhaftes Gedicht. Wollen wir uns da gleich mal an einer Interpretation versuchen? Vielleicht bringst du erst noch mal die erste Zeile!
Hörer: Der Flaschengeist und die Laterne /
Kuttner: Das kann man sich ja noch vorstellen, das ist eine einfache Aufzählung. Weiter!
Hörer: / waren und sind noch gut und gerne /
Kuttner: Da ist man jetzt natürlich gespannt, was wird wohl die dritte Zeile bringen. Außerdem reimt es sich sehr schön, und das finde ich gut. Bis dahin ist man eigentlich noch ziemlich ahnungslos und trotzdem gespannt. Und jetzt gehts weiter?

Hörer: / *ein Rind mit Hut im Wind.*
Kuttner: Da müßte jetzt eigentlich die Auflösung kommen. Aber die Auflösung ist doch eher ein Rätsel!
Hörer: Tja, ich kann mich auch nicht erinnern, was ich mir dabei gedacht habe.
Kuttner: Aber als Dichter muß man andererseits schon Auskunft geben können, was man mit seinem Gedicht eigentlich sagen wollte.
Hörer: Ich bin doch kein Dichter, nur weil ich das mal aufgeschrieben habe.
Kuttner: Wer solche Sachen hinschreiben kann, der ist, ob er will oder nicht, ein Dichter. Und er ist möglicherweise nicht mal gefeit davor, daß ihm irgendwann irgend jemand Kränze flicht, Statuen errichtet, Gedenktafeln an den Geburtshäusern anbringt, dann Lexikonartikel schreibt, gesammelte Werke herausgibt und Dichterfreundeskreise gründet.
Hörer: Das hört sich aber schlimm an!
Kuttner: Das kommt jetzt möglicherweise alles bald auf dich zu.
Hörer: Ich könnte dir aber auch noch vier andere Zeilen vorlesen. Weil du so neugierig gefragt hast.
Kuttner: Na, da hast du mein neugieriges Fragen doch etwas mißverstanden. Aber gut, lies vier andere Zeilen vor.
Hörer: *In finstrer Nacht*
   da kam der Bote zu mir
   was er mir gebracht
   sag ich nicht dir.
– Steht hier.
Kuttner: »Steht hier« steht auch noch da?
Hörer: Nee, das steht auf einem anderen Zettel.
Kuttner: Aber »steht hier« steht da? Oder hast du es nur so hinterhergesetzt?
Hörer: Nee, das hab ich nur hinterhergesetzt.
Kuttner: Schreib es auf!
Hörer: Das ist doch aufgeschrieben! Sonst hätte ich es doch nicht vorlesen können.

Kuttner: Ich kann doch hier schwer unterscheiden, was du vorliest und was du so sagst! Aber »steht hier« steht da?
Hörer: Nee, das steht nicht da.
Kuttner: Na, siehste, sag ich doch! Schreib das jetzt hin! Los, hol einen Stift und schreib das noch unter dein Gedicht!
Hörer: Nee, das würde jetzt zu lange dauern.
Kuttner: Mir dauert das nicht zu lange. Wir haben Zeit. Hol den Stift!
Hörer: Ja? Na gut, dann muß ich mal hier rübergreifen ...
Kuttner: Das reimt sich auch wunderbar, das ist dir wohl noch gar nicht aufgefallen. Das sind die ganz großen Dichter, denen passiert die große Lyrik ganz nebenbei.
Hörer: S - t - e - h - t h - i - e - r.
Kuttner: So. Und jetzt liest du das Gedicht nochmal mit »steht hier« vor.

Hörer: *In finstrer Nacht*
da kam der Bote zu mir
was er mir gebracht
sag ich nicht dir
steht hier.

Kuttner: Ist richtig rund geworden, merkst du das nicht selber? Vorher war es ja ein bißchen unrund!
Hörer: Stimmt, ist gar nicht schlecht. Aber das erzählt einem ja jeder. Eine Freundin von mir, die schreibt auch Gedichte und ein Freund von ihrer Mutter, der hat soviel Kohle, der hat immer gesagt, er bezahlt ihr das ...
Kuttner: Darf ich mal eine Zwischenfrage stellen? Bin ich vielleicht jeder?
Hörer: Nee, das nicht.
Kuttner: Wenn ich das sage, dann hat das wirklich was zu bedeuten. Dann bist du auf dem besten Wege, ein Lehrbuchtexter zu werden.
Hörer: Ich hab schon was rausgesucht, was sich nicht so lehrmeisterlich anhört.
Kuttner: Du hast noch lehrmeisterischere Gedichte?
Hörer: Ja, ganz furchtbare.

Kuttner: Darf ich dann noch eine letzte Bitte loswerden? Behältst du die anderen Gedichte für dich?

ZIELGRUPPE

Kuttner: Hallo, wie alt bist denn du? Mal sehen, was du jetzt antwortest, da bin ich ja sehr gespannt.
Hörer: Zwölf.
Kuttner: Echt? Zwölf? Da bist du aber schon ziemlich aus der erstenhalben-Stunde-Zielgruppe raus.
Hörer: Nee, ich bin 21. Ich hab gelogen.
Kuttner: Ja, das hab ich gemerkt! Aber die Sendung ist doch jetzt durchgeplant. Hast du ein bißchen Phantasie?
Hörer: Klar!
Kuttner: Dann mach doch mal die Augen zu, und zeichne dir mal eine innere Uhr ...
Hörer: Ich hab noch nie mit dir gesprochen! Ich hab noch nie mit dir gesprochen!
Kuttner: Halt doch jetzt mal die Klappe!
Hörer: Ja, okay.
[Schweigen]
Kuttner: Der hält wirklich die Klappe. Kinder, hört ihr alle zu? So wirken erfolgreiche Radiomoderatoren.
[Schweigen]
Kuttner: Der hält immer noch die Klappe. Mensch, ist die Jugend heute diszipliniert. Aber ich meinte, daß du dir mal vor dem inneren Auge eine Uhr malst – so von 18 bis 20 Uhr. Einen Doppelkreis: Von sechs bis sieben und von sieben bis acht.
Hörer: 720 Grad?
Kuttner: Ja, richtig. Auf den ersten 180 Grad ist jetzt eine Zielgruppe abgesteckt, die muß von sechs bis neun Jahren alt sein. Und da bist du

noch nicht. Und von 18.30 bis 19 Uhr ist dann die Zielgruppe von neun bis 14 dran ...

Hörer: Das ist eine unzulässige Limitierung im öffentlich-rechtlichen Rundfunk, die man kaum verantworten kann.

Kuttner: Nee, paß mal auf. Im öffentlich-rechtlichen Rundfunk bekommt man viel Gebühren. Gerade die Sechs- bis Neunjährigen zahlen alle ihre Pionierbeiträge in die GEZ-Zentrale ein und haben dadurch natürlich ein auf vierundzwanzig Stunden hochzurechnendes Anrecht auf einen Anteil am Radioprogramm. Du sprichst und hörst jetzt auf Kosten der Sechs- bis Neunjährigen. Dabei hast du erst ein Anrecht auf die Zeit, in der die 16- bis 22jährigen dran sind. Das ist nach 19 Uhr.

Hörer: Sag mal, wie alt bist du denn? Du darfst in dieser Zeit gar kein Radio machen!

Kuttner: Von 18 bis 18.30 Uhr bin ich sechs bis neun, dann werde ich neun bis 14, dann 14 bis 16, dann 16 bis 21, und ab 22 Uhr bin ich bis zu 65 Jahren alt. Wenn dann um ein Uhr die Sendung zu Ende ist, dann bin ich gerade 65 geworden und gehe in Rente. Das trifft sich immer ganz glücklich. Manchmal, wenn man nicht richtig aufpaßt hier im Radio, war ich auch schon so fünf vor eins, zehn vor eins oder sogar dreiviertel eins knapp 66. Das gibt dann am nächsten Tag immer Ärger. Manchmal bin ich aber auch froh, wenn ich so fünf vor eins erst 56 bin. Dann gehe ich noch als junger Mensch in die Nacht hinaus und kann noch richtig fröhlich feiern.

LIEBESGESCHICHTEN

Kuttner: Das Thema ist heute Liebesgeschichten, und ich würde mir so sehr wünschen, daß heute die Bärbel wieder anruft, mit der ich in der letzten Sendung ein so erotisches Gespräch geführt habe. Das wäre doch zu schön. Dann kam allerdings ihr eifersüchtiger Freund, der

Olaf, ins Zimmer und hat uns gestört. Also Bärbel, wenn du jetzt zuhörst, ruf mich doch bitte bitte an!

Wer ist Olaf wirklich?

Hörer: Ich wollte eine Liebesgeschichte erzählen.
Kuttner: Na, los!
Hörer: Also, da sind wir so langgelaufen, so Arm in Arm ...
Kuttner: Mit deiner Freundin?
Hörer: Ja, und manchmal auch Hand in Hand.
Kuttner: Wie heißt denn deine Freundin?
Hörer: Bärbel.
Kuttner: Na, das wird doch nicht *die* Bärbel sein?
Hörer: Also, wenn ich jetzt ehrlich bin: Ich bin Olaf. Das war am vorigen Wochenende ganz schön hart, oder?
Kuttner: Das war ganz schön hart für mich.
Hörer: Nee, für mich war es hart. Für dich war es ja eher schön.
Kuttner: Nee, für mich war es hart. Sie hat doch gesagt: Ach, jetzt kommt der Olaf rein, und wir können nicht mehr weitertelefonieren. Da war ich total gebrochen hier im Studio.
Hörer: Ich war aber auch ganz schön fertig. Ich bin gleich auf Toilette gegangen und bin so lange nicht rausgekommen, bis du aufgelegt hast.
Kuttner: Das hast du recht dran getan. Ob du nicht mal kurz auf Toilette gehen könntest und mir die Bärbel geben?
Hörer: Die ist nicht da. Wir haben noch keine gemeinsame Wohnung.
Kuttner: Und die Bärbel ist jetzt alleine? Du Olaf, ob du dich vielleicht mal kurzfassen kannst? Ich hab gar nicht so viel Zeit im Moment.
Hörer: Meinst du, die ruft nochmal an? Die hat totales Telefonverbot von mir.
Kuttner: Das solltest du jetzt sofort öffentlich aufheben. Das ist eine derartige Zensurmaßnahme, die erinnert mich ja an 40 Jahre Systemherrschaft!

Hörer: Aber ich bin absolut eifersüchtig.
Kuttner: Doch nicht auf den Telefonhörer!
Hörer: Das hat ja schon im Telefonsex geendet bei euch beiden, das war ein lüsternes Gestöhne!
Kuttner: Das war doch nicht lüstern. Wenn, dann war es erotisch. Und das in einer ausgesprochen kulturvollen Art und Weise, wie man es in der heutigen Medienlandschaft kaum mehr erleben kann. Insofern müßtest du eigentlich deiner Kulturpflicht nachkommen und sagen: Mehr so kulturvolles Gestöhne im Rundfunk! – Aber gut. Erzähl eine kurze intime Geschichte von Bärbel.
Hörer: Da hörst du ganz besonders gut zu, oder?
Kuttner: Genau.
Hörer: Also wir sind da so Hand in Hand auf der grünen Wiese langgelaufen, wo die vielen Schmetterlinge waren. Und Bärbel fand den roten Schmetterling, der weiter hinten geflogen ist, ganz besonders schön. Erst ist sie diesem roten Schmetterling nachgelaufen, aber dann ...
Kuttner: Weißt du, daß ich verdammte Ähnlichkeit mit einem roten Schmetterling habe?
Hörer: Im Ernst? Also, wenn du das gewesen bist ...
Kuttner: Tja, wir haben uns schon mal gesehen, Olaf. Soll ich dir einen guten Rat geben? Such dir eine neue Freundin! Tschüß.

Kann scheiden wirklich weh tun?

Kuttner: So, liebe junge Menschen! Ich glaube, ich werde größenwahnsinnig. Kuttner proudly presents: Bärbel!
Hörerin: Hallo. Das war ja eben ein Ding! Wenn das nicht gewesen wäre, hätte ich heute wirklich nicht noch mal angerufen. Weil Olaf nämlich in der Wanne sitzt und jeden Moment rauskommen kann.
Kuttner: Der klang aber vorhin gar nicht wie in der Wanne.
Hörerin: Doch, der sitzt wirklich in der Wanne. Soll ich ihn dir geben?

Kuttner: Ja, mach mal.
Hörerin: Nee, lieber nicht.
Kuttner: Bärbel? Soll ich mal einen ganz schäbigen Trick anwenden? Du hast eben eine CD gewonnen. Aber du mußt mir nachher noch deine Adresse geben, damit wir sie dir schicken können. Du mußt dann in der Leitung bleiben.
Hörerin: Nee, das mach ich nicht.
Kuttner: Ach, schade. Damit kriegt man sonst jeden Hörer! Aber sag mal, war das denn vorhin gar nicht der richtige Olaf, der hier angerufen hat?
Hörerin: Nee, das war der Falsche. Der hatte bestimmt Blut im Schuh. Und wenn jetzt gleich die Badtür aufgeht, dann kommt der richtige Olaf raus. Dann ...
Kuttner: Horido! Hast du es nicht so leicht mit dem Olaf? Neigt der zu Gewalttätigkeiten und Alkoholismus?
Hörerin: Eigentlich nicht. Ich leite eine Selbsthilfegruppe ...
Kuttner: Für gewalttätige Olafe?
Hörerin: Nein – die heißt »Freies Wort für freie Mädchen«.
Kuttner: Aber das gilt nur solange, bis Olaf aus der Wanne kommt?
Hörerin: Bei mir jedenfalls. Das sag ich natürlich den anderen nicht. Und ich hab mich heute extra für dich schön gemacht. Ich hab heute extra meine weißen Kniestrümpfe angezogen. Die zieh ich sonst immer nur zum Ersten Mai an.
Kuttner: Ich hab heute extra meinen blauen Matrosenanzug angezogen. Insofern würden wir heute klasse zusammenpassen. Hinten die Bänder von meiner Matrosenmütze flattern lustig im Wind.
Hörerin: Und ich hab heute noch ein schönes Handtuch an, das ist auch ganz neu.
Kuttner: Ein Handtuch? Das ist ja doch ziemlich gewagt. Ein Handtuch und weiße Strümpfe! Aber ich hoffe, du hast heute die Haare endlich mal hochgesteckt.
Hörerin: Ich schick dir mal ein Foto von mir. Obwohl, meine Freundin hat gesagt: Bilder zerstören Illusionen. Kann das sein?
Kuttner: Bei mir eigentlich nicht. Bei mir ist das eigentlich immer eine

positive Überraschung. Ein Foto von mir ist immer eine positive Überraschung. Die Bundespost hat schon angefragt – die wollten teure Briefmarken mit meinem Gesicht bedrucken. Die werden ihre teuren Marken nicht los, denn wer kauft schon eine Marke für vier, fünf Mark? Man kommt ja auch mit 80 Pfennig oder einer Mark über die Runden. Früher im Osten haben sie Ulbricht dafür gewonnen und mit seinem Gesicht rasenden Umsatz gemacht. Jetzt will die Bundespost das nachmachen – mit meinem Konterfei. Ich weiß aber noch nicht, ob ich *ja* sagen werde.

Hörerin: Aber sonst geht es dir gut? Erzähl du mir doch mal eine Liebesgeschichte!

Kuttner: Ich verzehre mich vor Sehnsucht, Bärbel!

Hörerin: Ich auch. Ich konnte neulich gar nicht einschlafen.

Kuttner: Ich auch nicht.

Hörerin: Und heute, als ich dich anrufen wollte, da pochte mein Herz... Bist du früher auch manchmal ins Ferienlager gefahren?

Kuttner: Ja, mein kleines Herz hat auch die ganze Zeit gepuckert. Ich dachte immer: Ob sie nun anruft, die Bärbel?

Hörerin: Ja, wie im Ferienlager. Das grummelt so im Bauch.

Kuttner: Da werde ich nachher wieder all mein Sehnen und Trachten in Kräutertee ertränken müssen.

Hörerin: Du trinkst auch Kräutertee? Soll ich dir mal eine Teemischung schicken?

Kuttner: Ja, das wäre schön. Und vergiß nicht, den Absender raufzuschreiben! Außerdem mußt du noch in der Leitung bleiben, weil du eine CD gewonnen hast.

Hörerin: So einfach geht das nicht.

Kuttner: Was hörst du denn am liebsten? Oder ich frage mal ganz geschickt: Was hört denn der Olaf am liebsten?

Hörerin: Da muß ich mal in den Schrank sehen.

[Schranktürenknarren]

Kuttner: Ich glaube, der Olaf kommt gerade aus dem Schrank.

[Irres Kichern]

Kuttner: Bärbel, du neigst dazu, irre zu kichern. Kann das sein? Das

irritiert mich jetzt doch ein bißchen. Erst dieses Schranktürenknarren und dann das irre Kichern.
Hörerin: Das war nicht meine Absicht.
Kuttner: Na gut, dann werden wir doch erstmal Schluß machen. Vielleicht später mal wieder.
Hörerin: Ja, bis später.
Kuttner: Tschüß Bärbel!
Hörerin: Laß es dir gut gehen.
Kuttner: Tschüß!
Hörerin: Machs gut!
Kuttner: Tschüß Bärbel!
Hörerin: Tschüß!
Kuttner: Tschüß!
Hörerin: Tschüß!
Kuttner: Tschüß! Fällt schwer, so ein Abschied. Tschüß, Bärbel.
Hörerin: Kommt mir auch so vor. Tschüß!
Kuttner: Und schönen Sonntag noch. Tschüß!
Hörerin: Tschüß!
Kuttner: Tschüß Bärbel.
Hörerin: Tschüß! Wie heißt du eigentlich mit Vornamen. Sven oder ...
Kuttner: Bernd. Tschüß!
Hörerin: Tschüß Bernd.
Kuttner: Tschüß Bärbel! B und B, ach das ist ja ...
Hörerin: Tschüß!
Kuttner: Tschüß und schöne Grüße noch an Olaf.
Hörerin: Tschüß!
Kuttner: Tschüß Bärbel!
Hörerin: Tschüß Bernd!
Kuttner: Und tschüß.

Kann man Liegestütze auch hören?

Hörer: Hallo? Hallo?
Kuttner: Ja, hallo! Du willst mir eine Liebesgeschichte erzählen?
Hörer: Weiß ich nicht.
[Geräusche, Lachen im Hintergrund]
Kuttner: Das wäre aber schön! Wer lacht denn da übrigens im Hintergrund?
Hörer: Wir haben uns hier in einer ganz dicken Runde zum Sprechfunk-Hören getroffen.
Kuttner: Kannst du vielleicht deiner dicken Runde mal sagen, daß die nicht unbedingt lachen soll, wenn du eine Liebesgeschichte erzählst!
Hörer: Ihr sollt jetzt nicht lachen!
Kuttner: Kannst du mir vorher noch sagen, wie dick die Runde ist?
Hörer: Ganz dick! Da sind zwei Mädchen und ...
Kuttner: Sag mal, spinnst du! Findest du es nicht ein bißchen unhöflich zu sagen: Ganz dick, und da sind zwei Mädchen! Vielleicht fängst du erstmal mit den feisten Kerlen an, die da sitzen.
Hörer: Also wir haben einen ganz starken Kerl dabei, der macht schon seit vier Jahren Bodybuilding. Und dann ...
Kuttner: Das finde ich ja schick. Ob der mal ein paar Liegestütze machen kann? Das passiert ja viel zu selten, daß im Radio mal jemand Liegestütze macht!
Hörer: Ich frag ihn mal. – Ja, er macht es.
Kuttner: Aber du mußt den Hörer hinhalten. Ich laß mich hier nicht bescheißen.
[Geräusche, Lachen]
Kuttner: Macht der jetzt?
Hörer: Na, hast du es nicht gehört?
Kuttner: Ach, Kinder, ihr doubelt das doch! Denkt ihr, ihr könnt mich bescheißen? Denkt ihr, ich seh das nicht? Der steht nur da und macht: Äh, äh, äh. So kann ich auch Liegestütze machen!
Hörer: Hast du denn nicht das Stöhnen gehört?
Kuttner: Bei zwei Liegestützen stöhnt man doch nicht, wenn man rich-

tiger Bodybuilder ist! Also, jetzt noch mal runter und mit dem Kinn auf die Erde. Und nicht so husch, husch.
Hörer: Das waren ganz schnelle Liegestütze. Die Bodybuilder machen die immer total schnell.
Kuttner: Kann der denn auch Liegestütze machen, wo man sich so richtig hochstößt vom Boden, die Arme in der Luft hat und dann dabei noch klatschen kann? Der soll noch mal runtergehen, und du hältst mal den Hörer richtig ran! Die Leute zahlen hier viel Gebühren, die wollen jetzt Liegestütze im Radio hören.
Hörer: Okay, ich halt den Hörer jetzt ran.
Bodybuilder: Uaaah! Uaaah! Uaaah!
Kuttner: Naja, der soll mal noch ein bißchen üben gehen. Das war eine ziemlich schäbige Nummer. Schick den mal jetzt duschen, der ist ja bestimmt völlig verschwitzt. Tschüß.

Machen Falten attraktiv?

Hörer: Jetzt kommt die Liebesgeschichte, oder was?
Kuttner: Wenn du vorher noch andere Sorgen hast, oder ich dir erst bei der Steuererklärung helfen soll, dann sag es. Dann machen wir die Liebesgeschichte im Anschluß.
Hörer: Nee, dann kommt jetzt die Liebesgeschichte.
Kuttner: Na, prima. Wie alt bist denn du?
Hörer: Sag ich nicht. Ist mir peinlich.
Kuttner: Na gut, dann sag es ganz leise.
Hörer: Ganz leise? Nee, will ich nicht.
Kuttner: Soll ich raten? Ich sag mal so 38.
Hörer: Na fast.
Kuttner: Ein bißchen älter?
Hörer: Aber nur ein bißchen.
Kuttner: Na dann die Geschichte.
Hörer: Ich weiß gar nicht, wie ich anfangen soll.

Kuttner: Wenn ich ehrlich sein soll, weiß ich auch nicht, wie du anfangen sollst.
Hörer: Dann gib mir doch mal ein Stichwort.
Kuttner: Ein Stichwort? Na gut: Durch diese hohle Gasse muß er kommen.
Hörer: Was für eine hohle Gasse?
Kuttner: Oh, Mann! Das »kommen« war das Stichwort. Wie heißt denn deine Erwählte?
Hörer: Das weiß ich noch nicht. Das war so ein Mißgeschick. Wir sind zusammen in der S-Bahn gefahren. So diese typische Situation.
Kuttner: Ach so. Ihr habt euch da gegenüber gesessen, und es war Liebe auf den ersten Blick, nehme ich an?
Hörer: Ja, auf jeden Fall. Aber weißt du, was das Problem war? Ich saß ihr da so gegenüber, und dann bin ich eingeschlafen.
Kuttner: Das ist natürlich ziemlich ungeschickt. Und als du aufgewacht bist ...
Hörer: Das war so bei Strausberg. Dahin wollte ich eigentlich gar nicht.
Kuttner: Und sie war aber nicht mehr bei Strausberg?
Hörer: Nee, deswegen rufe ich ja an!
Kuttner: Ach so, ich verstehe. Wenn sie jetzt also zuhört und Interesse an so einem verschnarchten Typen hat, der dazu neigt, in S-Bahnen einzuschlafen, dann soll sie hier anrufen.
Hörer. Genau. Darf ich mich jetzt beschreiben? Damit es auch klappt.
Kuttner: Na, los.
Hörer: Ich bin so um die 1,60 Meter groß, leicht untersetzt und habe schon ein paar Falten.
Kuttner: Und eben eingeschlafen. Also: Ein attraktiver Einschläfer, Ende dreißig und untersetzt ...
Hörer: Ja, leicht.
Kuttner: ... Sinn für alles Schöne und schläft gern bis Strausberg. Selbst wenn jetzt die Richtige nicht zuhören sollte: Wer einfach Interesse an so einem Menschen hat, soll sich an dich halten.
Hörer: Ja, genau.
Kuttner: Also, wer jetzt hier anruft, wird demnächst heiraten. Tschüß!

ÜBERFLÜSSIGES WISSEN

Kuttner: Heute ist wieder Sonntag und heute ist wieder Sprechfunk. Sprechfunk ist ja eine Sendung, die die Querzahl Zwanzig hat. Sie ist also nicht durch Drei teilbar, ist aber auch keine Primzahl. Wußtet ihr übrigens, daß Fünfzigpfennigstücke eine durchschnittliche Lebenserwartung von 50 Jahren haben? Oder daß das Bajonett seinen Namen von der französichen Stadt Bajon hat? Oder daß Kentucky nach dem irokesichen *kentukle* (Ebene, Weideland) benannt ist? Und daß 1769 Daniel Boone das Gebiet erreichte, 1775 dort die ersten Siedlungen entstanden sind, sich das Gebiet 1792 von Virginia trennte und damit 15. Bundesstaat der USA wurde? Übrigens, am Sonntag, dem 4. Februar 1962 veröffentlichte die Londoner Sunday Times erstmals eine farbig gedruckte Sonntagsbeilage, während in der Bibel keine Katzen erwähnt werden und in der britischen Armee die Lanze als offizielle Gefechtswaffe 1927 abgeschafft wurde. Worum soll es also heute gehen? Um nutzloses Wissen! Sachen, die man weiß, mit denen man aber überhaupt nichts anfangen kann.

Kann 1876 wirklich sprechen?

Hörer: Also, ich wollte sagen: Es gibt zwei Arten von Wissen, solches, das von vornherein nutzlos ist und solches, das zunächst nützlich erscheint. Beispielsweise, wie man wählt, – oder früher auch ... also ich war früher Westberliner und bin bin jetzt Gesamtberliner. Früher hatten wir noch zweistellige Busnummern ...
Kuttner: Du bist jetzt Gesamtberliner? Hast du dich da verändert?
Hörer: Weiß ich nicht, nein.
Kuttner: Siehst du jetzt nicht anders aus? Hast du nichts an dir bemerkt? Du hast doch vor drei, vier Jahren bestimmt anders ausgesehen!
Hörer: Ja, sicher. Aber ich weiß nicht, was das damit zu tun hat, daß ich jetzt nicht mehr Westberliner bin.

Kuttner: Na, muß doch! Meinst du nicht? Beschreib dich doch mal, wie du vor drei, vier Jahren ausgesehen hast und wie jetzt. Daß wir vielleicht vergleichen können.
Hörer: Nein, das ist nutzlos.
Kuttner: Das wäre aber ein wichtiger Beitrag zur Einheit Deutschlands!
Hörer: Na dann. Also ich hab früher schon östlich ausgesehen ...
Kuttner: Als Westberliner? Wie denn das? Hast du immer so schicke Nylonbeutel gehabt?
Hörer: Nee.
Kuttner: Ach! Wie willst du denn dann östlich ausgesehen haben! Du bist immer mit Plastetüte rumgerannt, stimmts?
Hörer: Nee, ich hab rumänische Vorfahren. Deswegen.
Kuttner: Und hast ein bißchen wie Ceaucescu ausgesehen?
Hörer: Nee, der sah ja auch nicht typisch rumänisch aus.
Kuttner: Nee?
Hörer: Nee, fand ich nicht. Aber ich hätte da ein paar Weisheiten.
Kuttner: Rumänische?
Hörer: Weltbewegende! Zum Beispiel ...
Kuttner: Dann wird das jetzt doch nichts mit der Einheit Deutschlands. Na, dann machen wir es eben in der nächsten Sendung. Aber irgendwann muß es doch mal zusammengenagelt werden. Das müssen wir aber nicht heute machen.
Hörer: Weißt du zum Beispiel, wieviel eine Wolke wiegt? Eine normale Regenwolke.
Kuttner: Nee?
Hörer: 250 000 Tonnen. Soviel wie 160 Güterzüge.
Kuttner: Mein lieber Mann! Da möchte man ja hoffen, daß niemals eine abstürzt.
Hörer: Das tut sie ja dann durch den Regen.
Kuttner: Aber nur tröpfchenweise! Stell dir mal vor – ich weiß sowieso nicht, wie die sich da oben halten – stell dir vor, eine Wolke fällt insgesamt runter! Auf ein Haus zum Beispiel.
Hörer: Ein Bombardement!
Kuttner: Eine prima Katastrophe!

Hörer: Ja, genau!
Kuttner: Und total ungeeignet fürs Fernsehen.
Hörer: Wieso?
Kuttner: Na, alles wäre total im Nebel. Stell dir vor, die Tagesschau zeigt abends nur grauen Nebel und sagt: Dahinter verbirgt sich das zerstörte Haus, auf das die Wolke gefallen ist.
Hörer: Wäre das dann nutzlos oder nicht?
Kuttner: Ich fände das ziemlich nützlich. Das hieße dann, daß man bei Regen Wolken meiden sollte. Weil darunter die Gefahr größer wäre, daß die runterfallen und man getroffen wird. Man sollte sich wolkenfreie Stellen suchen.
Hörer: Ach so.
Kuttner: So ganz kann man die Gefahr ja schließlich nicht ausschließen, daß eine Wolke vom Himmel fällt, oder?
Hörer: Ich habe es noch nicht erlebt. Aber es kann ja trotzdem durchaus vorkommen.
Kuttner: Wußtest du übrigens, daß 1949 die ersten Autos Zündschlüssel erhalten haben?
Hörer: Nee, wußte ich nicht. Wurden die denn davor nur angekurbelt?
Kuttner: Ja, oder vielleicht auch kurzgeschlossen.
Hörer: Weißt du denn, in welchem Land die höchste Anzahl TV-Geräte pro Kopf existiert?
Kuttner: Vielleicht in Amerika?
Hörer: Nein, das dachte ich auch erst.
Kuttner: In Kuwait?
Hörer: Nein. Auf den Bermuda-Inseln.
Kuttner: Das muß ja ein wahres Paradies sein!
Hörer: Dort gibt es auch die meisten Eheschließungen pro Kopf.
Kuttner: Ehrlich?
Hörer: Aber auch die höchsten Scheidungsraten.
Kuttner: Weißt du denn, wann die U-Boote erfunden wurden?
Hörer: Nein, ich weiß aber, wer die U-Boote erfunden hat: Jules Vernes.
Kuttner: Richtig, Anfang des 17. Jahrhunderts! Und 1876? Sagt dir 1876 was?

Hörer: Was mit Amerika?
Kuttner: Nee, da starb der letzte reinrassige Tasmanier.
Hörer: Dafür weiß ich aber, daß die Franzosen am meisten trinken.
Kuttner: Alkohol oder überhaupt?
Hörer: Nur Alkohol. Das liegt daran, daß sie soviel Wein zum Essen trinken.
Kuttner: Dafür hat Kanada aber die längsten Küsten von allen Staaten der Welt.
Hörer: Echt?
Kuttner: Ja klar. Jetzt haben wir aber ziemlich viel erzählt und jede Menge nutzloses Wissen zusammengetragen.
Hörer: Außer daß die Herzinfarktrate als Todesursache auf Malta am höchsten ist.
Kuttner: Dafür trinken die Iren aber pro Kopf mehr Tee als jedes andere Volk auf Erden.
Hörer: Jetzt steht es wieder unentschieden.
Kuttner: Und das ist vielleicht auch ein Grund, das Gespräch hier zu beenden. Aber ich fand es interessant und schön nutzlos. Tschüß!
Hörer: Ja, ich auch. Tschüß.

SCHREIBEN

Kuttner: Es gibt hier am Sender viele wirklich unerträglich arrogante Kollegen, die immer mit einer Sackkarre durch die Gänge trotten und auf die Frage, wozu sie denn die Sackkarre brauchen, nur ein eingebildetes »Hörerpost« hinrotzen. Da bin ich immer ein bißchen betreten, oft auch ganz traurig, und außerdem ist mir eine Sackkarre viel zu teuer. Ich hab ja lange Arme, und Hörerpost, selbst an mich, ist ja eigentlich billig. Wer schreibt, der bleibt, heißt es, und damit sind wir beim Thema angelangt. Ich hab wieder einen meiner genialen Bögen geschlagen und die Frage lautet: Schreibt denn heute überhaupt noch jemand, und wenn ja, zu welchen Anlässen? Oder eine – jetzt kommt ein schönes Wort – eine andersrume Frage: Bei welchen Gelegenheiten sollte man schreiben, wann lieber telefonieren und wann das direkte Gespräch suchen? Möglich wäre auch Fehlverhalten: Aus Versehen telefoniert, wo schreiben besser gewesen wäre oder auch umgekehrt.

Können Mädchen komisch sein?

Kuttner: Du bist zum Beispiel schreibfaul, oder?
Hörerin: Ich? Wieso?
Kuttner: Weil du hier anrufst und nicht schreibst. Gehörst du denn noch zu den Leuten, die gern Briefe schreiben?
Hörer: Ja, ich schreib eigentlich nur dann, wenn ich Lust habe.
Kuttner: Wenn du Probleme hast mit Leuten, schreibst du denen dann eher einen Brief oder telefonierst du dann lieber?
Hörerin: Das kommt ganz auf die Person an.
Kuttner: Auf die Person, nicht auf das Problem?
Hörerin: Mit manchen Leuten kann man einfach nicht so gut reden.
Kuttner: Dann schreibst du also Leuten, mit denen du nicht gut reden kannst?
Hörerin: Nee. Meiner Oma, der würde ich zum Beispiel eher schreiben.
Kuttner: Weil sie vielleicht weiter weg wohnt?
Hörerin: Nee, die wohnt in Berlin.
Kuttner: Und was schreibst du deiner Oma so? Schreibst du ihr eigentlich häufig?
Hörerin: Also ich wohne jetzt bei meiner Tante. Aber als ich noch bei meiner Oma gewohnt habe, da konnten wir uns einfach nicht mehr unterhalten. Da habe ich ihr eben geschrieben.
Kuttner: Und? Hat sie zurückgeschrieben? Waren das dann immer so kurze böse Zettel?
Hörerin: Nee, das war schon ein halber Roman. Sie kam immer an und hat mich angemeckert …

Kuttner: Räum mal deinen Dreck hier weg – sicherlich.
Hörerin: Nee, das ging immer so: Du bist zwar 18, aber du bist noch lange nicht erwachsen. Und deshalb darfst du nicht nach Elf weggehen und so.
Kuttner: Und darauf hast du lange, lange Antwortbriefe geschrieben?
Hörerin: Ja, weil sie es immer abgelehnt hat, daß ich mit 18 schon erwachsen bin. Das kann nicht sein, weil ihre Tochter als Pastorin immer mit Jugendlichen zusammen ist, die würde sich ja damit auskennen. Und die sagt das eben auch, daß ich noch nicht erwachsen bin.
Kuttner: Deine Mutter quasi.
Hörerin: Nee, das ist die Tante, bei der ich jetzt wohne.
Kuttner: Also jetzt bin ich aber ein bißchen verwirrt. Hält die dich nun für 18 oder für erwachsen? Also sowohl die Oma als auch die Tante?
Hörerin: Bei der Tante ist es mal so mal so. Die ist sich da nicht ganz sicher. Mal hält sie mich für älter als ich bin, und mal für jünger.
Kuttner: Und hast du manchmal denselben Eindruck? Oder denkst du, daß die lügen?
Hörerin: Momentan mache ich mir darüber nicht so viele Gedanken.
Kuttner: Aber früher hast du schon mal lange Briefe geschrieben, in denen du beweisen wolltest, daß du nicht nur 18 sondern auch erwachsen bist?
Hörerin: Mein Fehler war, daß ich sie davon unbedingt überzeugen wollte.
Kuttner: Also da würde mich, auch aus ganz persönlichen Gründen, mal die Argumentation interessieren. Wie beweist man denn in einem schriftlichen Vortrag, daß man erwachsen ist?
Hörerin: Das weiß ich nicht mehr so genau.
Kuttner: Mensch! Da hättest du mir jetzt mal echt aus der Patsche helfen können. Aber sag mal, schreibst du eigentlich auch Tagebuch?
Hörerin: Nee!
Kuttner: Warum sagst du denn da so empört nee?
Hörerin: Das haben früher immer so komische Mädchen in meiner alten Klasse gemacht.

Kuttner: Wie sehen denn komische Mädchen aus, die Tagebuch schreiben? Woran erkennt man die denn?
Hörerin: Naja, die sind immer so oberflächlich. Und die haben auch immer nur das Tagesgeschehen aufgeschrieben.
Kuttner: Ach! Hast du die etwa gelesen, die Tagebücher von den komischen Mädchen?
Hörerin: Nee, das nun auch nicht.
Kuttner: Na, dann ist ja gut. Ich danke dir für deinen Anruf!

Machen Rechtschreibfehler attraktiv?

Kuttner: Du rufst an, weil du nicht schreiben willst?
Hörer: Ja, genau.
Kuttner: Und sonst so? Schreibst du sonst auch nicht?
Hörer: Nee, ich telefoniere lieber. Schreiben liegt mir nicht so richtig.
Kuttner: Aber hast du schon jemals längere Briefe geschrieben?
Hörer: Ja, auf jeden Fall. Ich hab sogar schon Gedichte geschrieben.
Kuttner: Na, das sind ja zwei völlig verschiedene Sachen. Gedichte schreibt man ja eher so für sich, während man Briefe schon eher für andere schreibt.
Kuttner: Ja, Liebesbriefe zum Beispiel.
Kuttner: Ach! Hast du schon mal einen Liebesbrief geschrieben?
Hörer: Na klar.
Kuttner: Schreibst du jetzt immer noch Liebesbriefe? Oder machst du jetzt nur noch Liebestelefonate?
Hörer: Jetzt rede ich lieber. Ich gehe lieber selber zu derjenigen hin.
Kuttner: Aber ist es nicht doch etwas anderes? Wenn man schreibt, kann man nicht unterbrochen werden.
Hörer: Ja, das stimmt. Man traut sich, mehr hinzuschreiben, als man sich zu sagen traut. Wenn man etwas sagt, dann fällt es einem doch sehr schwer. Wenn man es schreibt, ist es viel einfacher.
Kuttner: Ja, wenn man was sagt, dann sitzt immer gleich jemand dabei,

der kontrolliert, was man gesagt hat. Und außerdem sagt man so oft: Vielleicht und naja und ich weiß ja auch nicht ...

Hörer: ... und tut.

Kuttner: Tuuut? Ach so, tut. Aber das war doch jetzt insgesamt eher ein deutliches Aussprechen für das Schreiben und gegen das Reden. Warum schreibst du dann nicht doch wieder?

Hörer: Naja, die Rechtschreibung. Das ist bei mir ein großes Problem.

Kuttner: Hast du da bei Liebesbriefen schon mal Probleme gehabt? Daß sich vielleicht jemand lustig darüber gemacht oder daran blöd rumkritisiert hat?

Hörer: Ja, auf jeden Fall. Ich hab mich mal mit jemand geschrieben, und die war so frech gewesen, daß sie mir den Brief zurückgeschickt und alle Fehler unterstrichen hatte.

Kuttner: Ach, das ist ja eklig!

Hörer: Und da habe ich mir gedacht: Ich schreibe nie wieder Briefe.

Kuttner: Aber andererseits ist das doch auch ein schöner Test. Da weiß man doch gleich, daß das eine blöde Kuh ist.

Hörerin: Ja, genau so ist es!

Kuttner: Also vielleicht sollte man doch Briefe schreiben.

Hörer: Na, ich hab es dann nochmal versucht bei ihr. Aber diesen Brief hat sie dann nicht zurückgeschickt, sondern mir geschrieben, wenn ich nicht endlich meine Rechtschreibung verbessere, brauche ich ihr gar nicht mehr schreiben.

Kuttner: Das ist ja ein richtig schöner Blöde-Kuh-Test! Briefe schreiben mit Rechtschreibfehlern. Und wenn das Briefpapier rot wird, dann weiß man: Es ist eine blöde Kuh.

MEIN SCHÖNSTES FERIENERLEBNIS

Kuttner: Ich war jetzt drei Wochen im Urlaub, und wir müssen heute wohl erstmal wieder so eine Art Grundschulkurs in Sprechfunk absolvieren, um uns wieder an die Sendung heranzutasten. Deshalb dachte ich, es wäre einfach, heute Urlaub als Thema zu nehmen. Wir müssen uns also an das Thema Urlaub rantasten. Dazu wäre es wirklich prima, wenn die Mutti mal den Diaprojektor rausholen könnte, damit jemand vielleicht einen kurzen Diavortrag halten könnte. Denn es gibt, glaube ich, insgesamt nur zwei Möglichkeiten, sich dem Thema zu nähern. Erstens, habe ich gerade gesagt, wäre ein Diavortrag, und zweitens wäre, daß man richtig klassisch, wie man es aus der Schule gewöhnt ist, »Mein schönstes Ferienerlebnis« erzählen würde. Wenn wir uns da methodisch zwar eher in der Unterstufe bewegen, würde ich es aber inhaltlich ruhig in Richtung Oberstufe erweitern – also die Pole Sex & Crime oder Drugs & Rock'n'Roll voll ausloten wollen. So daß ihr jetzt euren Urlaub, wie wenn man ertrinkt, noch mal kurz an eurem inneren Auge vorbeilaufen lassen solltet, dann aber das schönste Ferienerlebnis raussortieren könntet und es hier in kurzen Sätzen, plastischen Schilderungen und sehr bildreichen Metaphern zum Besten geben würdet. Die Attribute, die ich eben gebraucht habe, sind insofern wichtig, als daß es natürlich die ästhetische Qualität der Sendung enorm beeinträchtigt, wenn schöne Bilder und wenn fremde Worte gebraucht werden. Das hebt auch ein bißchen das intellektuelle Niveau – eine Sache, an der mir sehr viel gelegen ist, zumal ich immer noch in Verhandlung mit dem Brandenburger Bildungsministerium stehe, daß der Sprechfunk statt Sozialkunde oder in Ergänzung oder als Wahlfach statt Sozialkunde fakultativ-obligatorisch ausgestrahlt wird. Die heutige Sendung nun soll so etwas wie mein Gesellenstück werden – also konzentriert euch ein bißchen!

Kann es in einem Aquarium zum Stau kommen?

Kuttner: Warst du denn in diesem Jahr im Urlaub? Wo warst du denn?
Hörer: Ich wollte eigentlich mal sagen, daß das immer verwechselt wird. Man kann ja auch Uralub haben, ohne wegzufahren. Man kann seinen Urlaub auch schön zu Hause verbringen.
Kuttner: Auf dem Balkon?
Hörer: Zum Beispiel.
Kuttner: Mit mehreren Sechserpacks Glücksrad sehen? Wie Mielke?
Hörer: Hat der Glücksrad gesehen?
Kuttner: Das stand neulich im Spiegel. Er hatte aber eine intelligente Ausrede. Er hat gesagt: Das trainiert das Gedächtnis. Das war eine ziemlich gute Antwort!
Hörer: Ich weiß nicht, ob man den Zustand, in dem Mielke sich dabei befand, so sehr als Urlaub bezeichnen kann.
Kuttner: Nee, das war ihm peinlich, daß er am Anfang verrückt gespielt hat. Der wird mir auf die Dauer immer sympathischer.
Hörer: Mielke? Dafür wird er jetzt aber verurteilt. Ist das nicht bitter?
Kuttner: Nee, nicht bitter. Das ist Schwachsinn! Da haben sie nun ihre Gestapo-Akten, und damit verknacken sie ihn. Wenn sie ihn schon verknacken wollen, dann sollen sie sich doch was Ordentliches ausdenken und nicht so eine Uralt-Geschichte, die völlig unklar ist. Der Ermordete ist tot, sämtliche Zeugen sind tot ...
Hörer: Das ist aber meistens so.
Kuttner: Na gut, das Erste schon. Aber daß alle Zeugen tot sind, das passiert sonst nur bei der Mafia. Aber wir wollen jetzt von Mielke mal wieder zum Urlaub wechseln.
Hörer: Ganz kurz, bevor ich es vergesse: Hast du denn heute auch den »Farbfilm« von Nina Hagen dabei? Das würde doch klasse passen.
Kuttner: Mensch, du bist aber auch eher ein schlicht gestrickter Hörer. Du hast doch eher eine eindimensionale Mentalität, stimmts?
Hörer: Wieso?
Kuttner: Wie war denn in der Schule so dein Zensurendurchschnitt? Wie war denn dein Zeugnis in der sechsten Klasse?

Hörer: In der sechsten Klasse?
Kuttner: Sollen wir etwa noch weiter zurückgehen?
Hörer: In der sechsten Klasse war ich ziemlich schlecht.
Kuttner: Siehste. Das wußte ich doch. Wenn über Urlaub geredet wird, fällt allen immer nur Nina Hagen ein.
Hörer: Aber es sollte doch eine Grundschulsendung sein.
Kuttner: Das stimmt natürlich. Vielleicht hätte ich doch mehr Grundschulmusiken raussuchen sollen. Aber wir wollen jetzt doch wieder auf deinen Balkon zurückkommen. Hast du denn da schöne Beobachtungen gemacht, in deinem sechswöchigen Balkonurlaub?
Hörer: Zum Ferienbeginn, wenn alle in den Urlaub fahren, dann mache ich mir den Fernseher an und sehe mir genüßlich an, wie die alle im Stau stehen ...
Kuttner: Ach, haben die da jetzt so richtige Stausendungen?
Hörer: Genau. Das wird live übertragen. Immer zum Ferienbeginn.
Kuttner: Von diesen Kameras auf den Autobahnbrücken?
Hörer: Ja, immer so gegen 19 Uhr.
Kuttner: Na, das ist ja ein durchaus unterhaltsames Programm! Das ist ja auch eine Alternative zu dem, was einem im Fernsehen sonst so geboten wird.
Hörer: An das Aquarium kommt es natürlich nicht ran.
Kuttner: Das stimmt. Aber es kann tapfer mit der S-Bahn mithalten. Da hast du jetzt also nur Staubeobachtungen zu erzählen. Hast du denn wenigstens ein paar attraktive Auffahrunfälle gesehen?
Hörer: Nee.
Kuttner: Wenn du so etwas gesehen hättest, dann wäre das durchaus ein Grund gewesen, hier anzurufen. Ich frage mich jetzt andererseits ganz besorgt, warum du eigentlich angerufen hast.
Hörer: Na, um zu sagen, daß Urlaub nicht immer heißt wegzufahren.
Kuttner: Ach so! Das war also ein reiner Besserwisseranruf!
Hörer: Das war kein Besserwisseranruf, das war nur ein ... äh ... ein ... wie soll ich das sagen ...
Kuttner: Ist schon klar. Vielen Dank für deinen Anruf. Solche Leute fehlen mir hier noch.

Wer verdient wirklich am Glücksrad?

Kuttner: Wer ist denn da?
Hörerin: Ähm Hallo?
Kuttner: Ähm Hallo. Das ist ja auch ein schöner Name!
[Gelächter. Seltsame Geräusche.]
Kuttner: Ich werde jetzt richtig albern. Das ist ja auch eine meiner großen Fähigkeiten ...
Hörerin: Albern zu sein?
Kuttner: Nee, daß ich mich mit den Leuten immer gleich so schön verständigen kann. Sagst du mir deinen Namen noch mal, Ähm Hallo?
Hörerin: Ähm Hallo.
Kuttner: Hast du darüber schon Auseinandersetzungen mit deinen Eltern gehabt?
Hörerin: Ein bißchen.
Kuttner: Hast du Angst, wenn du mal älter bist ... Was du ja jetzt noch nicht bist, oder?
Hörerin: Älter als früher schon.
Kuttner: Denkt durchaus dialektisch, die heutige Jugend! Sehr schön. Aber wenn du mal noch älter bist ... Noch älter bist du jetzt noch nicht, oder?
Hörerin: Nee, noch älter noch nicht. Jetzt bin ich aber wahrscheinlich älter als vorhin, als ich noch nicht älter war.
Kuttner: So feine Unterschiede wollen wir jetzt mal vernachlässigen. Oder zählst du dein Alter noch nach Minuten?
Hörerin: Nee, das nicht.
Kuttner: Da bist du schon raus, klar. Aber wenn du jetzt noch älter bist, und vielleicht schon Geld verdienst – wärst du dann bereit, möglicherweise die 70 Mark für einen Psychoanalytiker auszugeben?
Hörerin: Für einen Psychoanalytiker?
Kuttner: Ja, wo du dann Gelegenheit hättest, dich eine Stunde auf eine Couch zu legen und dich darüber unterhalten könntest, wie du in deiner frühen Jugend unter deinem Namen leiden mußtest?
Hörerin: Nee, ich muß ja nicht leiden!

Kuttner: Ach so! Darauf bezog sich eigentlich meine Frage. Ich hab die jetzt ein bißchen umständlich gestellt, glaube ich.

Hörerin: Das kann sein.

Kuttner: Na danke! Mußt du mir in aller Öffentlichkeit bestätigen, daß ich eine Frage ungeschickt stelle? Das reicht doch, wenn ich mich selber dessen bezichtige. Da brauche ich nicht noch die Bestätigung durch die junge Hörerschaft!

Hörerin: Na gut.

Kuttner: Das war jetzt mal ein bißchen Kritik am Hörer. Aber ich hoffe, dein demokratisches Medienverständnis geht soweit, daß du es akzeptierst, wenn ab und an mal Moderatoren die Hörer schelten.

Hörerin: Naja ...

Kuttner: Geht es doch nicht soweit? Siehst du auch lieber Glücksrad?

Hörerin: Nee, das nicht!

Kuttner: Aber dann hättest du gerade »ja« sagen müssen! Du hättest sagen müssen: Ja, ich erwarte im Fernsehen und auch im Radio Moderatoren, die mich belehren, schurigeln, kritisieren und mir sagen, daß ich eigentlich ein Idiot bin, der alles falsch macht.

Hörerin: Nee, davon kenne ich schon genug Leute.

Kuttner: Dann tendierst du doch eher zum Privatfernsehen. Die sagen zwar nicht, daß die Leute blöd sind, aber die setzen es voraus.

Hörerin: Ich höre sowieso lieber Radio.

Kuttner: Hast du das Gefühl, daß es im Radio anders ist?

Hörerin: Nee, aber da wird mehr Musik gespielt.

Kuttner: Im Radio würde ja auch so ein Spiel wie Glücksrad nicht viel Sinn machen. Wenn ich jetzt hier so einen Kasten mit Leuchttäfelchen hätte und immer mal einen Buchstaben einblenden würde, dann würdest du nicht weiterkommen. Wenn ich zum Beispiel ein Wort mit acht Buchstaben hätte, ein Begriff aus dem Bereich ... Oh! Jetzt habe ich mich wieder übernommen. Kannst du mir mal kurz Gelegenheit geben, mir erstmal ein Wort auszudenken?

Hörerin: Ja, klar.

Kuttner: Dabei gibt es jetzt aber noch folgendes Problem. Ich sage es sonst eher ungern, weil es einen Einblick in meine geheimste Arbeits-

weise gibt, – aber wenn ich wirklich konzentriert nachdenke, dann kann ich eigentlich gerade nicht soviel reden ...
Hörerin: Jürgen?
Kuttner: Ja? Ich habe erstmal nur Anlauf genommen, eigentlich wollte ich noch weiterreden. Geht dein Demokratieverständnis auch soweit, den Moderator hin und wieder ausreden zu lassen?
Hörerin: Das schaffst du ja doch immer.
Kuttner: Das ist sehr einsichtig. Du bist ja direkt ein bißchen altklug. Ich wollte bloß sagen: Wenn ich konzentriert überlege, dann kann ich nicht reden. Und wenn ich nicht rede, dann redet in der Regel auch kein anderer. Dann ist Stille. Da fühlt sich dann zumindest der gebührenzahlende Hörer ziemlich beschissen, wenn er das Radio anmacht, und es passiert überhaupt nichts. Daß Schwachsinn passiert, wird ja gern hingenommen, aber wenn nichts kommt, fühlt man sich betrogen. Aus diesem Grund würde ich dich bitten, daß du vielleicht, solange, wie ich überlege, irgendetwas sagst.
Hörerin: Okay.
Kuttner: Gut, ich überlege jetzt und du redest. Ab ... jetzt!
Hörerin: Also als erstes wollte ich mal jemand grüßen, der auch immer anruft ...
Kuttner: Du reißt mich jetzt aus meinen Überlegungen. Nicht bloß grüßen! Das ist hier ein öffentlich-rechtlicher Sender, und die Sendung selbst steht in der Tradition großer Kultur- und Bildungssendungen. Du müßtest jetzt schon etwas sagen, was die Menschen weiterbringt!
Hörerin: Ja, gut.
Kuttner: Du kannst sie ruhig auch kritisieren und sagen, daß sie vielleicht nicht so viel Büchsencola trinken sollen. Ein bißchen Ökologie macht sich ja immer gut.
Hörerin: Also Leute, trinkt nicht soviel Büchsencola!
Kuttner: Oh Gott! Du bist so leicht zu beeinflussen! Wenn ich als Beispiel sage, daß du sagen könntest, die Leute sollen nicht soviel Büchsencola trinken, daß du dann gleich sagst: Leute, trinkt nicht soviel Büchsencola! Ansonsten wirft ...
Hörerin: Okay, auch kein Sprite, keine Fanta ...

Kuttner: Du bist ja kommunikativ ziemlich begabt! Ansonsten wirft es doch ein schlechtes Licht auf die Hörerschaft. Die wird dann leicht für blöd gehalten, was dann andererseits wieder auf mich zurückreflektiert. Verstehst du das?
Hörerin: Mehr oder weniger.
Kuttner: Dann sag irgendwas anderes Kritisches. Zum Beispiel: Alle zwölf Stunden stirbt ein Wal. Aber sag jetzt bitte nicht: Alle zwölf Stunden stirbt ein Wal, sondern etwas anderes. Vielleicht was über Murmeltiere.
Hörerin: Vielleicht könnte ich ja jetzt was über Urlaub erzählen?
Kuttner: Prima. Ich bin hier ja noch mit den Vorbereitungen zum Glücksrad beschäftigt.
Hörerin: Also wir waren im Urlaub in der Türkei. Da waren wir bei einer Familie zu Gast, die überhaupt nichts anderes konnte als türkisch. Wir saßen da und haben uns tatsächlich zwei Stunden mit Handzeichen unterhalten, wie sagt man, gesti ... gesti ...
Kuttner: Gestikuliert. Kannst du diese Schattenspiele eigentlich? Wo man eine Lampe hat und hinten vielleicht ein Deng-Xiaoping-Poster an der Wand?
Hörerin: Ein was?
Kuttner: Ein Deng-Xiaoping-Poster. Aber ist egal. Sagen wir, es ist David Hasselhof. Dann kann man mit der bloßen Hand zum Beispiel Hunde nachmachen. Aber können wir jetzt endlich Glücksrad spielen?
Hörerin: Hast du denn inzwischen ein Wort?
Kuttner: Na, ich konnte ja nicht so richtig nachdenken. Aber ich habe jetzt ein Wort mit vier Buchstaben. Es ist aus dem Transportwesen.
Hörerin: Und ich darf nicht nach Vokalen fragen?
Kuttner: Weiß ich nicht. Mensch, wie war denn das beim Glücksrad? Wenn jetzt der Mielke hier wäre! Der könnte uns jetzt weiterhelfen. Aber meinetwegen kannst du auch nach Vokalen fragen.
Hörerin: Okay. Frage ich mal nach einem P wie Peter?
Kuttner: Ein P ist, glaube ich, ein Konsonat. Aber gut, nehmen wir eben Konsonanten. Frag doch mal nach einem T.
Hörerin: Ein T?

Kuttner: Richtig! Da hast du schon mal 100 Mark ... äh ... da hast du schon mal einen Buchstaben gewonnen. Ein T ist der letzte Buchstabe des Wortes. Da bleiben jetzt noch drei Buchstaben ungelöst.
Hörerin: Ein R?
Kuttner: Falsch. Da habe ich 100 Mark gewonnen.
Hörerin: Das ist aber normalerweise nicht so, daß die Moderatoren 100 Mark gewinnen.
Kuttner: Gewinnen die Moderatoren beim Glücksrad gar kein Geld? Warum machen die denn das dann? Das ist ja ein Ding! Da sind also nicht nur die Zuschauer zu blöd zum fragen, sondern auch die Moderatoren!
Hörerin: Wie?
Kuttner: Das war jetzt wieder medienkritisch. Aber das lassen wir mal raus.
Hörerin: Hab ich auch schon 100 Mark gewonnen?
Kuttner: Nee, du hast einen Buchstaben gewonnen.
Hörerin: Ach so. Dann nehme ich jetzt mal einen Vokal. Ein O?
Kuttner: Richtig. Gleich zwei Positionen besetzt. Die zweite und die dritte. Bleibt noch eine offen. Also ein Transportmittel, das auf ... oot endet.
Hörerin: Aha.
Kuttner: Wenn du jetzt nochmal R sagen würdest, hätten wir eine schöne Farbe.
Hörerin: Aber das hat nicht so viel mit einem Transportmittel zu tun.
Kuttner: Der Einwand ist durchaus berechtigt.
Hörerin: Tja ... ähm ... da fällt mir jetzt gar nichts ein, was mit dem Transportwesen zusammenhängen könnte.
Kuttner: Echt? Hör bloß auf! Die schaffen noch die Sendung ab! Das wirft doch wirklich ein bezeichnendes Licht auf den Bildungsnotstand in Deutschland. O-O-T ist am Schluß. Da fehlt vorn ein einziger Buchstabe, der höchstwahrscheinlich ein Konsonant sein wird.
Hörerin: Ja? Und welcher?
Kuttner: Gehen wir die Konsonanten mal alphabetisch durch.
Hörerin: Fangen wir also mit dem B an ...

Kuttner: Fangen wir mit dem B an. Dann haben wir B-O-O-T, was sich problemlos auch als Boot aussprechen läßt und durchaus ein Transportmittel ist.
Hörerin: Äh ... ja. Aber was ...
Kuttner: Wollen wir uns darauf einigen, daß ich 200 Mark gewonnen habe? Die Kontonummer schicke ich dir zu. Jede weitere Frage würde dich nur unnötig Geld kosten. Tschüß.

Sind Italiener wirklich tierlieb?

Hörer: Wo warst du denn eigentlich im Urlaub?
Kuttner: Überall.
Hörer: Und wie war es da?
Kuttner: Hat mir gut gefallen. Aber was mir aufgefallen ist: Im Ausland ist man sofort Westler!
Hörer: Das ist ja komisch.
Kuttner: Das kommt dadurch, daß man jetzt Besitzer von so prima Geld ist. Egal, ob man davon relativ viel oder relativ wenig hat – man steht jetzt auf der richtigen Seite der Weltwährungsbarrikade. Ist dir das nicht aufgefallen?
Hörer: Na klar. Aber dann zückst du deinen Ausweis, und jeder weiß gleich, wo du wirklich herkommst. Der Grenzer hat sich halbtot gelacht über meinen Ausweis.
Kuttner: Also bei mir staunen die immer. Das finde ich aber auch prima!
Hörer: Freunde von mir waren gleich nach der Wende mal in Tirol, da wollten die Grenzer den Ausweis sehen und haben es gar nicht für möglich gehalten.
Kuttner: Na, wenn es mal dabei geblieben wäre. Bei mir wollten die nicht nur den Ausweis sehen, die wollten auch meine Unterwäsche sehen, die wollten überhaupt mal sehen, wie so ein Ostdeutscher lebt. Die haben mit großem Interesse meine Strümpfe betrachtet, meine T-Shirts ausgemessen ...

Hörer: Und? Konnten sie etwas dazulernen?
Kuttner: Ich weiß nicht. Ob die sich vielleicht Notizen gemacht haben? Oder ob die vielleicht gleich eine Ausstellung machen wollten? Ich meine, ein paar Sachen hätte ich durchaus als Leihgabe dagelassen.
Hörer: Wollten sie aber nicht?
Kuttner: Nee, aber nachher haben sie noch versucht, einen Hund in unser Auto zu setzen.
Hörer: Ins Auto reinzuschmuggeln?
Kuttner: Na, erst sind die mit dem Hund an der Leine immer ums Auto herumgegangen und dann plötzlich mittendurch. Wir sind dann aber doch lieber ohne Hund weitergefahren.
Hörer: Echt?
Kuttner: Ja, daß der Italiener so tierlieb ist! Daß die sich dort nicht mal abends von ihrem Köter trennen können. Im Dienst! Das wäre doch in Deutschland unvorstellbar. Stell dir vor, ich würde hier mit einem Hund im Studio sitzen.

Wie klingt eigentlich eine schöne Schrift im Radio?

Kuttner: Hallo, wie alt bist du denn?
Hörerin: Was schätzt du denn?
Kuttner: 32.
Hörerin: Da liegst du genau richtig.
Kuttner: Du klingst aber jünger.
Hörerin: Bin ich auch. Ich klinge aber älter.
Kuttner: Du klingst erst jünger und dann älter? Aber du klingst nicht wie 32!
Hörerin: Na okay, dann bin ich 28.
Kuttner: 26.
Hörerin: 28.
Kuttner: 26.
Hörerin: Einigen wir uns auf 27?

Kuttner: Okay, 27. Da bist du ja soweit noch nicht aus der Schule raus. Du erinnerst dich doch sicher noch an die schönen Tage, wo man die verdammte Pflicht hatte, sein schönstes Ferienerlebnis in vierzig Zeilen handschriftlich niederzulegen und es dann von einem wohlmeinenden Deutschlehrer nach Form, Inhalt, Rechtschreibung, Grammatik und Ausdruckskraft zensiert wurde?
Hörerin: Ja, Aufsätze habe ich gern geschrieben.
Kuttner: Dann machen wir mal eine kurze Reinkarnationstherapie. Ich versuche jetzt, dich in diese glücklichen Tage deiner goldenen Kindheit zurückzuversetzen. Du bist jetzt vierte Klasse und sitzt völlig entspannt in deinem hellerleuchteten Klassenraum, hast dein Federtäschchen aufgemacht und dein Heftchen vor dir. Die Überschrift hast du schon hingeschrieben: Mein schönstes Ferienerlebnis. Rechts oben steht wahrscheinlich der falsche Name, weil du vom Nachbarn abgeschrieben hast – aber darüber können wir jetzt erstmal hinwegsehen. Du wärst also in der Zwangssituation, dein schönstes Ferienerlebnis niederzuschreiben. In wohlgesetzten Worten, in kurzen Sätzen, die aber durchaus – wenngleich es unter Rechtschreib- und grammatikalischen Aspekten eher unpraktisch ist – das eine oder andere Komma aufweisen dürfen, was ja in der mündlichen Rede nicht so die Rolle spielt – aber man hörts doch.
Hörerin: Ja, klar.
Kuttner: Bist du denn jetzt schon zurückversetzt? Es ist mir doch wunderbar gelungen, die entsprechende Atmosphäre zu schaffen. Könntest du schon anfangen zu schreiben?
Hörerin: Gut, ich fange an: Also, es war Mittwoch, und ich hatte diese kleine, nette Verabredung mit dem Michael, den ich doch letzten Sonntag kennengelernt hatte. Wir waren nämlich im Urlaub zusammen an der Ostsee. Und da hatten wir uns verabredet gehabt, weil wir einen Ausflug machen wollten. Wir wollten ein bißchen spazierengehen. Und was haben wir da gefunden? Wir haben eine wunderbare Mülldeponie gefunden. Die war so herrlich, die bot uns so viel interessante ... äh ... interessante Spielmöglichkeiten. Wir sind da langgelaufen, haben uns alles ganz genau angesehen, haben immer schön Versteck gespielt, ich

bin losgerannt, der Michael mußte immer bis dreizehn zählen. Weiter konnte er ja noch nicht zählen, und da mußte ich mich schon versteckt haben. Und wir hatten den ganzen Tag ganz viel Spaß, bloß unsere Eltern waren sauer, weil wir erst so spät zu Hause waren. Ansonsten war der Tag aber herrlich.

Kuttner: Großartige zwei letzte Sätze! Die haben es ausdrucksmäßig doch ein bißchen herausgerissen. Aber zwischendurch hattest du viel »nämlich«, »ein bißchen«, »äh« – wenn man sich das geschrieben vorstellt, ist das natürlich ausdrucksseitig nicht so berauschend. So daß wir uns da vielleicht auf Zwei minus einigen könnten.

Hörerin: Aber das Erlebnis an sich? Ich meine, es gibt doch auch noch eine Gesamtnote.

Kuttner: Für Inhalt gibt es natürlich eine Eins. Und die Gesamtnote können wir jetzt gemeinsam erstellen. Aber dann wollen wir der Fairness halber mal Ausdruck Drei machen.

Hörerin: Bin ich einverstanden.

Kuttner: Gut, Inhalt also Eins, Rechtsschreibung … na so lala. Zwei würde ich sagen.

Hörerin: Okay.

Kuttner: Aber eine schöne Schrift hast du. Dafür gibt es nochmal eine Eins. Dann hast du jetzt zwei Einsen, eine Zwei und eine Drei. Sind zusammen Sieben, durch Vier ist … na fast Zwei. Die Gesamtnote ist Zwei.

Hörerin: Bin ich versetzt?

Kuttner: Klar, du bist versetzt. Das war doch jetzt eine schöne Schlußpassage für unser Gespräch, oder?

Hörerin: Ja. Ich hab zwar nicht viel gesagt, aber es hat mir gefallen, was du gesagt hast.

Kuttner: Das hat mir eigentlich auch ganz gut gefallen. Das ist aber auch mein Sicherheitsdenken, weil ja, wie am Anfang gesagt, auch das Brandenburger Bildungsministerium zuhört. Das, was ich sage, habe ich zwar teilweise unter Kontrolle, aber den Anrufer hat man ja nicht so unter Kontrolle. Deshalb versuche ich es immer so zu gewichten, daß 80% des Gespräches von mir …

Hörerin: 90%!
Kuttner: 90% von mir bewältigt werden. Dann kann die Fehlerquote maximal 10% betragen. Aber bei dir gab es eigentlich überhaupt keine Probleme. Du hättest im Grunde genommen viel mehr sagen können.
Hörerin: Du hast mir gar keine Möglichkeit gelassen.
Kuttner: Aber ich hab doch gerade erklärt warum! Mir bleibt ja auch keine andere Wahl. Vielen Dank!

Wie kann man Idioten erschrecken?

Hörer: Darf ich was vom Klettern erzählen?
Kuttner: Ja!
Hörer: Weißt du, was das ist?
Kuttner: Na, ich nehme an: Ein großer Sandplatz, wo ihr dann gemeinsam Gerüste bestiegen und immer aus Spaß »Aiger-Nordwand« gerufen habt.
Hörer: Nee, mehr so sandige Felsen im Elbsandsteingebirge.
Kuttner: Waren die überlebensgroß, die Felsen?
Hörer: So 30 Meter schon.
Kuttner: Na, da gibt es jedenfalls nicht viele Menschen, die noch größer sind. Da seid ihr also diese Felsen hochgeklettert, dann wart ihr oben, und dann seid ihr wieder runtergeklettert. Schön!
Hörer: Nee, erst haben wir uns noch ins Buch eingeschrieben und »Berg Heil!« gerufen, wie man das so macht als Bergsteiger. Dann sind wir aber wieder runtergeklettert.
Kuttner: Und hattet ihr auch ein paar Getränke mit raufgenommen? Und was zu essen?
Hörer: Um Gottes willen!
Kuttner: Ohne gar nichts? Aber es macht doch bestimmt erst richtig Spaß, wenn dann die leeren Büchsen den Berg runterkullern. Damit man ein Gefühl für die Höhe bekommt, so wie wenn man einen Stein in einen Brunnen reinwirft.

Hörer: Nee, die Natur halten wir sauber. Da achten wir peinlichst drauf.
Kuttner: Ach! Macht ihr denn auch die Haken wieder aus der Wand raus?
Hörer: Im Sandstein darf nicht geklopft werden. Überhaupt nicht.
Kuttner: Wie geht das denn dann?
Hörer: Da sind einige Naturhilfsmittel, mit denen man sich behelfen kann. Und wo wirklich noch was gebraucht wird, da ist was eingemauert.
Kuttner: Ach was! Da haben die echt vorher ein Gerüst rangestellt, dann kommen die Maurer, machen da Griffe ran, und ihr klettert schließlich daran hoch?
Hörer: Nee, da sind welche vorgeklettert.
Kuttner: Ach, und wie haben die das gemacht? Machen die da so richtig Griffe und Schlaufen ran wie in der S-Bahn? Das ist ja ein riskanter Sport, mein lieber Mann!
Hörer: Nee, nicht wie in der S-Bahn. Die Griffe muß man sich schon richtig suchen.
Kuttner: Hinweisschilder gibts da nicht?
Hörer: Nein, aber es gibt Kletterführer. Das ist ein kleines Buch, in dem die Wege drinstehen.
Kuttner: Aber es ist natürlich blöd, wenn man gerade keine Hand frei hat, um die Seite umzublättern, weil man den nächsten Griff sucht. Da nutzt der Kletterführer nicht mehr viel!
Hörer: Das muß man sich schon vorher aussuchen.
Kuttner: Hast du denn eigentlich diesen »Cliffhanger«-Film gesehen, mit diesem ... mit dem ... mit diesem Idioten?
Hörer: Ja, hab ich. Aber ich glaube nicht daran, daß der da echt geklettert ist.
Kuttner: Da hat man nicht so ein patriotisches Verhältnis, wenn man so einen Film als Kletterer sieht, daß man vielleicht denkt: Endlich wird unsere Sache mal ordentlich dargestellt?
Hörer: Nee, die Sache wird da eher verarscht. So ein Gurt wie der, der in dem Film gerissen ist, der müßte schon mindestens 30 Jahre alt sein. Damit klettert man einfach nicht mehr. Daß ein Gurt reißt, kommt in der Realität äußerst selten vor.

Kuttner: Aber daß dem das keiner sagt! Da kostet so ein Film hunderte Millionen und dann können die dem das nicht mal sagen mit dem Gurt. Aber andererseits hat der Idiot sich sicherlich tüchtig erschrokken, als der Gurt gerissen ist. An dieser Stelle hätte man den Film enden lassen sollen!
Hörer: Genau.
Kuttner: Ja, im Grunde ist das auch ein schönes Ende für uns. Der Gurt ist gerissen, tschüß!

Ist Hühnerdreck nicht ganz natürlich?

Hörer: Ich war mit meiner Frau in der Bretagne. Das ist oben in der Ecke von Frankreich.
Kuttner: Das hat sich hier schon rumgesprochen. Ist ja auch eine schöne Eselsbrücke: Bretange – Britannien.
Hörer: Das war jedenfalls der erste Urlaub, wo ich mich mit meiner Frau nicht gestritten habe. Das erste Mal seit acht Jahren!
Kuttner: Ach Gott! Hast du nicht das Gefühl, daß eure Ehe tot ist?
Hörer: Nee, das war die totale Harmonie!
Kuttner: Das klingt aber doch eher nach Vergreisung, wenn man nicht mal mehr die Kraft hat, sich im Urlaub zu streiten, weil die Alte überall die Lockenwickler rumliegen lassen hat!
Hörer: Soll ich nun die Geschichte erzählen oder nicht?
Kuttner: Ich frag ja bloß nach, weil ich – wenn ich schon nicht wirklich interessiert bin – doch wenigstens Interesse am Schicksal der Hörer heucheln muß. Dafür werde ich ja schließlich bezahlt.
Hörer: Na gut.
Kuttner: Also wollen wir doch noch mal resümieren: Du hast nicht das Gefühl, daß du dich in einer toten Ehe bewegst?
Hörer: Nee.
Kuttner: Gut, dann will ich dir den Eindruck auch nicht weiter zerstören.
Hörer: Jedenfalls sind wir da eine Steilküste abgelaufen, und meilen-

weit war kein Mensch zu sehen. Nur ein paar Schafe. Meine Frau ist nun eine ganz Wagemutige ...
Kuttner: Die ist bis zu den Knien ins Wasser gegangen?
Hörer: Nee, die ist die Steilküste runtergeklettert. Ich bin hinterher, und das war alles ziemlich wacklig unter uns. Unten haben wir uns dann ganz nackt ausgezogen und sind in den Atlantik gesprungen.
Kuttner: Das ist ja kühn!
Hörer: Und auf einmal habe ich oben vier Köpfe gesehen. Leute so um die vierzig, die von oben runtergesehen haben.
Kuttner: Das kenne ich! Leute um vierzig zu viert!
Hörer: Die waren ganz entsetzt, wie wir in diese Bucht reingekommen sind. Wir sind also wieder aus dem Wasser raus, haben uns angezogen und sind den Steilhang wieder hochgeklettert. Und wie ich zum Auto komme, da steht daneben doch so ein blöder Japaner mit Potsdamer Kennzeichen! Und die vier Leute sehen uns an wie Mondmenschen.
Kuttner: Vier Japaner?
Hörer: Nee, vier Potsdamer mit japanischem Auto. Das waren die gleichen vier Köpfe wie vorhin an der Bucht. Die waren nun ganz erstaunt, wie sich zwei andere Potsdamer getraut haben, da runterzuklettern. Das fanden die dann total toll.
Kuttner: Sind die euch den ganzen Weg von Potsdam hinterhergefahren, um euch mal nackt zu sehen?
Hörer: Weiß ich auch nicht genau. Die alten Spanner!
Kuttner: Mensch, der Potsdamer ist ja teilweise auch nicht ganz sauber. Vor allem, wenn er in Viererrudeln auftritt. Da mache ich zur Zeit auch ganz unmittelbare Erfahrungen. Aber ich kann dir und den Potsdamern versichern, daß ich jetzt nicht die Absicht habe, mich nackt auszuziehen.
Hörer: Jedenfalls fand ich es total toll da unten in der Bucht, wo niemand war, nur Sand und Steine ...
Kuttner: Und oben vier Köpfe!
Hörer: Die kamen aber erst zum Schluß. Davor waren wir schon eine Viertelstunde allein. Und da habe ich gemerkt, daß der Mensch gegenüber der großen Natur nur ein Stück Hühnerdreck ist.

Kuttner: Ach naja. Jetzt machst du dich aber auch ein bißchen schlecht. Ich würde nie sagen, daß du ein Stück Hühnerdreck bist.
Hörer: Mensch Kuttner, wir müssen mal zusammen in den Urlaub fahren!
Kuttner: Nun bin ich aber nicht gerade ein ausgesprochener Nacktbader, der die Tendenz hat, Steilküsten herunterzuklettern. Ich bin eher auf der Seite der Köpfe!

ALPTRÄUME

Hörer: Ich liege in meinem Bett und bin gerade am Einschlafen. Plötzlich gibt der Boden unter mir nach, und ich falle ziemlich tief. Ich falle zwanzig Stockwerke. Dann komme ich unten auf, und das Bett ist weg. Ich hab mir nichts gebrochen und finde mich in einem langen Gang wieder. Ich gehe den Gang entlang und höre hinter mir verdächtige Geräusche. Die Geräusche werden immer lauter. Dann stehe ich plötzlich vor einer Tür, die Tür öffnet sich, und in dem Raum dahinter befindet sich ein riesiges Gehirn. Das Gehirn liegt auf einem Fleischwolf. Ich beginne, mich mit dem Gehirn zu unterhalten.
Kuttner: Kann es sprechen?
Hörer: Es ist das Gehirn eines verstorbenen Philosophen. Es fragt mich: »Bist du in deinem Sein dir sicher denn, als daß du siehst die Schritte, die wandelnd, einem Holzklotz gleich, dich führen, da du bist in Gefahr?«
Kuttner: Wo hast du denn das abgeschrieben?
Hörer: Das habe ich mir spontan ausgedacht und aufgeschrieben. Ich bin jedenfalls ziemlich verunsichert und antworte mit einem zögernden »Ja«. Das war aber wohl falsch, denn kurz darauf landete ich von Zauberkraft geschleudert in einem anderen Raum. Dort steht Frau China.
Kuttner: Na und?

Hörer: Frau China ist aber aus einem Traum von irgendjemand anderem geklaut. Das ist eine üble Frau mit entsetzlich langen Fingernägeln. Aber was sie genau macht, weiß ich nicht.

Kuttner: Heißt die richtig Frau China? Und mit Vornamen vielleicht Volksrepublik?

Hörer: Nein, ich weiß eigentlich nichts über sie, da derjenige, aus dessen Traum sie stammt, immer schon vorher aufgewacht ist. Es ist jedenfalls eine ziemlich böse Person. Ich bekomme Angst, und Frau China treibt mich in die Richtung der spanischen Inquisition. Vor dieser will ich auch lieber fliehen ...

Kuttner: Wie sah denn die spanische Inquisition aus?

Hörer: Du kennst doch hoffentlich die spanische Inquisition!

Kuttner: So eine große Dunkelhaarige?

Hörer: Nein. Mehrere Kardinäle und bewaffnete Ritter. Also Katholiken. Vor diesen bin ich sofort geflüchtet, reiße die erstbeste Tür auf, und dahinter steht ein Türsteher. Da bin ich aufgewacht.

Kuttner: Wie sah der Türsteher aus?

Hörer: Groß, stämmig ...

Kuttner: Der Kanzler!

Hörer: Ja, das könnte sein.

Kuttner: Siehste. Danke für den Anruf.

WERBEINDUSTRIE

Kuttner: Die Werbeindustrie hat sich bei mir gemeldet. Die erheben ja immer, wer, wann, wieviel Radio hört. Am besten ist, wenn junge Leute Radio hören, die viel Geld haben und sich gerade ein Auto kaufen wollen. Und ein Haus und eine neue Möbeleinrichtung und vielleicht auch einen Kühlschrank. Wenn man jetzt also ein Sender ist, wo viele junge Paare zuhören, die zum Beispiel einen Kredit für ein Haus oder ein Auto aufnehmen wollen, dann ist die Werbeindustrie schön interessiert und bezahlt viel Geld. Ich habe mich also mit der Werbeindustrie hingesetzt und habe gesagt, daß ich auch noch eine andere Art und Weise besonders qualitativer Hörerschaftsanalyse anzubieten hätte, die darin besteht, daß ich vielleicht Bilder von verschiedenen Hörern präsentieren würde, damit sich dann die Werbeindustrie, wie es so schön heißt, ein Bild von den Hörern machen könnte. Da waren die natürlich sehr interessiert, weil die so besser Häuser verkaufen können. Wenn sie die Leute kennen, können sie viel besser hingehen und sagen: Wir haben hier ein prima Haus, das ist ziemlich billig, nur 800 000 Mark. Da haben die ruckzuck ein Haus verkauft. Deshalb wollte die Werbeindustrie hier an die Sendung viel Geld bezahlen, woran ich dann selbst auch großes Interesse hätte, weil ich mir gern ein Haus kaufen würde. Und ein Auto und auch einen Kühlschrank. Darum bitte ich euch jetzt im Interesse des wirtschaftlichen Aufschwungs, im Interesse meines persönlichen Wohlergehens und nicht zuletzt im Interesse dieser Sendung und dieses Senders: Schickt mir doch Fotos von euch! Ich hätte da einmal Interesse an Automatenfotos, weil die vor allem durch die Tiefe der Porträtkunst, die da in kleinen bunten Bildern vergegenständlicht wird, überzeugen, oder aber an Bildern unter dem Arbeitstitel: Ich und mein Radio beziehungsweise Ich höre gerade Sprechfunk. Gerade das würde die Werbeindustrie sehr überzeugen. Es wäre also schön, wenn ihr jetzt sofort losgehen könntet. Gerade auf Bahnhöfen stehen Fotoautomaten rum, die nachts garantiert leer sind.

Kann man Intelligenz doubeln?

Kuttner: Wärst du denn bereit, mir ein Paßfoto von dir zu schicken?
Hörer: Nee, ein Paßfoto ist Scheiße. Es gibt doch noch andere schöne Fotos.
Kuttner: Aber jetzt nicht so ein Bodybuilderfoto!
Hörer: Nein, ich doch nicht!
Kuttner: Das sagst du jetzt! Und dann steht hinter dir einer und schiebt

die Bizeps hoch, damit es im Bild besser kommt. Wie stellst du dir denn ein schönes Foto von dir vor? In der Dreiecksbadehose mit Badekappe?
Hörer: Beim Wandern vielleicht. Oder beim Bergsteigen.
Kuttner: Nee! Daran hat die Werbeindustrie kein Interesse. Eher Porträts. Wo man dann sagen kann: Mensch, der hat aber tiefe nachdenkliche Augen, der braucht bestimmt ein achtzehnbändiges Lexikon für 850 Mark. Oder eine hohe Stirn – Der braucht doch Haarwuchsmittel! Es müssen sprechende Gesichter sein.
Hörer: Ach so. Na, mal sehen, was sich so machen läßt in der Dunkelkammer.
Kuttner: Ach, du bist selber Fotograf! Da kann das doch kein Problem sein.
Hörer: Na, Hobbyfotograf. Ich könnte dir eine paar schöne Landschaftsfotos schicken.
Kuttner: Da hat die Werbeindustrie kein Interesse dran.
Hörer: Ich will die ja auch nicht vermarkten.
Kuttner: Aber ich! Wir wollen jetzt mal nicht ablenken. Vielleicht schickst du mir doch ein Porträtfoto von dir? Du könntest dich vielleicht auch so wie die das früher gemacht haben fotografieren: Erst von vorn schräg und dann gleichzeitig nochmal im Profil. So überblendet. Kennst du das?
Hörer: Ja, von so 30er Jahre Fotos.
Kuttner: Das sieht oft ziemlich schick aus. Vor allem, wenn man auf dem Profilfoto noch eine Pfeife im Mund hat.
Hörer: Dann bin ich ja auf einmal ein Schriftsteller geworden.
Kuttner: Dann bist du eher ein nachdenklicher Typ, also jemand, der duchaus eine vollautomatische Waschmaschine bedienen könnte. Zumindest gegenüber der Werbeindustrie. Ob du dann nachher mit der vollautomatischen Waschmaschine etwas anzufangen weißt, das ist sowohl mir als auch der deutschen Waschmaschinenindustrie relativ egal. Wichtig ist, daß du sie kaufst.
Hörer: Ich hab ja noch eine aus der DDR.
Kuttner: Schmeiß weg den Scheiß!
Hörer: Nein, die ist noch gut. Die ist erst acht Jahre alt.

Kuttner: Mann, so wird das nichts mit dem Aufschwung! Wenn die Leute jetzt nicht massenhaft Waschmaschinen kaufen, Autos kaufen, neue Sateng-Bettwäsche, wie man im Fachhandel zu sagen pflegt, grellbunt bedruckte Sateng-Bettwäsche – wenn man sich da verweigert, dann wird es nichts mit dem Aufschwung. Dann bist du bald arbeitslos und selbst schuld daran.
Hörer: Ich arbeite ja nicht in der Wirtschaft. Ich bin Pädagoge.
Kuttner: Ach Pädagoge! Also: Wenn nicht genug Satin-Bettwäsche gekauft wird, gibt es keine Kinder mehr, dadurch keine Steuern mehr, dadurch können die Lehrer-Gehälter nicht erhöht werden. Außerdem schrumpft die Klassenzahl, es werden Lehrer entlassen, können Schulen nicht renoviert werden, und du bist arbeitslos. Dann könntest du dir auch keine Satin-Bettwäsche mehr kaufen, obwohl du sie dann nicht mehr brauchst. Ein Arbeitsloser mit Satin-Bettwäsche sieht ziemlich blöde aus, dem nimmt man kaum ab, daß er Unterstützung braucht.
Hörer: Warum reden wir denn jetzt über Bettwäsche, ich denke es geht um Fotos?
Kuttner: Nee, es geht um die Werbeindustrie.
Hörer: Muß man sich denn beim Hörfunk auch mit Foto bewerben?
Kuttner: Ja, das ist ganz wichtig!
Hörer: Ich denke, da geht es nach Stimmen?
Kuttner: Na, für den Hörer! Der Hörer ist doch egal. Aber wenn man als Personalchef über den Hof läuft, und man sieht den ganzen Tag nur dumme Gesichter! Man hat doch auch als Personalchef, egal ob das dem Sender nun was bringt oder nicht, aber man hat doch als Personalchef ein ganz persönliches Interesse daran, eher Leute zu nehmen, die etwas flott aussehen, die intelligente Gesichtszüge haben, selbst wenn die nur gedoubelt oder maskenhaft reingeschminkt sind – das ist doch relativ egal. Aber man geht doch als Personalchef gern über den Hof und sieht lauter Männer, die sich durchaus trauen können, kurze Hosen zu tragen.
Hörer: Auch wenn die stottern oder lispeln?
Kuttner: Na, was denkst du, wie ich dazu gekommen bin. Du solltest mich mal in kurzen Hosen sehen. Du unterschätzt, daß die Leute in

den Behörden auch ganz persönliche Interessen haben, die mit ihrer eigentlichen Funktion gar nichts zu tun haben. Das mit dem Personalchef beim Hörfunk war nur ein besonders schlagendes Beispiel. – So, wie ist es nun mit einem Foto?
Hörer: Gut, ich schicke dir ein Foto.

PEINLICHKEITEN

Kuttner: Das Thema ist heute Peinlichkeiten: Peinliche Geschichten, die euch passiert sind, peinliche Geschichten, die anderen passiert sind, oder aber Geschichten, die euch so peinlich sind, daß ihr sie lieber als peinliche Geschichten verkauft, die anderen passiert sind.

Gibt es eigentlich parfümierte Kondome?

Hörer: Also ich hab eine ganz peinliche Geschichte. Ich war mit meiner Freundin bei ihr zu Hause in ihrem Zimmer – also auch eine ganz klassische Geschichte ...
Kuttner: Das klingt weiß Gott klassisch.
Hörer: Ihre Mutter war verreist, ganz weit weg nach Singapur, sollte aber am Abend dieses Tages wieder zurückkommen.
Kuttner: Singapur? Ist ja toll!
Hörer: Die war jedenfalls ganz weit weg. Wir waren also bei meiner Freundin zu Hause und wollten aber ungestört sein, weil ihre Schwester auch noch da war. Deshalb haben wir einfach das Zimmer abgeschlossen. Was sowieso schon ein bißchen peinlich ist, weil, wenn dann jemand klinkt und rein will, dann ist sowieso alles klar. Dann könnte man eigentlich auch gleich offen lassen.

Kuttner: Das stimmt. Dann kann man auch drin sitzen und Mikado spielen, wenn es einmal zugeschlossen ist.
Hörer: Na, wir haben aber doch etwas anderes gemacht als Mikado spielen. Jedenfalls kam die Mutter wieder. Das haben wir erst gar nicht gehört. Erst, als sie geklinkt hat.
Kuttner: Auf asiatisch leisen Sohlen kam sie angeschlichen.
Hörer: Die hatte nun aber erwartet, daß ihre Tochter im Flur steht und sie begrüßt. Dann war aber das Zimmer abgeschlossen, und wir waren beschäftigt ...
Kuttner: Ich habe eine ungefähre Vorstellung.
Hörer: Die Mutter klopfte also und ist dann aber erstmal nach nebenan verschwunden. Zu der Schwester. Dann haben wir schon gehört, wie die Urlaubsgeschichten erzählt und die Geschenke ausgepackt wurden. Dann klopfte es wieder ...
Kuttner: Sag mal, es klopft einmal, dann geht die Mutter nach nebenan, packt die Geschenke aus, und ihr dachtet: Erstmal eine Sache zu Ende bringen?
Hörer: Nee, aber da war erstmal so eine Schockminute. Und als die Minute vorbei war, war die Mutter schon drüben. Dann konnten wir erst reagieren.
Kuttner: Diese kleinen asiatischen Geschenke auszupacken braucht ja auch nicht viel Zeit!
Hörer: Dann kam sie jedenfalls zurück, klopfte wieder, und diesmal klinkte sie auch mehrmals. Dabei hat sie immer gesagt: Mensch, nun mach doch auf! Willst du denn deine Mutti nicht begrüßen? Immer wieder und immer wieder. Wir waren aber sehr damit beschäftigt, uns so schnell wie möglich anzuziehen. Sie klinkte immer wieder, hörte dann plötzlich auf, und das war vielleicht der Moment, wo es ihr dann peinlich wurde. Da hat sie wahrscheinlich begriffen, warum sich ihre Tochter so ungewohnt zurückhält.
Kuttner: Vielleicht hat sie auch die Nummer für den Schlüsseldienst rekapituliert.
Hörer: Jedenfalls glaubten wir, daß sie jetzt doch eine leise Idee davon hatte, was da gerade in diesem Zimmer abgegangen sein könnte.

Kuttner: War ja auch eine erwachsene Frau, die selbst schon zwei Kinder hatte. Da kann man dann doch davon ausgehen, daß sie sich das ungefähr vorstellen konnte.

Hörer: Aber es kam ziemlich spät. Nun war es allerdings an der Zeit für uns, doch mal rauszukommen und sie zu begrüßen. Das war dann für uns wieder sehr peinlich. Vor allem für mich, weil ich eben ganz überraschend auch gerade da war.

Kuttner: Dann war es ihr wieder peinlich, weil sie für dich kein Geschenk hatte.

Hörer: Na, sie hatte so eine Sammelpackung kleiner Parfüm-Fläschen aus dem Duty-Free-Shop vom Flughafen mitgebracht, und meine Freundin und ihre Schwester sollten sich ein Fläschen aussuchen. Wir standen da also so rum und hatten auch noch ein bißchen Wärme im Gesicht.

Kuttner: Schöne Formulierung!

Hörer: Nun kam aber noch Folgendes dazu. Ich würde jetzt lieber sagen: Ich kenn einen, dem das passiert ist, es ist mir zu peinlich. Aber was solls, ich sag es einfach. Wir hatten nämlich an dem Tag ein Kondom mit Erdbeergeschmack probiert. Die Mutter stand also da mit ihren Parfüm-Fläschen ...

Kuttner: ... und im Zimmer verbreitete sich pestartig Erdbeergeruch?

Hörer: Nee, wir haben an allen Fläschen gerochen, und da war tatsächlich eins dabei, daß nach Erdbeer roch. Und da hab ich zu meiner Freundin gesagt: Das wärs doch! Das riecht so gut nach Erdbeer, nimm doch das! Und wir beide haben unheimlich gelacht und wurden unheimlich rot. Die Mutter hat zwar mitgelacht, aber die wußte mit Sicherheit nicht, warum wir gerade lachen. Jedenfalls war das doch alles sehr sehr peinlich.

Kuttner: Wunderbar! Ich danke dir für deine Geschichte.

Sollten Polizisten Mützen tragen?

Hörer: Also ich kenne da einen, dem ist etwas ziemlich Peinliches passiert.
Kuttner: Ah! Ein großer Anfang.
Hörer: Dieser Jemand arbeitet im Staatsdienst, um nicht zu sagen bei der Ordnungsmacht. Neudeutsch auch Polizei oder Bullen.
Kuttner: Darunter kann ich mir was vorstellen.
Hörer: Ein Uniformträger eben. Und der hatte irgendwann mal sein erstes Auftreten im öffentlichen Leben. Zuvor hatte er drei Jahre die Schulbank gedrückt und eine Menge Wissen in sich gesammelt. Dieses Wissen wollte er nun endlich anwenden.
Kuttner: Dann also mit dem Kopf voller Wissen und dem Kostüm an ...
Hörer: Ja, mit dem berühmten grünen Kostüm, vollem Elan und voller Eifer stürzte er sich auf ein potentielles Opfer und wollte die Ordnung schlechthin repräsentieren. Dabei ist er aber ziemlich auf die Nase gefallen.
Kuttner: Weil es sein Chef in Zivil war?
Hörer: Nee, weil es einfach nur eine hübsche Frau war.
Kuttner: Und was hatte die verbrochen?
Hörer: Die hat sich überhaupt nicht beeindrucken lassen. Sie tätschelte nur meine Hand ... wobei ich mich jetzt allerdings verraten habe.
Kuttner: War das bei euch im Wohnzimmer oder was?
Hörer: Nee, daß war auf einer öffentlichen Straße. Sie parkte ihr Auto direkt auf dem Gehweg, also sie parkte falsch.
Kuttner: Ach, jetzt verstehe ich. Jetzt erzähl aber mal richtig! Dann bist du hin, Schirmmütze so schräg ins Gesicht gerückt ...
Hörer: Ja, die war schief. Aber das sieht man selber nicht so, wenn man in der Eile aus dem Fahrzeug rausspringt. Wenn man versucht, ordentlich zu wirken, weil man ja gelernt hatte, Mütze muß sein, die gehört dazu.
Kuttner: Sag mal, gibts da bei der Polizei die Anweisung, daß die Mütze völlig gerade sitzen muß? So ein bißchen schräg nach vorn sieht doch eigentlich viel fescher aus.

Hörer: Es kommt immer auf den Typ an. Manche sind ja wesentlich akkurater, aber es gibt auch so lässige Typen. Und bei denen kommt das dann vielleicht ganz gut an, wenn die Mütze nach hinten geschoben ist.
Kuttner: Nach hinten geschoben sieht ja immer ein bißchen verwahrlost aus.
Hörer: Dann ist es schon besser ohne Mütze.
Kuttner: Nee, am besten ist ein bißchen nach vorn, dann aber schräg. Das finde ich schick. Da freue ich mich immer, wenn ich so einen Polizisten sehe.
Hörer: Seit dem Tag habe ich mir jedenfalls angewöhnt, die Mütze am besten nicht mehr aufzusetzen. Das kann bloß peinlich werden.
Kuttner: Aber wir sind mit der Geschichte noch gar nicht zu Ende gekommen. Sie parkt also voll falsch, du holst deinen Block raus und fängst an einzutragen ...
Hörer: Genau. Ich reiße das fertig Geschriebene dann auch raus und klemme es ihr hinter den Scheibenwischer. Dann setze ich mich wieder ins Auto, weil sie noch nicht wieder da war. Fünf Minuten später sehe ich die Frau dann kommen. Sie steigt in das bewußte Auto ein, ich springe ziemlich schnell aus meinem Fahrzeug raus und denke mir: Jetzt kommt also mein erster Kontakt mit dem bösen, bösen Bürger, der schwer gegen die Gesetze verstoßen hat. Jetzt muß ich mein gesammeltes Wissen auf den Punkt bringen und alles richtig machen. Ich rücke noch ein bißchen an der Mütze und stürze auf die Frau zu. Beim Überqueren der Straße muß ich noch einem anderen Auto ausweichen, damit ich bloß nicht zuspätkomme und sie vom Gehweg runterfährt, ohne daß ich sie belehrt habe. Ich komme also ziemlich außer Atem bei dieser Dame an. Sie war gut gekleidet, so in den Vierzigern, sie hätte also ohne weiteres meine Mutter sein können. Mit Respekt muß ich aber auch heute noch sagen, daß sie sehr nett und sehr attraktiv aussah. Sie saß also in ihrem Auto, und ich versuche nun sämtliches Wissen von mir zu lassen und in ihr das Schlechte hervorzubringen ...
Kuttner: Also ein Bewußtsein für ihre Schlechtigkeit.
Hörer: Genau. Sie hört sich das alles an, sieht mich verständnisvoll an,

als hätte sie nichts anderes erwartet, und der erste Satz, den sie sagt, war: Schutzmann, seien Sie doch nicht so aufgeregt.

Kuttner: Ohje! Ach Gott!

Hörer: Mit so einer ganz langsamen bedächtigen Stimme: Seien Sie doch nicht so aufgeregt. Kommen Sie doch erstmal zur Ruhe. Da fiel bei mir die Klappe, und im selben Moment fiel auch die Mütze. Die fiel mitten ins Gesicht, so daß ich nichts mehr gesehen hab, und mir war das alles sehr sehr peinlich. Ich hab auf den Hacken kehrtgemacht und bin verschwunden.

Kuttner: Oh, Mann! Das war wirklich eine klasse Geschichte! Warum erzählen Polizisten so wenig so schöne Geschichten? Die könnten ein viel sympathischerer Berufsstand sein.

Hörer: Vielleicht sollten einfach mehr Polizisten Sprechfunk hören.

Kuttner: Das kann sein. Aber vielleicht wird der Sprechfunk mal an der Polizeischule als Pflichtfach eingeführt. Ich danke dir für deinen wunderbaren Anruf!

RUMSPIELEN

Kuttner: Also, worum soll es heute gehen? Erstmal darum, daß ... zum Beispiel ... ach ja, das Thema! Hätte ich mir Notizen gemacht oder hätte ich mir vorher eine Rede ausgearbeitet, dann hätte ich jetzt eine komplizierte Situation, die emotional zu bewältigen ist, weniger. So habe ich sie aber, was soll ich machen. Also muß ich frei improvisieren. Das Thema lautet heute Spielen. Aber nicht einfach so Spielen, also nicht Skat oder Flachlegen, sondern Rumspielen. Mich interessiert heute, womit man so rumspielen kann. Die sicher allerverbreitetste Art und Weise rumzuspielen – davon gehe ich aus, weil ich ja dazu neige, immer zuerst das Schlechte im Menschen zu vermuten –, ist wahrscheinlich die Fernbedienung. Aber wenn jemand andere Angebote hat, wo man, wie man oder womit man so rumspielen kann, wo es prima Spaß macht und wo keiner vermutet, daß man damit rumspielen kann, dann könnte derjenige hier anrufen.

Darf man nackt Radio hören?

Kuttner: Aus Gründen der Quotengerechtigkeit werde ich mich jetzt wieder auf die Suche nach einer weiblichen Stimme begeben. Hallo, hast du eine weibliche Stimme?
Hörerin: Weiß nicht.
Kuttner: Du hast eine ziemlich weibliche Stimme! Und das weißt du nicht?
Hörerin: Ich weiß nicht, wie ich mich so am Telefon anhöre.
Kuttner: Du sprichst selten mit Leuten über deine Stimme, so daß dir noch niemand gesagt hat, daß du eine ausgesprochen weibliche Stimme hast? Bin ich der Erste?
Hörerin: Zumindest nicht am Telefon.
Kuttner: Du hast auch am Telefon eine ausgesprochen weibliche Stimme. Während meine Stimme ja eher dazu neigt, männlich zu sein und gerade in den höheren Lagen auch ein bißchen zu honeckern. Wird mir jedenfalls von böswilligen Menschen nachgesagt. Aber du wirst ja außer einer weiblichen Stimme auch einen Namen haben, vermute ich mal?
Hörerin: Ja, stimmt.
Kuttner: Das mit der weiblichen Stimme wußtest du ja nicht so, aber in aller Regel wissen die Leute ihren Namen.
Hörerin: Ja, den weiß ich.
Kuttner: Es wäre jetzt sehr schön, einfach auch aus Gründen der Praktikabilität des Gespräches, wenn du mir diesen Namen verraten würdest. Das würde mir enorm die Ansprache erleichtern.
Hörerin: Naja, ich bin einfach ich.
Kuttner: Aber wenn ich jetzt immer ich sage, dann komme ich noch völlig durcheinander. Ich bin heute ohnehin schon total überstreßt, und

wenn du mir jetzt noch solche intellektuellen Glanzleistungen abverlangst, daß ich dich ich nenne, dann stürze ich in totale Konfusion. Können wir uns denn nicht auf irgendeinen Arbeitsnamen einigen?
Hörerin: Nee, das ist immer ein Problem. Wenn man irgendeinen Namen sagt, dann gibt es immer so komische Analogien. Jeder hat diesen Namen schon mal irgendwo gehört und ...
Kuttner: Soll ich dir vielleicht ein, zwei Namen anbieten? Zum Beispiel Mandy?
Hörerin: Das ist verweichlicht und ekelhaft.
Kuttner: Sandra?
Hörerin: Das ist ein Schickeria-Name.
Kuttner: Jeanie?
Hörerin: Der ist auch nicht so toll.
Kuttner: Pamela?
Hörerin: Nee.
Kuttner: Wie heißen die denn noch alle bei Dallas? Sue Ellen?
Hörerin: Dallas ist auch nicht so toll.
Kuttner: Dann Lindenstraße. Soll ich dich Frau Beimer nennen?
Hörerin: Nee.
Kuttner: Also jetzt ist es aber gut! Entweder du bietest jetzt selber einen Namen an oder du heißt Frau Beimer.
Hörerin: Gut, dann heiße ich Frau ... Wie heißt die?
Kuttner: Tja, ich sehe leider auch nie Lindenstraße, wofür mich hier übrigens alle zutiefst verachten. Ich trinke nicht, finde Fußball schwachsinnig und sehe nie Lindenstraße. Da wirst du hier überhaupt nicht akzeptiert. Aber die heißt Frau Beimer. Das wurde mir zugetragen.
Hörerin: Na gut, dann heiße ich jetzt so.
Kuttner: Tag, Frau Beimer! Jetzt haben wir aber schon viel Zeit mit reinem Vorgeplänkel zugebracht.
Hörerin: War doch aber interessant.
Kuttner: Fand ich auch gar nicht schlecht, mal so ein bißchen rumzuspielen. Da sind wir übrigens beim Thema, hast du gemerkt, oder? Das zeichnet ja geniale und begnadete Moderatoren aus, daß sie so ganz unvermutet Brücken schlagen können. Wie es ja überhaupt eine mei-

ner Intentionen ist, Völker zusammenzuführen und Menschen unterschiedlichen Geschlechts Kommunikation zu ermöglichen.
Hörerin: Das finde ich toll.
Kuttner: Das finde ich eigentlich auch ganz gut von mir.
Hörerin: Das ist fast eine Kunst.
Kuttner: Das ist eine Kunst.
Hörerin: Aber nur fast.
Kuttner: Frau Beimer, womit spielst du denn so rum?
Hörerin: Das ist schwer zu sagen. Ich könnte ja sagen, ich spiele mit Knöpfen, aber das habe ich schon seit langem verlernt.
Kuttner: Weil du auf Reißverschlüsse umgestiegen bist?
Hörerin: Nee. Jetzt gebe ich mir große Mühe, mit kleinen Kindern Kletterhasche spielen zu können.
Kuttner: Kletterhasche? Ist das so Fangen auf dem Klettergerüst?
Hörerin: Ja, genau.
Kuttner: Wie alt bist du denn eigentlich?
Hörerin: Eigentlich nicht mehr so jung, daß man Kletterhasche spielen könnte.
Kuttner: Und du machst es trotzdem noch? Die armen Kinder stehen da also am Gerüst, und wenn du am Horizont auftauchst, sagen sie: Jetzt kommt die bekloppte Alte wieder! Die wird uns jetzt gleich wieder scheuchen!
Hörerin: Nee, so ist es nicht.
Kuttner: Es gibt noch Kinder, die dich leiden können?
Hörerin: Ja, klar. Die klingeln dann immer bei mir und fragen, ob ich mitspiele.
Kuttner: Ehrlich? Das ist ja nett! Dann kommen die echt vier Treppen hoch, klingeln, und fragen, ob die gute alte Tante wieder Kletterhasche mitspielt?
Hörerin: Nee, die müssen eher runterkommen.
Kuttner: Ach, wohnst du im Keller?
Hörerin: Ja, so ähnlich.
Kuttner: Nein! Das glaube ich nicht. Warum wohnst du denn im Keller?
Hörerin: Na, das ist praktisch.

Kuttner: Ja, gerade beim Kohlenholen ist es ziemlich praktisch. Man hat sie gleich in der Wohnung!
Hörerin: Ich hab aber eher eine wunderbar fortschrittliche Heizung.
Kuttner: Na, das ist aber tragisch! Da wohnt man schon im Keller, und dann hat man Fernheizung. Andere Menschen wohnen ganz oben und brauchen Kohlen – aber wo sind die? Natürlich ganz unten. Das ist ungerecht. Vielleicht könntest du deine Heizung mal mit jemandem tauschen, der ganz oben wohnt und Kohlen braucht?
Hörerin: Nee. Aber vielleicht doch. Die Erfahrung, Kohlen holen zu müssen, ist vielleicht auch ganz gut.
Kuttner: Zumal es dann ja auch nicht die Erfahrung im klassichen Sinne wäre, wenn man schon im Keller wohnt. Dann ist man ja immer noch extrem privilegiert. – Also Kletterhasche. Das ist doch eine Sache, die mich sehr fasziniert.
Hörerin: Es schlaucht aber auch sehr. Die kleinen Kinder sind immer viel schneller als ich.
Kuttner: Und der TÜV mosert wahrscheinlich auch. So alte Menschen dürfen bestimmt nicht mehr aufs Klettergerüst. Für die ist das ja nicht ausgelegt.
Hörerin: Das stört mich nicht.
Kuttner: Da hast du recht. Man sollte immer am TÜV vorbei Kletterhasche spielen. Sag mal, da haben wir mit Frau Beimer eigentlich einen ganz guten Namen gefunden, oder?
Hörerin: Nee, das ist doch so eine brave Ekelhafte. Die hat Dauerwelle.
Kuttner: Das ist natürlich unpraktisch für Kletterhasche. Da müßte man dann vielleicht ein Haarnetz drüberziehen. Und wenn es regnet, so eine wunderbare Zellophantüte, die gerade ältere Frauen ab und an aufhaben. Die sehen prima ziehharmonikamäßig aus. Ich hab schon mal überlegt, ob ich mir nicht auch so ein Ding kaufe.
Hörerin: Ein Haarnetz?
Kuttner: Klar. Wenn man heute so durch die Straßen geht, kann man ja nicht verrückt genug aussehen. Es gibt ja nichts mehr, wovor die jungen Leute noch zurückschrecken würden, um ein gewisses Maß an Aufmerksamkeit zu erregen. Das haben sie allerdings noch nicht geschafft:

Haarnetze und prima Regenplastetüten auf dem Kopf! Zieharmonika-
plastetüten!
Hörerin: Ich weiß nicht, ob man damit so gut ankommt.
Kuttner: Aber Aufsehen erregt man! Sag mal, Frau Beimer, hast du
denn vielleicht Strategien, mit denen du versuchst, möglicherweise
etwas gedämpfter als weite Kreise der heutigen Jugend, Aufmerksamkeit zu erregen? Eine Brosche? Eine Perle im Ohr? Irgendwas anderes Harmloses? Ein FDJ-Hemd zum Beispiel?
Hörerin: Nee. Aber Natürlichkeit ist immer sehr gut. Es kommt sehr
auf die Persönlichkeit an. Hat man welche, braucht man sich nicht mit
irgendwelchem Kram zu schmücken.
Kuttner: Natürlichkeit also. Aber trotzdem hat man doch, wenn man
aus der Dusche tritt, immer wieder die Wahl: Was ziehe ich jetzt an?
Das ist eine Entscheidung, die erstmal bewältigt sein will. Da ist doch
die *Na-tur* erstmal am Ende, und es fängt die *Kul-tur* an. Wenn man
das Badehandtuch ablegt und zum ersten Wäschestück greift – das ist
der Ausgang des Menschen aus dem Reich der Natur und sein Eintritt
ins Reich der Kultur.
Hörerin: Ja. Na gut.
Kuttner: Wie sieht das denn bei dir aus? Gut, die ersten drei Kleidungsstücke wollen wir mal überspringen, weil ich ja immer versuchen
will, ordentliche und anständige Sendungen zu machen. Aber wie sieht
es denn danach bei dir aus?
Hörerin: Dann würde ich doch eher was Praktisches vorziehen.
Kuttner: Kittelschürze?
Hörerin: Nee! Das nun nicht!
Kuttner: Was dann? Jeans? Hanf-Jeans sind ja gerade groß im Kom-
men. Aber die sind doch relativ teuer. Zusammenrollen und rauchen,
das ist nicht billig.
Hörerin: Ich finde die Jeans, die ich gerade anhabe auch ganz okay.
Kuttner: Farbe?
Hörerin: Schwarz.
Kuttner: So ganz unmodern ist schwarz ja auch nicht. Sind das etwa so
Fuzzy-Yuppie-Diesel-Jeans?

Hörerin: Nee, die finde ich häßlich.
Kuttner: Na, das ist doch längst kein Kriterium mehr! Ich habe noch nie jemand getroffen, der etwas nicht angezogen hätte, nur weil es häßlich wäre. Hauptsache, es ist angesagt.
Hörerin: Das ist doch aber ziemlich paradox.
Kuttner: Das ist nicht paradox, das ist pervers. Aber es ist so.
Hörerin: Wenn ich mich in meinen Sachen wohlfühle, dann fühle ich mich auch innerlich wohl.
Kuttner: Ich wollte dich auch nicht zum Ablegen deiner Kleidung bewegen! Obwohl es in einer Radiosendung fast schon wieder ginge. Was man im Vergleich der unterschiedlichen Fernsehsender »Titten-Sender« nennt, das ist ja für ein Radio relativ schwierig zu erreichen. Es sei denn, sie würden so richtige Verbalerotiker ans Mikro lassen, aber davon gibt es auch eher wenige. Obwohl ich mir das schön vorstellen könnte, mal eine richtige Hardcore-Verbalerotik-Sendung zu machen.
Hörerin: Jetzt hast du mich richtig schön vollgeredet.
Kuttner: Ja? Das ist aber im Grunde die Rede eines Ertrinkenden. Hier rings herum steht schon wieder alles Kopf, alles geht durcheinander, der Studio-Lötkolben liegt auf dem teuren Teppich und brennt große Löcher in die gute Auslegware.
Hörerin: Das ist aber auch interessant.
Kuttner: Ja, interessant anzuschauen, aber eben auch wieder extrem unradiogen. Es stinkt mörderisch, sieht gut aus, aber teilt sich kaum dem Hörer mit. Darf ich dich also noch mal um einen generellen Ablaß, sozusagen um eine Generalamnestie bitten, Frau Beimer? Wenn ich heute also zuviel geredet und massenhaft Stuß erzählt habe ...
Hörerin: Oh ja! Das stimmt.
Kuttner: Du kannst einem wirklich Mut machen, Frau Beimer! Da danke ich dir sehr. Wenn ich ein kleines Kind wäre, ich würde pausenlos bei dir klingeln. Ununterbrochen, vor allem nachts! Ich wollte also sagen, daß ich also heute nur aus Selbstverteidigungsgründen so viel geredet habe. Das ist sonst nicht meine Art.
Hörerin: Naja, ich weiß nicht.

Kuttner: Frau Beimer, ich danke dir für dein Verständnis, und bleib so fit, gerade auch körperlich! Tschüß!

Kann man sich auch in Socken konzentrieren?

Hörerin: Ich weiß, was du damit erreichen willst, indem du alle immer fragst, womit sie gern rumspielen!
Kuttner: Du meinst doch nicht etwa ...
Hörerin: Du willst nämlich hören, daß jemand sagt, daß er immer mit seinem ... mit seinem ... mit seinem Pipi rumspielt. Aber das sage ich dir nicht.
Kuttner: Das wollte ich überhaupt nicht erreichen!
Hörerin: Doch, wolltest du! Ich hab dich durchschaut.
Kuttner: Nee! Die Idee ist mir erst relativ spät gekommen, daß das durchaus auch mißinterpretiert werden kann, und dann galt die ganze erste Stunde meines Wirkens hier nur dem, zu verhindern, daß so etwas gesagt wird, wie du es eben gesagt hast, weil vor elf Uhr keine Schweinereien über den Sender gehen dürfen.
Hörerin: Quatsch, du wolltest bloß provozieren, aber keiner hat es gemerkt. Deswegen war ich jetzt so schlau und hab es verraten.
Kuttner: Ich denke eher, du willst provozieren und hoffst, daß ich es nicht merke.
Hörerin: Dich provozieren? Niemals!
Kuttner: Mensch, du machst mich jetzt nur verlegen. Ich sitze hier und werde rot, was sich ja für Farbfernsehen durchaus anbietet und einen gewissen Effekt bringt.
Hörerin: Darf ich dir noch was sagen? Letztens war ich wirklich sehr eifersüchtig. Da hat doch irgendein Mädchen auf den Anrufbeantworter gesprochen: Kuttner, du bist wirklich süß!
Kuttner: Das entbehrt ja nun jeder Grundlage! Ich meine, ich kenne mich ja ganz gut, ich sehe mich oft Tag für Tag, und gerade, wenn ich mir im Flur begegne, kann ich definitiv versichern, süß ist es nicht.

Hörerin: Du, Schönheit kommt von innen. Alles, was lieb ist, kommt von Herzen.
Kuttner: Das stimmt natürlich. Den gibt es natürlich bei mir auch, diesen feinen Glanz von innen, den du jetzt so unpräzise mit süß umschrieben hast. – So, jetzt wollen wir Pipi aber mal beiseite lassen. Womit spielst du denn so rum?
Hörerin: Mit meinen Zehen. Die wackeln immer so schön. Ich kann alle einzeln bewegen, du auch?
Kuttner: Warte mal, ich muß mich mal einen Moment konzentrieren und überlegen. Das ist eine Frage, die wurde mir in meinem ganzen Leben noch nicht gestellt, und ich bin wirklich weit rumgekommen. Ich bin lange Jahre in China gewesen, hab in Indien Selbsterfahrungsatemkurse gemacht, aber diese Frage hat mir noch nie jemand gestellt. Warte, ich probier mal. Das ist ja doch eine ziemliche Konzentrationsübung. Vielleicht können wir zum Ausgleich in der Zwischenzeit die junge Hörerschaft, damit sie nicht genervt ist, bitten, sich hinzusetzen, sich voll zu konzentrieren, und auszutesten, ob sie …
Hörerin: … das rechte Bein hinter den Kopf auf die Schultern legen können, und das linke in einen Kochtopf …
Kuttner: Hör auf, das gibt wieder Beschwerden! Dann finden sich morgen früh wieder nicht entknotete Kinder, die Eltern machen Ärger, und die Kasse will nicht zahlen.
Hörerin: Kannst du es nun oder nicht?
Kuttner: Ja, richtig. Ich darf nicht die ganze Zeit reden, ich muß mich jetzt konzentrieren.
[Schweigen]
Hörerin: Er kann es!
Kuttner: Nee, er kann es nicht. Mein Ringzeh macht mir arge Probleme, der ist allein nicht zu bewegen.
Hörerin: Trägst du Intimschmuck oder was?
Kuttner: Nee! Aber haben Zehen Namen? Zehen haben keine Namen. Also ist es doch sinnvoll, würde ich jetzt mal vorschlagen, übrigens auch allen, die Lexika oder Begriffswörterbücher erstellen, oder die Kindern Worte beibringen müssen, daß man die Zehen einfach analog zur

Hand beschreibt. Der große Zeh ist dann quasi der Daumenzeh, dann kommt der Zeigezeh, dann der Mittelzeh, der Ringzeh – das ist natürlich ein bißchen absurd, wer trägt schon Ringe an den Zehen – und dann kommt ...
Hörerin: ... der kleine Zeh!
Kuttner: Richtig, dann kommt der kleine Zeh. Schön, oder?
Hörerin: Schön. Du darfst jetzt mit anderen Mädchen weitertelefonieren.
Kuttner: Und du spielst schön mit deinen Zehen weiter, ja? Tschüß. – Hallo, ist da jemand?
Hörer: Ja, Tag Kuttner.
Kuttner: Sag mal, hast du das mit den Zehen eigentlich ausprobiert?
Hörer: Nee, ich hab doch Socken an.
Kuttner: Du bist jetzt also ein Typ, der, wenn du sowas übst, ob du mit den Zehen einzeln wackeln kannst, den Fuß auf den Tisch stellen und ihn fest im Auge behalten muß, um das rauszubekommen?
Hörer: Ja, kann schon sein.
Kuttner: Das ist ja nicht gerade ein Übermaß an Körperbeherrschung, was dir da zur Verfügung steht. Ich hab mit Socken, im Schuh, nur mit Augenschließen und Konzentration rausbekommen, daß ich es nicht kann. Obwohl ich heute eigentlich auch nicht übermäßig konzentriert bin.
Hörer: Wer bist du denn? Ich hab deinen Namen vergessen.
Kuttner: Kann mal jemand ins Studio kommen und mir sagen, wer ich bin?
Jemand: Sven.
Kuttner: Sven also. Na gut. Ich hab hier so einen Zettel mit Namen vor mir, aber ich glaube, das sind alles Anrufer. Das werde ich nicht sein.
[Husten]
Kuttner: Mensch, jetzt mußte ich husten. Hast du das gehört? Ist schon komisch, das Studio ist total digital, und dann – analoger Husten. Aber Computervirus. Es gibt hier aber auch eine Räuspertaste, paß auf, ich huste jetzt nochmal so, daß es keiner hört.
[Schweigen]

Kuttner: Hast du was gehört?
Hörer: Was?
Kuttner: Ob du was gehört hast.
Hörer: Ich verstehe dich nicht mehr!
Kuttner: Überhaupt gar nicht?
Hörer: Kuttner?
Kuttner: Sag mal, willst du mich jetzt verarschen und den Eindruck erzeugen, daß dieses digitale Studio nicht ein willenloses Bündel in meinen stark behaarten starken Händen ist?
Hörer: Nee, nee. Ist schon okay. Du mußt nicht alles glauben, was die Hörer erzählen.
Kuttner: Das weiß ich auch, da bin ich extrem mißtrauisch. Hast du aber gut gemacht!

DAS ERSTE MAL

Kuttner: Das Thema heute lautet ... ich möchte es erstmal allgemein und ein bißchen philosophisch sagen: Der Begriff, ein weites Feld dessen, was man sich unter Erstmaligkeit vorstellen könnte. Weil ich ja weiß, daß die geneigte Hörerschaft in aller Regel doch nicht so sehr zum Philosophieren neigt, will ich es dann doch etwas konkreter und sinnfälliger machen. Es soll also um die unendliche Vielfalt erster Male gehen, vom ersten Kuß, erster Liebe, Erster Mai, bis zu dem, was man so gemeinhin das erste Mal nennt.

Sind Töchter nur Fehlkonstruktionen?

Kuttner: War dein erster Kuß schwer oder leicht?
Hörerin: Schwer nicht gerade, aber leicht auch nicht.

Kuttner: Ich weiß nicht, ob der Feminismus inzwischen soweit Raum gegriffen hat, aber meine Auffassung ist, daß der erste Kuß für Mädchen eigentlich daraus besteht, daß man geküßt wird. Ist das richtig? Oder war es so, daß du in Alice-Schwarzer-Manier die Initiative ergriffen und dann den jungen Menschen aktiv geküßt hättest?
Hörerin: Nee, ich hab mich küssen lassen. Das ist viel schöner. Die Frage ist allerdings, ob der erste Kuß Zufall war, oder ob man das vorausbestimmt hat.
Kuttner: Das ist eine gute Frage. War es Zufall, oder hast du es selber vorausbestimmt?
Hörerin: Ich hab es erwartet.
Kuttner: Ab wann hast du es denn erwartet? Wieviel Zeit ist vorher vergangen? Eine halbe Stunde, zwei Tage, oder fünf Minuten?
Hörerin: Ein Tag.
Kuttner: Einen Tag vorher hast du schon damit gerechnet, daß es am nächsten Tag passiert, daß der erste Kuß fällt?
Hörerin: Na, da wartet man doch drauf, oder?
Kuttner: Das ist ja, wie gesagt, aus der Perspektive der Kerle doch ein bißchen anders, weil die ja immer die Initiative ergreifen müssen, aber doch gerade in dem Alter, wo dann gemeinhin die ersten Küsse fallen, noch relativ gehemmt sind. Wie alt warst du denn beim ersten Kuß?
Hörerin: 13. Nee, 14.
Kuttner: Na gut, dann war ich doch noch etwas jünger.
Hörerin: Was meinst du denn für einen Kuß? Kuß oder Küßchen?
Kuttner: Wo ist denn bei dir der Unterschied?
Hörerin: Naja. Ein Küßchen ist einfach nur ein Schmatz auf den Mund. Das hab ich schon im Kindergarten gemacht.
Kuttner: Nee, das würde ich nicht als Kuß rechnen. Es muß schon eine gewisse erotische Komponente dazukommen, wo es dann schon einen Unterschied macht, ob es die Mutti ist, oder der Gerd von nebenan.
Hörerin: Genau. Aber nebenan ist eigentlich auch nicht so gut.
Kuttner: Weiß ich nicht, kommt drauf an. Aber war denn für dich der erste Kuß etwas, woran du dich durchaus gern erinnerst?
Hörerin: Heute denke ich, daß ich damals ganz schön blöd gewesen

sein muß. Wenn man sich so an die Typen erinnert, die man so hatte, dann fällt einem schon auf, daß die manchmal ziemlich doof waren.
Kuttner: Und der erste Küsser war auch eher doof?
Hörerin: Das war eher so ein cooler. Das würde ich heutzutage nie wieder machen.
Kuttner: Aber du kannst das trennen, den ersten Kuß, und den ersten Küsser. An den ersten Kuß hast du dankbare Erinnerungen, an den ersten Küsser weniger?
Hörerin: Ach naja, es gab da ein doofes Ende.
Kuttner: Beim ersten Kuß, oder beim ersten Küsser?
Hörerin: Nee, beim Küsser.
Kuttner: Na gut, dann hast du uns hier schon mal ein bißchen die Richtung gewiesen.
Hörerin: Darf ich noch meine Freundin grüßen?
Mutti: Und deine Mutti!
Hörerin: Mutti, geh doch mal bitte raus!
Kuttner: Ach! Vielleicht gibst du mir mal die Mutti?
Hörerin: Soll ich? Mutti? Mutti?
Kuttner: Warte mal! Kennst du denn den ersten Kuß von deiner Mutti?
Hörerin: Nee, den hat sie mir noch nie erzählt.
Kuttner: Na, dann gib sie mir mal.
Mutti: Hallo?
Kuttner: Hallo, Mutti! Wollen wir uns duzen oder siezen?
Mutti: Wir können uns duzen.
Kuttner: Ich hab ja jetzt eben schon deine Tochter in ein langes Gespräch verwickelt. Das Thema heute in der Sendung ist nämlich das erste Mal, und jetzt würde ich gern mal, weil es doch relativ interessant ist, und die jungen Menschen an den Radios bewegt, einen Vergleich wagen. Ich habe mit deiner Tochter gerade über den ersten Kuß gesprochen, kennst du den?
Mutti: Nee, kenn ich nicht.
Kuttner: Wie alt wird sie da gewesen sein, was denkst du?
Mutti: Das habe ich noch gehört: 14.
Kuttner: Wie alt warst du denn beim ersten Kuß?

Mutti: Weiß ich nicht, ist schon zu lange her.
Kuttner: Ehrlich? Aber ungefähr abschätzen wirst du es doch wohl können. War es eher in den Zwanzigern, oder war das Alter noch einstellig?
Mutti: Na vielleicht so wie bei meiner Tochter.
Kuttner: Aber an den ersten Kuß selbst kannst du dich noch erinnern?
Hörerin: War das nicht dieser Maler?
Mutti: Da weiß meine Tochter wieder mehr als ich. Ich hatte überhaupt keinen Maler!
Hörerin: Der Musiker?
Kuttner: Schmeiß die mal raus! Die hat eben gesagt: Mutti geh raus, jetzt kannst du mal sagen: Tochter, geh du raus! Hört die mich jetzt noch?
Hörerin: Ja.
Kuttner: Na, dann aber mal raus, und die Tür zu!
Mutti: Ich stehe hier zwischen der Tür.
Kuttner: Dann müßtest du dich vielleicht für die eine Seite der Tür entscheiden, und deine Tochter müßte die andere Seite nehmen.
Mutti: Ach, das hört die sowieso.
Kuttner: Aber man redet doch ein bißchen unbelasteter, wenn nicht noch jemand in der Zelle ist. – Also wie war das nun mit dem ersten Kuß, ein Maler soll es ja gewesen sein. Oder doch ein Musiker?
Mutti: Ich kann mich wirklich nicht mehr erinnern. Das ist über zwanzig Jahre her.
Hörerin: Sag doch einfach Papa!
Kuttner: Nee, das wäre dann doch zu bieder. Es müßte schon vor dem Papa ein erster Kuß stattgefunden haben.
Mutti: Ja? Müßte wirklich?
Kuttner: Will ich doch hoffen!
Mutti: Ich kann mich aber noch an den letzten Kuß erinnern.
Kuttner: Der letzte? Wie lange liegt der denn zurück?
Mutti: Da müßte ich mal meinen Mann fragen.
Kuttner: Kann ich vielleicht gleich mal deinen Mann sprechen? Bei dir komme ich ja offensichtlich nicht weiter.

Mutti: Nein, wir müssen jetzt auch Schluß machen, wir haben heute noch nicht geküßt.
Kuttner: Ach, dann war es doch noch nicht der Letzte! Dann soll es doch noch weitergehen mit der Küsserei in eurer Familie. Du hast eben vom letzten Kuß gesprochen wie von der letzten Zigarette! Gestern nochmal geküßt, aber irgendwann muß auch mal Schluß sein. Aber ihr habt doch noch vor weiterzuküssen?
Mutti: Ja, schon.
Kuttner: Weißt du denn eigentlich, wann dein Mann das erste Mal geküßt hat? Hat er dir das verraten?
Mutti: Das ist auch schon zwanzig Jahre her.
Kuttner: Ja, so lange kennt ihr euch schon, ich weiß. Ihr geht also davon aus, daß der erste Kuß mit dem eigenen Mann beziehungsweise der eigenen Frau stattfand, um jegliche Diskussionen überflüssig zu machen. Dann danke ich sehr für den halbwegs unfreiwilligen Anruf!
Mutti: Soll ich dich noch weiter rumreichen? Vielleicht noch an meinen Sohn?
Kuttner: Nee, der Mann hätte mich noch interessiert.
Mutti: Na, der kommt ja nicht von der Couch hoch.
Kuttner: Was macht denn der? Sitzt der etwa vor dem Fernseher, wie Männer das abends so gern tun?
Mutti: Nee, wir überlegen, wie wir morgen die Handwerker zu uns bewegen können.
Kuttner: Ach, das ist ja auch ein interessantes Thema. Dann reden wir jetzt mal über Handwerker. Warum braucht ihr denn Handwerker?
Mutti: Weil die Tochter den Herd kaputt gemacht hat.
Kuttner: Da spielen sich ja Tragödien ab bei euch! Wie macht man denn einen Herd kaputt?
Mutti: Das war eine Fehlkonstruktion.
Kuttner: Die Tochter?
Mutti: Nein der Herd. Da geht die Klappe nicht mehr zu. Wie bei der Tochter.
Kuttner: Dann würde ich euch die Daumen drücken, daß die Handwerker auch kommen. Tschüß!

Sind Ägypter maulfaul?

Kuttner: Also 1988, du warst 14, und ein junger Mann kommt mit offenem Mund auf dich zu. Du denkst, was will der Typ überhaupt. Zack – schon warst du geküßt.
Hörerin: Nee, so war es nicht ganz. Alle Mädchen in meiner Klasse haben sich darauf gefreut, haben sich vorbereitet und haben geübt ...
Kuttner: Morgen kommt der erste Küsser, hieß es da. Alle Mädchen hatten die weiße Rüschenbluse an, ein bißchen Rouge aufgelegt und erwartungsfroh auf die Klassentür geschaut.
Hörerin: Nein, wir haben uns im Bad eingeschlossen. Ich erklär dir jetzt, wie man sich vorbereitet. Man schließt sich im Bad ein, läßt den Wasserhahn laufen, hält seinen offenen Mund schräg an den Wasserstrahl und schlägt mit der Zunge.
Kuttner: Als Übung?
Hörerin: Klar als Übung. Du kannst ja nicht so völlig unvorbereitet da hineingeraten. Also, alle anderen Mädchen hatten schon geküßt, nur ich nicht. Ich fuhr dann in den Urlaub nach Ägypten, weil ich Halbägypterin bin, und dachte mir, da wird es nun wirklich nicht passieren, weil man da ja immer beobachtet wird. Da geht so was eigentlich nicht, weil Anstand und Moral, wie du sie immer predigst, dort noch viel härter vertreten werden.
Kuttner: Und weil der Ägypter auch nicht gerade als erster Küsser verschrieen ist.
Hörerin: Naja, naja. Bei mir jetzt schon irgendwie. Ich wohnte auch nicht in irgendeinem Hotel, sondern bei meinen Verwandten. Ich bin auch zum allerersten Mal allein dorthin gefahren und wohnte da bei meinem Onkel, also bei meinem Vormund.
Kuttner: Vormund ist in dem Zusammenhang auch ein großes Wort!
[Minutenlanges Gelächter]
Hörerin: Naja, vielleicht. Stimmt schon, aber mit dem hat das eigentlich nicht soviel zu tun.
Kuttner: Das will ich auch hoffen, sonst wären wir in einer anderen Sendung.

Hörerin: Eher mit seinem Sohn. Der war so ungefähr 18 damals und wollte ...
Kuttner: ... auch mal Vormund sein?
[Gelächter]
Hörerin: ... und wollte sich vielleicht auch mal darin üben. Aber nicht unbedingt am Wasserhahn. Der war jedenfalls mein Cousin. Und irgendwann saßen wir dann auf dem Balkon ... naja, weil man da irgendwie immer auf dem Balkon sitzt.
Kuttner: Da hätte ich jetzt gar nicht weiter nachgefragt.
Hörerin: Der Wind wehte ein bißchen, und irgendwie sind wir uns immer näher gekommen. Es war Nacht, Sternenhimmel, und irgendwann küßten wir dann. Also der Küsser steckte seine Zunge so da rein, – und ich dachte, er hört nie wieder auf. Mir blieb der Atem weg, meine Nase war zu, und ich hab keine Luft mehr bekommen.
Kuttner: Das ist man vom Wasserhahn ja auch nicht gewohnt, den kann man zudrehen! Und dann sitzt man da mit so einem achtzehnjährigen Cousin und findet den Hahn nicht.
Hörerin: Ja, oder man kann auch einfach zurückgehen. Das konnte ich da nicht, da waren dann die Arme ... aber irgendwann war es vorbei. Dann hab ich erstmal Luft geschnappt, und mein Cousin hat danach nicht mehr mit mir geredet.
Kuttner: Da ist er dann doch maulfaul geworden. Schön!

Sollten junge Mädchen schon BHs tragen?

Hörer: Ich wurde verführt.
Kuttner: Okay. Aber da mußt du gleich auch nach den Ursachen forschen. Wie konnte es denn soweit kommen?
Hörer: Das war von langer Hand vorbereitet.
Kuttner: Von Seiten der Frau, nehme ich an. Und auf deiner Seite war grenzenlose Naivität? »Warum soll ich dir jetzt die Schnürsenkel aufmachen?« – kann man sich das so vorstellen?

Hörer: So ungefähr. Eigentlich wollte ich mit meinem Kumpel weggehen und die Schwester von ihm, die sagte dann: Laß uns doch lieber ein bißchen fernsehen.

Kuttner: Das ist doch ein Angebot, da sagt man immer gern und leicht ja. Das geht mir genauso: Warum weggehen, wenn man fernsehen kann. Du, die scheint mir doch extrem raffiniert zu sein, die Schwester von deinem Kumpel. So ein ausgebufftes Luder!

Hörer: Mein Kumpel muß aber auch Bescheid gewußt haben. Er fand das völlig normal, mich in seiner Wohnung mit seiner Schwester allein zurückzulassen.

Kuttner: Da aber das erste Mal selbst nicht so zentral in deiner Erinnerung geblieben zu sein scheint: Wie war denn das Fernsehprogramm?

Hörer: Das Fernsehprogramm ist nicht so zentral in meiner Erinnerung geblieben.

Kuttner: Ach, das ist dann doch völlig weggerutscht durch diesen Kulturschock, den du da erlitten hast?

Hörer: Da gab es nur einen ganz kleinen Schwarzweiß-Fernseher.

Kuttner: Und die Schwester war in Farbe, klar. Aber wie ging es dann weiter?

Hörer: Dann hab ich angefangen, mich zu blamieren.

Kuttner: Und wie kann man sich das vorstellen?

Hörer: Zum Beispiel mit einem BH, der vorn aufgeht. Mir standen die Schweißperlen auf der Stirn.

Kuttner: Aber du hattest doch soweit Mut, daß du dachtest, jetzt müssen wir aber mal den BH da runterbekommen. Und du selbst warst auch schon halb entkleidet?

Hörer: Ich weiß nicht mehr, was ich anhatte.

Kuttner: Aber vorher warst du doch völlig bekleidet.

Hörer: Wenn ich zu meinem Kumpel gehe, ziehe ich immer was an.

Kuttner: Das ist auch relativ praktisch. Da haben ja selbst gute Freunde Verständnisschwierigkeiten, wenn man nackt bei ihnen vor der Wohnungstür steht, und sie stellen dann auch blöde Fragen, die man naturgemäß auch nicht zu beantworten weiß. Aber gut, der Fernseher flim-

mert also, und du bist inzwischen beim vorn zu öffnenden BH angelangt. Bist du da eigentlich einer Aufforderung gefolgt, oder hast du selber die Initiative ergriffen, und gefragt, ob es nicht angesichts der Affenhitze praktisch und angebracht wäre, an der Stelle mal den BH abzulegen, und du ja auch ein hilfsbereiter junger Mann bist, der das gern übernehmen würde?
Hörer: Nee. Das war eher im Eifer des Gefechts. Aber dann kam mein klägliches Versagen. Die Technik war völlig undurchschaubar.
Kuttner: Du also mit Schweißperlen auf der Stirn fummelst hinten ...
Hörer: Genau. Und hinten war nicht die Andeutung eines Verschlusses. Nicht diese komischen Häkchen, diese Bajonettverschlüsse ...
Kuttner: Diese Karabinerhaken!
Hörer: Da war absolut nichts.
Kuttner: Okay, eine halbe Stunde nestelst du da hinten rum ...
Hörer: Mindestens.
Kuttner: Wie hat sich das dann aufgelöst?
Hörer: Ich hab dann aus Versehen vorn gedrückt und war erlöst.
Kuttner: Und dann gab es keine weiteren Probleme? Das andere lief dann so, wie man ...
Hörer: ... wie man es im Biologieunterricht gelernt hat.
Kuttner: Wie man es gelernt hat, wie man es sich erzählt, wie man es aus der Literatur kennt, möchte ich fast sagen. Aber dann? Das erste Mal ist jetzt quasi vorbei, und jetzt ergibt sich die große Schwierigkeit der Rückkehr in die Normalität. Die Frage ist doch: Wie kommt man wieder in den Schlüpfer, ohne daß es peinlich wird?
Hörer: Ich glaube, ich hab dann da übernachtet.
Kuttner: Na, das ist ja praktisch. Gut, dein Hinweis also an junge Mädchen: Bedient euch in diesen Situationen doch lieber klassischer BHs oder gar keiner, weil man nur Zeit verplempert und den jungen Mann in peinliche Situationen bringt.

Was geschah in Adlershof wirklich?

Hörer: Ich möchte erzählen, wie ich mich das erste Mal im Fernsehen gesehen habe.
Kuttner: Meinetwegen.
Hörer: Das hat sich so 1977 zugetragen.
Kuttner: Die Fernsehtechnik war gerade erfunden ...
Hörer: Und zwar war ich da Mitwirkender in der Dean-Reed-Show. Kannst du dich noch an Dean Reed erinnern?
Kuttner: Da habe ich nur die besten Erinnerungen! Der Elvis Presley des Ostens! Der sah verflucht gut aus, der Dean Reed. Und der konnte sogar reiten. Das können ja nur die allerwenigsten Schlagersänger.
Hörer: Der war nicht nur Schlagersänger, der war auch Rock'n'Roller.
Kuttner: Und Friedenskämpfer! Wie bist du denn in diese Show geraten?
Hörer: Ich war damals im Kinderchor des Friedrichstadtpalastes.
Kuttner: Da hast du doch bestimmt noch zahlreiche Stars kennengelernt.
Hörer: Ja, Vaclav Neskar auch noch.
Kuttner: Na, Hut ab! Wen denn noch so, Dean Reed, Vaclav Neskar ...
Hörer: Egon Krenz zum Beispiel.
Kuttner: Hat der auch im Friedrichstadtpalast gesungen?
Hörer: Nee, aber der war meistens dabei. Der hat auch immer ganz heftig geklatscht.
Kuttner: Ach, der saß immer in der ersten Reihe? Und weiter, wen hast du noch kennengelernt? Wir müssen jetzt mal die Reihe der Stars zu Ende bringen.
Hörer: Margot Honecker.
Kuttner: Das ist aber ein toller Star. Die war bestimmt schon immer von weitem am leuchtenden Blau der Haare zu erkennen.
Hörer: Genau.
Kuttner: Dann komm mal wieder zu Dean Reed zurück.
Hörer: Okay. Das Tragische war nun, als ich mich zum ersten Mal im Fernsehen gesehen hab ...

Kuttner: Da hat Dean Reed immer davorgestanden?
Hörer: Nee, ich hab mich gesehen und gedacht: Mein Gott, was ist denn das für ein Typ? Also ich meine jetzt nicht Dean Reed, sondern mich selbst.
Kuttner: Erzähl mal genauer. Wie hast du denn ausgesehen?
Hörer: Also ich hatte so Schlaghosen an ...
Kuttner: Da ist ja erstmal nichts dagegen zu sagen.
Hörer: Ich fand mich eben einfach doof, als ich mich im Fernsehen gesehen habe. Ich nehme mal an, daß es dir genauso ...
Kuttner: Überleg dir, was du sagst!
Hörer: ... daß es dir genauso gegangen ist, als du dich zum ersten Mal im Fernsehen gesehen hast?
Kuttner: Da hab ich sofort gedacht, was für ein klasse Typ sitzt da nur im Gerät.
Hörer: Ernsthaft? Nee!
Kuttner: Wollen wir einfach weiterreden? Da hatte ich sowieso den falschen Sender an. Im nachhinein hat sich nämlich herausgestellt, daß es doch Humphrey Bogart war.
Hörer: Es ist jedenfalls so eine Sache, sich selbst so im Fernsehen zu sehen – im Beisein von Dean Reed, der gerade so meine Freundin anmacht ...
Kuttner: Was? Dean Reed hat deine Feundin angemacht?
Hörer: Ja, hat er.
Kuttner: Ach, wunderbar! Erzähl doch mal! »Wie Dean Reed zum ersten Mal meine Freundin angemacht hat« – da hätten wir doch gleich zum Thema kommen können. Da hätten wir uns doch bisher alles sparen können.
Hörer: Meine erste Freundin auch noch.
Kuttner: Na, klasse! Dann erzähl mal.
Hörer: Die hatte so einen tollen roten Rollkragenpullover an. Und er hat mit ihr vor laufender Kamera Rock'n'Roll getanzt. Da war ich total eifersüchtig.
Kuttner: Hast du sie daraufhin gleich verstoßen, deine Freundin, die mit wildfremden Dean Reeds vor laufender Kamera Rock'n'Roll tanzt?

Hörer: Durfte ich ja nicht.
Kuttner: Ach, du durftest die dann von der Chorleitung aus nicht verstoßen?
Hörer: Nee, ich durfte sie nicht vor laufender Kamera verstoßen. Das hab ich dann später im Keller gemacht. Ich weiß ja nicht, ob du die Studios in Adlershof kennst?
Kuttner: Nee, aber kannst du mal beschreiben, wie Verstoßen im Keller aussieht?
Hörer: Von außen sehen die ziemlich grau aus, und es ist alles ziemlich finster.
Kuttner: Die Keller oder deine Freundin?
Hörer: Nee, die Keller. Als Kinderchor wird man da also die ganze Zeit in so einen komischen Keller eingesperrt ...
Kuttner: Das habe ich mir schon immer gedacht!
Hörer: Oben düst so eine Klimaanlage rum, und als Schmankerl gab es Wiener Würtschen mit Kartoffelsalat ...
Kuttner: Damit kann man ja schon junge Menschen bei Laune halten.
Hörer: ... und dann wird man rausgerufen auf die Bühne.
Kuttner: Du schilderst jetzt aber den normalen Programmablauf. Wir wollten doch aber zum Programmpunkt »Wie ich im Adlershofer Keller meine Freundin verstieß« kommen.
Hörer: Ach so. Ich hab sie dann doch nicht verstoßen, weil ich dachte, es würde sich nur um eine kurze Affäre handeln.
Kuttner: Kaum war die Kamera aus, war das alles erledigt mit Dean Reed?
Hörer: Mußte ja zwangsläufig. Weil danach Vaclav Neskar wieder ins Spiel kam.
Kuttner: Ach wirklich? Da stand der also mit ratlosem Gesicht auf der Bühne rum, sieht plötzlich im Hintergrund eine nette junge Frau mit Rollkragenpullover, die Kamera geht an, und er tanzt auch noch Rock'n'Roll mit ihr? Mußtest du dann deine Freundin zum zweiten Mal verstoßen?
Hörer: Was? Wann? Wie? Nee, letztendlich habe ich sie erst verstoßen, als sie nicht mehr meiner Kragenweite entsprach.

Kuttner: Das hast du jetzt so geschickt formuliert, da will ich lieber nicht weiter nachfragen. Vielen Dank und tschüß!

Neigen ältere Menschen zum Voyeurismus?

Hörerin: Ich wollte dir mein erstes Mal im Westen erzählen.
Kuttner: Das ist ja auch interessant. Da sind ja die Westler ziemlich benachteiligt, über ihr erstes Mal im Westen haben sie nicht allzuviel zu sagen.
Hörerin: Na, die können doch über ihr erstes Mal im Osten sprechen.
Kuttner: Stimmt! Aber fang du erstmal an mit dem ersten Mal im Westen.
Hörerin: Das war ein ziemlich einschneidendes Erlebnis. Das erste, was ich gesehen habe, war die Berliner Bank.
Kuttner: Und da hast du gleich einen schlechten Eindruck vom Westen gehabt?
Hörerin: Nee, überhaupt nicht. Da gab es das Begrüßungsgeld.
Kuttner: Ach so, das war dann doch eher ein sympathischer Eindruck, den der Westen auf den ersten Blick gemacht hat. Überall Bänke und Begrüßungsgeld.
Hörerin: Da mußte man zwar auch anstehen, aber das erste, was ich mit dem Geld gemacht habe, war, mir eine Bravo zu kaufen.
Kuttner: Das begeistert mich nicht so. Hast du die erste Bravo noch?
Hörerin: Die heb ich mir auch auf. Als Erinnerung.
Kuttner: War da was Wesentliches drin?
Hörerin: Überhaupt nicht. Ich war total enttäuscht davon. Nur die Aufklärungsseiten, die fand ich ganz toll.
Kuttner: Na gut, da hat ja der Osten mit Bormann im Neuen Leben und mit Jutta Resch-Treuwerth in der Jungen Welt durchaus auch einiges geleistet.
Hörerin: Ja, stimmt. Aber die Westler denken immer, daß die Ostler nicht aufgeklärt genug sind.

Kuttner: Das stimmt ja gar nicht. In der Bildzeitung stand immer, daß die im Osten viel freier sind, was Sex betrifft.
Hörerin: Wirklich? Warum denn?
Kuttner: Weil sie im Osten ja sonst keinen Spaß hatten.
Hörerin: Und stimmt das?
Kuttner: Bin ich vielleicht die Bildzeitung? Ich meine, wenn ich die Bildzeitung wäre, würde ich sagen, daß es stimmt, aber da ich nicht die Bildzeitung bin, kann ich mir schon ein bißchen kritische Distanz leisten. Aber interessant wäre doch eher das Verhältnis von Aufklärung zum ersten Kuß bei dir. Ob du gewissermaßen vorher schon belesen warst und von daher relativ gut vorbereitet, oder ob es dich überrascht hat wie ein Sommergewitter.
Hörerin: Aufgeklärt hat mich eigentlich niemand.
Kuttner: Aber gab es nicht im Biounterricht so Standards?
Hörerin: Ja, das war aber auch sehr zurückhaltend. Da wurde mal ein Film gezeigt, der war aber auch schon aus den 70er Jahren.
Kuttner: An diesen Film kann ich mich immer nur als Mythos erinnern. Da hieß es, als ich sechste Klasse war, daß ein Film gezeigt werden soll, der extrem spannend ist und in dem nackte Frauen zu sehen sind. Aber der Film selbst wurde dann nie gezeigt, glaube ich.
Hörerin: Du hast dich darauf gefreut, und dann kam er nie?
Kuttner: Das ist gemein gewesen! So haben sie uns hinters Licht geführt.
Hörerin: Also ich hab so einen Film gesehen. Obwohl ich mich nur noch ganz entfernt daran erinnern kann. Aber da wurde alles eigentlich auch nur ganz theoretisch abgehandelt.
Kuttner: Selbst in dem Film? Auch da mehr Statistik und Männer in weißen Kitteln als Eigentliches?
Hörerin: Männlein und Weiblein wurden da nur so als Trickmänneken dargestellt.
Kuttner: Nee, das bringts dann auch nicht!
Hörerin: Und auf den ersten Kuß hat es auch keinen Einfluß gehabt.
Kuttner: Weil der Film zu spät kam, wahrscheinlich.
Hörerin: Also bei meinen Eltern zum Beispiel kam der erste Kuß erst ziemlich spät.

Kuttner: Wann denn?
Hörerin: Mit 18.
Kuttner: Na, das ist ja doch ziemlich spät für Küssen.
Hörerin: Das ist ihnen auch ziemlich peinlich.
Kuttner: Heute noch? Sprichst du ab und an mit deinen Eltern darüber? Hänselst du die dann auch? Ihr seid ja die, die sich so spät zum ersten Mal geküßt haben? Und dann haben sie immer einen ganz roten Kopf und verlassen betreten das Zimmer?
Hörerin: Ach, das ist alles eine Frage der Gewöhnung.
Kuttner: Ohje, ich glaube, ich möchte nicht deine Eltern sein. Aber ich bin es zum Glück auch nicht.
Hörerin: Aber meine Mutter hat mich bei meinem ersten Kuß beobachtet.
Kuttner: Na, das ist ja gemein.
Hörerin: Da stand ich mit meinem ersten Freund unten vor der Haustür, er hatte mich nach Hause gebracht, und meine Mutter hat aus dem Fenster gesehen.
Kuttner: War das bei hellerlichtem Tage? Und ihr habt euch nicht in den Hauseingang reingedrückt?
Hörerin: Doch, aber man kann da alles beobachten.
Kuttner: Vom Fenster aus? Wie ist denn das, sind da die Zimmer alle um den Hauseingang rumgebaut?
Hörerin: Ja, genau.
Kuttner: Ist das ein Wohnblock für Voyeure? Abends steht die ganze ältere Bevölkerung hinter den Gardinen und wartet darauf, daß wieder mal ein junges Mädel nach Hause gebracht wird. Na sehr schön!

Roch es im Osten früher wirklich nach Kernseife?

Hörer: Ich bin übrigens Wessi, und ich will meine erste Einreise in die DDR erzählen.
Kuttner: Ach, schön!

Hörer: Da war ich nicht ganz allein, meine Mutter war noch mit.
Kuttner: Ist doch nichts dagegen zu sagen.
Hörer: Im Wesentlichen nicht, aber du kennst meine Mutter nicht!
Kuttner: Das stimmt.
Hörer: Die hat Angst vor Uniformen. Kannst du dir schon denken, wohin es jetzt geht?
Kuttner: Na, es wird ziemlichen Streß gegeben haben. Die Grenze war doch durchaus ein Bereich, der von Uniformierten voll war.
Hörer: Ich hab jedenfalls immer ein unbedarftes Gesicht gemacht, wenn ich an den Organen vorbeimarschiert bin. Ich hatte sonstwas mit und hab immer unbedarft ausgesehen. Meine Mutter dagegen hatte nichts mit und hat so ein bedarftes Gesicht gemacht, als wenn sie die Taschen voll Shit hätte. Das war für die Organe natürlich ein Problem, kannst du dir vorstellen.
Kuttner: Für deine Mutter wahrscheinlich auch!
Hörer: Obwohl sie keinen Shit mithatte.
Kuttner: Dann seid ihr also zusammen rübergegangen, du als Dealer und deine Mutter mit einem Dealergesicht?
Hörer: Ja, wir wollten drüben eine Großtante treffen, aber das interessiert dich sicher nicht.
Kuttner: Das kommt auch ein bißchen auf die Großtante an. Es ist ja nicht so, daß Großtanten hier prinzipiell ausgeschlossen werden sollen. Ihr seid also über die Grenze, und das hat eine Weile gedauert, nehme ich an?
Hörer: Wie kommst du denn darauf?
Kuttner: Na, weil deine Mutter so ein bedarftes Gesicht gemacht hat.
Hörer: Ja, genau. Die hat sich die ganze Zeit mit den Grenzern gestritten, und nur über die Sachen, die sie nicht hatte. Meine Mutter also SK ...
Kuttner: Was ist denn SK?
Hörer: Na, Sonderkontrolle, Mann!
Kuttner: Ja, bin ich zum ersten Mal in den Osten eingereist, oder du? Ich kann das ja wohl nicht wissen. Deine Mutter also Sonderkontrolle, wg. bedarfsgerechtem Gesicht. Und dann? Zum ersten Mal im Osten.

Kuttner: Jetzt kommen wir wieder zurück auf vorhin. Also auf die Frage, wo geht der BH auf ...

Kuttner: Du willst mir doch jetzt nicht erzählen, daß die Grenzer eine Dreiviertelstunde an deiner Mutter herumgefummelt haben, weil sie nicht wußten, wo der BH aufgeht!

Hörer: Nee!

Kuttner: Gut. Nehmen wir mal an, du bist jetzt im Osten. Du kommst da also raus, der wunderbare Geruch von Kernseife schlägt dir entgegen, graue, triste Häuserfassaden schauen dich traurig an, und jetzt erzähl mal, wie es ist, wenn man zum ersten Mal im Osten ist.

Hörer: Na, Kernseife hatten wir ja nicht im Westen.

Kuttner: Da standest du also mit so einem richtig gelangweilten Halbwüchsigengesicht, was jeder halbwegs erwachsene Mensch an den jungen Leuten haßt ...

Hörer: Ich hatte vor allem noch so eine Prinz-Eisenherz-Frisur ...

Kuttner: Das muß ja ein schrecklicher Anblick gewesen sein. So ein gelangweilter Westbengel steht da, das Kinn hängt runter ...

Hörer: Ja, so war das. Ich weiß nicht, ob das nicht wirklich eine Qual für euch war, für die damaligen DDR-Bürger, die sich immer so gelangweilte Gesichter ansehen mußten.

Kuttner: Was haben die denn für einen Eindruck auf dich gemacht?

Hörer: Zunächst mal habe ich nicht direkt Kernseife mit ihnen verbunden. Aber ansonsten waren sie erheblich freundlicher, als es manchmal bei uns war.

Kuttner: Und sonst? Gab es ein klassisches Ost-Klischee?

Hörer: Ja. »Sie werden plaziert« hab ich mal gesehen.

Kuttner: Ja, das fehlt mir heute sehr. Ich danke dir für deinen Anruf!

FERNSEHEN IM RADIO

Kuttner: Könnten wir dann vielleicht mal die Fernseher abgleichen? Auf dem ORB zeigen sie gerade einen alten Film mit mir, wo ich irgend so einen Eierverkäufer spiele. Ich kann mich an die Rolle gar nicht mehr erinnern, und es ist leider nicht lippensynchron, wenn man hier im Rundfunk redet und von woanders die Bilder kommen, dann paßt das oft nicht zusammen. Ihr müßtet jetzt also ORB einschalten ... das bin ich jetzt gerade nicht ... aber da, da bin ich gerade zu sehen! Mit einem schicken weißen Kittel, oder was das war. Ich kann mich wirklich nicht mehr erinnern. Aber seht euch das mal an, das ist sehr interessant. Es ist also wie gesagt nicht lippensynchron, das heißt, es sieht nicht so aus, als wenn ich selber rede, und der im Fernsehen bewegt die Lippen dazu. Der schweigt jetzt zum Beispiel, oder macht nur kurze stöhnende Bemerkungen, während ich hier doch relativ flüssig rede. Durch die Entfernung von Radio und Fernseher paßt das jetzt nicht so gut zusammen – aber schaltet das mal ein, ich sehe gerade, das war eine gute Rolle von mir. Da sehe ich noch richtig flott aus. – Hallo, hast du vielleicht ein Fernsehprogramm dabei?
Hörerin: Ich bin gerade dabei, es zu suchen.
Kuttner: Ja, mach mal! Es würde mich doch interessieren, wie mein Film heißt. Es ist ein Film mit viel Wasser, nette junge Frauen im Wasser, schöne reife Männer ...
Hörerin: Scheiße, es ist von der vergangenen Woche.
Kuttner: Oh, Mann! Ich seh so klasse aus in meinem Film! Und jetzt küsse ich mich ... und jetzt bin ich ... oh Gott, daran kann ich mich noch erinnern, jetzt bin ich untergetaucht. Gott, ich hatte ja nichts an in dem Film! Nee, da seht ihr jetzt alle mal kurz weg, ich sage, wann wieder hingeschaut werden darf. Hast du die Augen zu?
Hörerin: Nee!
Kuttner: Du siehst jetzt zu? Schau doch mal bitte ein bißchen weg, das ist mir jetzt peinlich, ich werde ganz rot ... ja, da seh ich wieder gut aus, meine klassischen behaarten Beine ... oh, jetzt wieder wegschauen! Die machen ja auch Sachen im Fernsehen!

Hörerin: Und an die Rolle kannst du dich nicht erinnern?
Kuttner: Los, wir müssen jetzt aber mal zum Thema kommen. Oder hast du inzwischen ein Fernsehprogramm gefunden?
Hörerin: Nee.
Kuttner: Also, wer jetzt zuhört, oder wer vielleicht schon in der Warteschleife hängt: Sucht mal in der Zwischenzeit euer Fernsehprogramm raus, damit das ganze Warten auch Sinn macht! – So, jetzt aber zum Thema!
Hörerin: Ja, ich wollte sagen ...
Kuttner: Aber mach vielleicht doch vorher den Fernseher aus. Das ist für so junge Menschen noch nicht so das richtige Programm, was die gerade im ORB zeigen. Da treibt es mir ja selbst die Schamesröte hier oben ins Gesicht.
Hörerin: Du hast das doch gedreht!
Kuttner: Na, das ist doch was anderes. Das ist ein Arbeitszusammenhang, das ist ganz sachlich, da sieht man dann eine Frau nicht als Frau, sondern als Kollegin. Aber wenn man dann vorm Fernseher sitzt, kommt doch eher der Mann durch ... oh Gott, ich kann selber gar nicht hinsehen. – Also, jetzt aber Themenwechsel!
Hörerin: Du redest doch die ganze Zeit von dem Film!
Kuttner: Aber nur, damit du nicht anfängst, hier möglicherweise anzügliche Bemerkungen zu machen.
Hörerin: Hab ich doch gar nicht.
Kuttner: Aber du warst kurz davor! Ich hab ein Gefühl für sowas.
Hörerin: Ja? Na gut, ich wollte eigentlich sagen ...
Kuttner: Oh, ist das ein klasse Film. Ich in einer meiner besten Rollen! Für die Haarfärbung an der Seite mußten sie damals viel Farbe nehmen, das war ja alles noch im Osten, das mußte ja importiert werden. Da ist viel Westgeld draufgegangen, nur damit sie meine Haare an der Seite ein bißchen grau machen können. Damit ich nicht ganz so jung aussehe.
Hörerin: Sag mal, hattest du damals eine Dauerwelle?
Kuttner: Ja, das natürlich auch. Zu dem damaligen Zeitpunkt war ich ja noch hauptberuflich Fahnenträger bei der FDJ, ein ganz schmuckes

junges Kerlchen, und für den Film mußten die mich ein bißchen reifer machen ... oh, nein, ich darf da wirklich nicht hinsehen! So, und jetzt aber zum Thema!
Hörerin: Na, das jetzt ist doch wirklich nicht anzüglich.
Kuttner: Na, sieh es dir doch an, Kinder unterschiedlichen Geschlechts in so einem ... da, jetzt komme ich mit meinem Eierwagen! Das war auch eine schöne Szene!
Hörerin: Das ist doch kein Eierwagen, sondern ein Brotwagen.
Kuttner: Nee, da hat die Requisite wieder nicht funktioniert. Du weißt ja, im Osten konnte man nicht einfach bei der Eierwagenbestellung anrufen und einen Eierwagen bestellen. Also, man hat schon angerufen und hat einen Eierwagen bestellt – aber es kam dann ein Brotwagen. Ich weiß aber noch ganz genau, daß ich in dem Film Eierwagenfahrer war. Das erkennt man auch an meinem Kittelchen, das war allerdings ein bißchen kurz, das sieht jetzt nicht so schick aus. Aber das war, damit die Kollegin mit ihren zu kurzen Armen da schneller druntergreifen konnte.
Hörerin: Machst du ihr auch noch den Badeanzug auf, weißt du das noch?
Kuttner: Vermutlich ja, aber das haben die bestimmt wieder rausgeschnitten, weil ich das dann doch zu gut gespielt habe. – Also, jetzt zurück zum Thema!
Hörerin: Jetzt hab ich vergessen, was ich sagen wollte.
Kuttner: Gut, dann machen wir eine Pause und sehen noch ein bißchen fern ... siehst du das jetzt gerade? Da rezitiere ich gerade ein Gedicht, glaube ich, ein ganz schönes ... und schon geht das Fenster auf ... und sie kommt. Ach, nee, da war ein Schnitt ... oh, hast du mich eben gesehen, wie ich so toll nachdenklich ausgesehen habe?
Hörerin: Ich seh dich die ganze Zeit.
Kuttner: Siehst du das? Ich kann Fahrrad fahren! Ich kann Fahrrad fahren! – Gut, wir müssen jetzt Schluß machen, ich will endlich wissen, wie mein Film heißt. – Hallo, hast du ein Fernsehprogramm?
Hörer: Ja, klar.
Kuttner: Dann sag mir jetzt mal, wie mein Film heißt.

Hörer: Polizeiruf.
Kuttner: Polizeiruf 110? Das war diese Eierwagenfahrerfolge, stimmts? Heißt die vielleicht »Der Eierwagenfahrer«? Müßte eigentlich so sein, wenn ich mich jetzt richtig erinnere.
Hörer: Nee, die heißt »Falscher Jasmin«.
Kuttner: Na, dann war es eben so. Der Arbeitstitel war aber »Der Eierwagenfahrer«. Den fand ich eigentlich viel besser. Sag mal, unter welchem Pseudonym bin ich da aufgetreten? Unter dem Titel müßte eigentlich gleich drunterstehen: Mit dem schicken Hauptdarsteller, Doppelpunkt, und dann der Name.
Hörer: Kuttner steht da.
Kuttner: Nee, stimmt nicht. Das habe ich unter Pseudonym gespielt. Ich glaube, ich nannte mich damals Zartmann, weil ich das ein bißchen zärtlicher fand als Kuttner.
Hörer: Na, jedenfalls sieht man gerade deinen Körperbau. Ganz schön ordentlich!
Kuttner: Oh ja ... oh, genau ... an diese Szene kann ich mich ... au, das hat wehgetan! Hast du das eben gesehen?
Hörer: Ja, ganz erstaunlich! Ich bewundere dich schon die ganze Zeit.
Kuttner: Das sind Szenen, da lassen sich die anderen immer doubeln. Nicht schlecht, oder? Ich war damals sogar für den Oscar in der Kategorie »Der sich am besten kratzen lassen konnte« nominiert. Aber die haben dann doch jemand anderes genommen. Da stand ja die gesamte amerikanische Filmindustrie dahinter, da ist man kaum dagegen angekommen. Aber ich hab die anderen Beiträge auch gesehen, zumindest die in der Kategorie von denen, die sich am besten kratzen lassen konnten, und da war ich echt der Beste.
Hörer: Kann ich mir vorstellen.
Kuttner: Also vielen Dank für deinen Anruf und sieh schön weiter fern, ich glaube, es gibt zum Schluß noch eine wunderbare Szene, wo ich mit einer riesigen Eierpalette voll hinknalle. Aber voll! Ich weiß nicht, ob sie das auch rausgenommen haben, aber ich hab mich auch da nicht doubeln lassen und wurde auch nicht Oscar-prämiert, obwohl ich der beste Eiervollhinknaller war. Tschüß!

DIE DREI

Kuttner: Wer genau zuhört, weiß ja, daß die Musiken, die ich hier spiele, immer etwas zu bedeuten haben. Aber nicht oft sind die Bedeutungen so leicht zu entschlüsseln wie im Falle der eben gehörten Janis Joplin. »Dry just a little bit harder« – Damit ist das Thema der heutigen Sendung, wenngleich sehr undeutlich, bereits genannt. Um die Drei geht es also in dieser neunten, also drei mal dritten Ausgabe des Sprechfunk. Auf den ersten Blick ist das Dreierthema natürlich etwas spröde und fast mathematisch, aber auf den zweiten, und insbesondere auf den dritten Blick, entfaltet es einen Charme, eine Vielfalt, einen nahezu unübersehbaren Beziehungsreichtum und ein Verwurzeltsein im Wesen dieser unserer Welt, daß selbst die Sechs kaum Chancen hat, es zu übertreffen – von der Vier oder der 2,78 ganz zu schweigen. Ich will nur Dry Gin sagen, Skat, Geben Hören Sagen, Drei Teufels Namen, dumm dreinschauen – eine Alltagsvokabel, der berühmte Dreisprungsport, auf die Dreigroschenoper, also auf Kunst verweisen, die Draisinen nennen, einen Begriff aus dem Eisenbahnwesen, und auf die Tripolarität der Welt hinweisen. Damit wäre es heute auch möglich, globale Probleme zu diskutieren. Ist euch eigentlich schon mal aufgefallen, daß selbst in einer so unendlich großen, unendlich langen Zahl wie 8625247811729728562932 eine Drei vorkommt? Und dann bleiben da natürlich noch die Dreierbeziehungen, die ja nur als solche die sind, die sie sind, denn zu viert wäre es nur halb so traurig oder schön. Drei ist also das Thema, die Drei im Alltag und am Sonntag, in der Seele und in der Welt, in der Liebe und im Sport, in der Kunst und im Eisenbahnwesen.

Muß man wirklich wissen, wieviel Drei mal Drei ist?

Hörerin: Ich hab angefangen mit drei Wüstenrennmäusen.
Kuttner: Und jetzt bist du Millionär?

Hörerin: Fast. Ich bin jetzt bei zwölf.
Kuttner: Wer? Die Mäuse?
Hörerin: Natürlich die Mäuse. Ich nicht.
Kuttner: Wie alt bist du denn?
Hörerin: 13.
Kuttner: Und zwölf Mäuse? Dann kannst du denen allen an den Ohren ziehen und sie rumschubsen, weil du die Älteste bist.
Hörerin: Nein, sowas mach ich nicht.
Kuttner: Warum denn nicht?
Hörerin: Ich hab ja auch noch drei Katzen.
Kuttner: Und ihr alle drei vertragt euch, du, die Katzen und die Mäuse?
Hörerin: Ja, prima. Und schon sind wir beim Thema Drei.
Kuttner: Das ist ja eigentlich eine Aufgabe, die ich immer lösen muß – zum Thema zurückzufinden. Finde ich schön, daß du mir das abgenommen hast. Dann kannst du mich jetzt auch was fragen, wenn du willst. Das ist jetzt ein richtiger Rollentausch. Du bist die Moderatorin, und ich bin der Anrufer. Hallo, hallo, bin ich da im Talk-Radio?
Hörerin: Ja, ja.
Kuttner: Man sagt nicht so viel »ja« als Moderator!
Hörerin: Nein? Na dann fang noch mal an.
Kuttner: Aber ich bin eher ein verstockter Anrufer.
Hörerin: Ich auch.
Kuttner: Dann sind wir beide ziemlich verstockt. Wollen wir uns mal einen Moment anschweigen?
Hörerin: Okay, probieren wir es mal.
Kuttner: Das ist immer so schön sinnlos im Radio. Im Radio muß eigentlich immer was passieren. Da muß immer geredet werden oder Musik laufen.
Hörerin: Wir wollten doch schweigen!
Kuttner: Gut, wir zählen jetzt mal ganz still bis zehn und sagen überhaupt nichts.
Hörerin: Aber nicht so laut.
Kuttner: Auf die Plätze, fertig los.
Hörerin: Ich bin schon fertig.

Kuttner: Oh, nee. Das ist nicht schön. So schnell kann man überhaupt nicht zählen. Du hast betrogen!
Hörerin: Du hast nicht gesagt, wie schnell ich zählen soll.
Kuttner: Dann zähl mal laut so schnell bis zehn. Das möchte ich hören!
Hörerin: Wir zählen lieber bis drei, sonst paßt das gar nicht zum Thema.
Kuttner: Na gut, wir zählen dreimal bis drei. Also bis neun. Ich sage auf die Plätze fertig, los, okay? Auf die Plätze, fertig, los!
Hörerin: Eins, zwei, drei ...
Kuttner: Du sollst doch leise zählen!
Hörerin: Du hast gesagt, ich soll laut zählen!
Kuttner: Wir wollten doch mal ganz still auf dem Sender sein, weil hier doch immer was los sein muß.
Hörerin: Du quatschst ja immer noch!
Kuttner: Also: Auf die Plätze, fertig, los!
[Schweigen]
Kuttner: Ich bin bei neun angekommen.
Hörerin: Ich noch nicht. Warte mal.
Kuttner: Ich warte.
[Schweigen]
Kuttner: Jetzt?
Hörerin: Gleich.
[Schweigen]
Kuttner: Hallo, wie weit bist du denn? Gib mal einen Zwischenstand – hast du die Sechs schon erreicht?
Hörerin: Ja, jetzt gerade. Und jetzt bin ich schon bei der Neun.
Kuttner: Wunderbar. Da haben wir mit wenig Aufwand wieder gutes Programm gemacht.
Hörerin: Ja, jetzt sind wir bei der Neun – aber wir wollten doch zur Drei kommen.
Kuttner: Waren wir doch schon. Gleich nach der Zwei. Kannst du dich erinnern, das war kurz vor der Vier.
Hörerin: Und was hat das mit der Neun zu tun?
Kuttner: Na, drei mal drei!
Hörerin: Aber wenn das nicht alle wissen?

Kuttner: Ach weißt du, wenn man Leute trifft, die nicht wissen, daß drei mal drei neun sind, dann sollte man sich das nicht anmerken lassen. Und man sollte auch nicht mit Fingern auf die zeigen.
Hörerin: Okay.

Sind wir nicht alle mehr Menschen?

Kuttner: Hallo?
Hörer: Ja, hallo.
Hörerin: Ja, hier ist Sabine.
Kuttner: Jetzt! Wunderbar! Jetzt haben wir eine Konferenzschaltung! Drei Leute gleichzeitig in der Leitung! Prima!
Hörer: Einer muß raus jetzt!
Kuttner: Wieso muß einer raus? Quatsch!
Hörerin: Wir wollen rein! Wir wollen rein!
Hörer: Hallo?
Hörerin: Wenn wir nicht reinkommen, werde ich wahnsinnig.
Kuttner: Du bist drin. Du bist ja vielleicht auch wahnsinnig, aber drin bist du auch. Ich muß jetzt erstmal sortieren. Zuerst nur die Frauenstimme. Die sagt jetzt mal ihren Namen.
Hörerin: Sabine.
Kuttner: Und jetzt die Männerstimme.
Hörerin: Was?
Kuttner: Klappe! Die Männerstimme ist dran.
Hörer: Ich bin der Lutz.
Hörerin: Lutz ist auch dran.
Kuttner: Ich rede immer noch mit der Männerstimme. Von wo aus rufst du denn an?
Hörer: Aus Wittenberge.
Kuttner: Das ist ja weit weg!
Hörerin: Wir sind jetzt dran.
Kuttner: Frauenstimme Klappe! Erstmal der Lutz, der ist weit weg. Der

muß sich anstrengen, wenn er redet. Aus Wittenberge, verstehst du.
Du rufst aus Berlin an, Sabine, stimmts?
Hörer: Ja!
Kuttner: Oh Gott! Heißt du Sabine, Lutz?
Hörer: Hallo?
Hörerin: Wirf ihn doch raus!
Kuttner: Halt doch mal die Klappe, Sabine! Oder ist da noch jemand? Mein Gott, wieviel Leute sind denn da? Könnt ihr vielleicht mal durchzählen? Stellt euch alle in einer Reihe auf – und von links durchzählen!
Hörer: Oh!
Kuttner: Jetzt weiß wieder keiner, wo links ist. Also manchmal hab ich es auch wirklich schwer! Na gut, Sabine, dann sag du eben was. Fällt dir was zur Drei ein?
Hörerin: Hallo, hallo?
Kuttner: Oh Gottogott! Da hat man hier fünf Leute in der Leitung, und dann sind sie alle maulfaul. Zanken sich erst darum, lassen den anderen nicht zu Wort kommen, – dann erfolgt die Wortzuteilung durch mich – und dann sagen sie nichts!
Hörer: Ich kann nicht mehr lange telefonieren.
Kuttner: Warum denn nicht?
Hörerin: Weil sein Geld alle ist.
Kuttner: Sabine, halt doch mal die Klappe! Da passiert wirklich was ganz Wichtiges. Lutz, warum kannst du nicht mehr lange telefonieren?
Hörer: Ich hab doch nicht so viel Geld!
Kuttner: Rufst du aus der Zelle an?
Hörer: Natürlich rufe ich aus der Zelle an. Aber es geht schon noch. Ich wollte eigentlich nur einen Gruß loswerden.
Kuttner: Na gut, ganz schnell! Hoffentlich ist es kein Doppelname!
Hörer: Du hast doch die Sendung mit der Drei jetzt?
Kuttner: Ja.
Hörer: Ich wollte da mal den Herbert Dreilich von Karat grüßen.
Kuttner: Prima, wunderbar. Das gefällt mir aber gut.
Hörer: Mir ist nämlich aufgefallen, ihr spielt ja sowas nicht mehr. Ihr spielt ja nicht mehr die alten Bands.

Kuttner: Wir spielen sowas! Gerade ich spiele sowas – hast du vorhin nicht Gerti Möller gehört mit »Herzen haben keine Fenster«? Eine wunderbare Musik.
Hörer: Deswegen rufe ich ja auch an. Das fand ich ziemlich gut. Das müßt ihr aber auch mehr machen. Ich hab die Chance jetzt genutzt mit dem Herbert Dreilich, daß ihr auch mal was von Karat spielt.
Kuttner: Werde ich machen. Vielleicht kommt schon in der nächsten Sendung was von Karat. So was richtig Flottes.
Hörerin: Jetzt sind wir auch mal dran.
Kuttner: Okay, jetzt sind die Damen dran, jetzt kommt Sabine. Hallo, Sabine. Hörst du mich?
Hörerin: Ja.
Kuttner: Das ist wunderbar. Dieses Schicksal teilst du mit tausenden von einsamen Seelen, die jetzt vor dem Radio sitzen. Die hören mich alle.
Hörer: Jetzt darf ich nichts mehr sagen, oder?
Kuttner: Du kannst später auch noch was sagen, jetzt aber erstmal Sabine. Hallo, Sabine.
Hörerin: Hallo, hier sind Swetlana und Susanne.
Kuttner: Wie komme ich eigentlich auf Sabine? Aber das wäre jetzt der dritte Name mit S: Swetlana, Susanne und Sabine.
Hörerin: Aber wir finden das Thema Scheiße.
Kuttner: Lutz, findest du das Thema auch Scheiße?
Hörerin: Das kann doch nicht war sein!
Kuttner: Halt mal den Mund, Swetlana und Susanne, der Lutz will euch was sagen!
Hörer: Wieso soll ich den Mund halten!
Kuttner: Du doch nicht, Lutz.
Hörerin: Du bist unmöglich zu den Hörern!
Kuttner: Hast du gehört, Lutz? Du bist unmöglich zu den Hörern!
Hörer: Also, ich weiß ja nicht, wie sie heißt, aber ...
Kuttner: Sie heißt Swetlana und Susanne.
Hörer: ... aber Die Art, die finde ich gut.
Kuttner: Meine Art?
Hörer: Na, Die Art eben.

Kuttner: Wessen Art? Meine Art, hier aufzutreten?
Hörerin: Deine Art aufzutreten ist nicht gut!
Kuttner: Soll ich jetzt mal ganz fest auftreten? Hört ihr das? Ich trete gerade ganz fest auf.
Hörer: Deine Art ist gut, das ist nicht so ein Gesabber.
Kuttner: Richtig! Das ist nicht so ein Gesabber. Hier werden die Sachen mal beim Namen genannt!
Hörer: Die anderen sind so clean und sauber, aber wir haben ja alle auch unsere Höhen und Tiefen, oder? Wir müssen alle einfach mehr Mensch sein!
Kuttner: Würdest du mir aber attestieren, daß ich einfach mehr Mensch bin?
Hörer: Ja, klar.
Kuttner: Klasse, Lutz. Wir *mehr Menschen* müssen zusammenhalten.

GUTE TATEN

Kuttner: Das Thema heute ist gute Taten, wieder ein weites Feld, das aber, so will es mir zumindest scheinen, auch nur sehr dünn beackert wird. Selten sind sie geworden, die guten Taten, wer kennt schon noch einen Lebensretter oder einen uneigennützigen tapferen Omakohlenträger? Ich jedenfalls habe ein ganz großes dickes Buch meiner guten Taten, das trotz meiner klitzwinzigen Schrift, und trotzdem ich immer über den Schönschreiberand hinausschreibe, schon fast voll ist. Aber nicht darum soll es gehen, denn daß ich ein ausgesprochen guter Täter bin, kann sich wohl fast jeder denken, sondern wie immer um euch. Da gibt es doch sicher die eine oder andere gute Tat, die in aller Heimlichkeit getan wurde und euch jetzt auf der Seele brennt. Gute Taten gehören einfach an die Öffentlichkeit, und gute Taten vermehren sich ja auch – wer gestern noch einer Omi über die Straße geholfen hat, könnte heute schon als Omi angesprochen werden. *Es gibt nichts*

Gutes, außer man Tutes, sagt Kästner, und er sagt es sehr schön. Insbesondere das *Tutes* hat es mir sehr angetan. Ist *Tutes* nicht gerade ein Gipfel deutscher poetischer Sprachschöpfung und reich an Assoziationen? Wer dächte da nicht an frühkindliche Dampferfahrten oder kämpferische Eisenbahnergewerkschaften? Auch der Wortklang ist nicht frei von betörenden Momenten. *Tutes* – wie wundervoll zärtlich da die Zunge zweimal an den Gaumen tippt, verbunden von einem warmen, dunklen, ja fast mütterlichen U, kaum ein Wort der deutschen Sprache, das es in seiner erotischen Ausstrahlung mit jenem kästnerschen *Tutes* aufnehmen könnte.

Neigen ältere Menschen zum starken Biertrinken?

Hörer: Meine Freundin hat heute eine Supertat im Supermarkt vollbracht. Sie hat einen alten Opa vorgelassen, der nur vier Bierdosen im Korb hatte, und wir hatten einen ganzen Einkaufswagen voll.
Kuttner: Und? Deine Freundin läßt mal einen alten Opa mit vier Bierdosen vor, und ihr seid euch gleich ganz groß vorgekommen, daß ihr ganz stolz abends im Radio anruft und damit angebt? Wahrscheinlich standen nur zwei Leute an der Kasse, und ihr habt den eher noch vorgeschoben, nehme ich an.
Hörer: So ungefähr.
Kuttner: Und jetzt sonnt ihr euch abends zu Hause im Glanze eurer großen guten Tat? Mein lieber Mann!

Wann haben Schildkröten Schaum vor dem Mund?

Kuttner: Gute Taten sind ja offensichtlich selten geworden. Ihr könnt von mir aus auch anrufen und gute Taten erzählen, die ihr nicht selbst vollbracht habt, sondern jemand anderes. Also, erzähl du mir jetzt mal

eine gute Tat, ich brauche jetzt wirklich eine gute Tat, sonst bin ich völlig deprimiert.
Hörer: Mein Bruder verbringt fast jede Woche gute Taten. Der leistet gerade seinen Zivildienst bei der Kirche, und da hat er sich einer Rentnerin angenommen, die nicht mehr richtig laufen kann. Da bringt er regelmäßig Kohlen hoch, bringt den Müll runter und kauft für sie ein.
Kuttner: Also eine gute Tat in so einem halben Beamtenverhältnis ist auch nicht gerade überzeugend! Erzähl doch aber mal eine richtig gute Tat.
Hörer: Na gut, ich bin Autofahrer, und ich halte mich fast immer an die Straßenverkehrsordnung.
Kuttner: Also, das sind ja wirklich die absoluten Minimalvarianten, die mir hier angeboten werden! Ich bin Autofahrer, und ich fahre nicht bei Rot über die Kreuzung – eine wirklich gute Tat! Hast du nicht vielleicht mal jemand das Leben gerettet?
Hörer: Meiner Schildkröte.
Kuttner: Na, das ist doch mal eine gute Tat! Erzähl man von der Schildkröte.
Hörer: Ich wollte meiner Schildkröte mal was Gutes tun und hab sie letzten Sommer mal auf den Balkon mitten in die Sonne gestellt.
Kuttner: Das klingt jetzt aber eher wie die Verunglimpfung einer guten Tat.
Hörer: Das war doch noch gar nicht die gute Tat. Die stand da zwei, drei Stunden und hatte schon Schaum vor dem Mund in ihrem Glaskäfig. Dann habe ich sie wieder in den Schatten gestellt.
Kuttner: Tut mir wirklich sehr leid, aber das ist es auch nicht, was ich unter einer guten Tat verstehe! Du verzapfst da Bockmist, und dann soll das eine gute Tat sein.

Sind Kaufhausdetektive auch Naturfreunde?

Kuttner: Du behauptest, eine gute Tat vollbracht zu haben?
Hörer: Ich habe heute ungefähr drei Bäume gepflanzt. Das sehe ich doch in Anbetracht der großen Umweltkatastrophen als eine gute Tat.
Kuttner: Ungefähr? Wieviel Bäume waren es denn nun?
Hörer: Na, ungefähr vier.
Kuttner: Hat man da nicht ungefähr ein Gefühl dafür, ob man drei Bäume oder vier Bäume gepflanzt hat?
Hörer: Ja, ich hab heute eine ganze Menge Bäume ausgepflanzt, hab sie dann wieder eingepflanzt, und ich hab sie dabei nicht unbedingt gezählt.
Kuttner: Das hast du aber bis jetzt verschwiegen! Du hast sie also erst ausgepflanzt – das klingt ja wieder nach der geretteten Schildkröte. Erst in die Sonne gestellt, bis sie Schaum vor dem Maul hatte, dann wieder reingeholt, und behaupten, das ist eine gute Tat gewesen.
Hörer: Einen Baum hab ich sogar gerettet. Da war Kies drauf, und hätte ich ihn nicht ausgepflanzt, wäre er eingegangen.
Kuttner: Sag mal, du denkst jetzt aber nicht, bloß weil das hier kein Fernsehen ist, könntest du erzählen, daß du ohne weiteres Bäume umpflanzen kannst?
Hörer: Die waren schätzungsweise nur zehn Zentimeter groß.
Kuttner: Da hast du aber schwer gearbeitet, Hut ab! So einen Zehn-Zentimeter-Baum umzupflanzen ist ja nicht so leicht. Baum ist ja doch ein bißchen übertrieben bei zehn Zentimetern.
Hörer: Na, Baum ist Baum. Aus so einem Bäumchen wird ja später noch ein richtiger Baum.
Kuttner: Ich denke, daß es sowohl für Hunde als auch für Autofahrer schon ein Unterschied ist, ob so ein Baum zehn Meter hoch ist oder zehn Zentimeter. Aber machst du das eigentlich öfter, daß du so durch den Wald gehst und einfach mal ein paar Bäume auspflanzt?
Hörer: Nee, eigentlich nicht. Das war nur heute, weil ich endlich mal ein paar Bäume auf dem Rasen vor meinem Haus haben wollte.
Kuttner: Im Grunde könnte man also sagen, du hast dir einfach drei,

vier Bäume geklaut und sie auf deinen Rasen gepflanzt? Das willst du mir hier als gute Tat verkaufen? Rufen hier denn nur notorische Kriminelle an? Das ist ja unvorstellbar! Du betätigst dich als Wilddieb, und willst dich auch noch feiern lassen!
Hörer: Ich bin doch kein Wilddieb. Die Bäume standen da so rum ...
Kuttner: Na klar, die standen da so rum! Das kennt man ja! Das geht mir im Supermarkt auch oft so. Die Flasche steht da so rum, und zack, umgepflanzt! Das erklär dann mal dem Kaufhausdetektiv.

Ist man mit Herpes schon Patient?

Kuttner: Du willst eine gute Tat hier auf dem Sender vollbringen?
Hörer: Ich wollte mich einfach mal bei allen bedanken, die mir geholfen haben, indem ich hier potentiell Geld verteile.
Kuttner: Wahrscheinlich auch nur potentielles Geld, oder?
Hörer: Nee, das wandelt sich dann irgendwann in echtes Geld um.
Kuttner: Na, den Trick kannst du mir vielleicht mal verraten, wenn wir nicht auf Sendung sind.
Hörer: Man braucht eigentlich nur ein Paßfoto dazu, und man muß morgen um zwölf Uhr ...
Kuttner: Willst du jetzt etwa Werbung machen?
Hörer: Nee, nee.
Kuttner: Oder irgendwelche kriminellen Vervielfältigungsdelikte veröffentlichen?
Hörer: Nee, man braucht nur ein Paßfoto ...
Kuttner: Ein Paßfoto habe ich. Aber wenn man damit Geld machen könnte, wären doch schon alle Millionäre.
Hörer: Man muß aber auch wissen, wo man damit Geld machen kann. Man muß einfach in so ein komisches Cafe gehen ...
Kuttner: Und da steht ein Farbkopierer, wo man die Hundertmarkscheine reinlegt.
Hörer: Dazu bräuchte man ja kein Paßfoto.

Kuttner: Kinder, Kinder, ihr erzählt mir hier Sachen!
Hörer: Jetzt bleib doch erstmal ruhig, und hör mir zu.
Kuttner: Mein Job ist hier aber zu quatschen!
Hörer: Du kannst doch aber nicht alle deine Anrufer totquatschen, du mußt doch ...
Kuttner: Können kann ich sehr wohl!
Hörer: Du willst doch aber mit den Anrufern auch ...
Kuttner: Nicht unbedingt!
Hörer: Also paß auf. Man muß ein Paßfoto haben und ein bißchen patientenmäßig aussehen. Dann könnte es sein, daß man gut 100 Mark oder mehr macht.
Kuttner: Wie sehen denn Patienten so aus? Da gibt es doch unterschiedliche Formen. Wenn man zum Beispiel Herpes an der Lippe hat, dann sieht man wahrscheinlich schon patientenmäßig aus.
Hörer: Nee, man muß einfach ausgefallen aussehen.
Kuttner: Dann könnte ich wahrscheinlich kaum noch Patienten von Nicht-Patienten unterscheiden. Man ist ja geradezu umgeben von ausgefallenen Leuten. Aber wer bezahlt denn dann dafür?
Hörer: Man kann dafür kleine Filmrollen bekommen. Ich will die Leute zu Filmstars machen, ist das nicht eine gute Tat?
Kuttner: Ach so! Aber ehe du noch die Adresse durchsagst, will ich dir bestätigen, daß du ein ausgesprochen guter Täter bist. Dankeschön.

Benutzen Superstars noch Drehtüren?

Hörer: Erzähl du doch mal von deinen guten Taten!
Kuttner: Also erstens reicht dafür die Sendezeit nicht, und zweitens ist das eine derart unübersichtliche Auswahl an guten Taten, die ich zur Verfügung habe, daß es mir einfach nicht gelingen will, die eine oder andere vorzuziehen.
Hörer: Dann nimm die erstbeste.
Kuttner: Das wäre doch aber eine klassische Wertung. Die erstbeste wäre

doch gleichzeitig die guteste Tat, und die wirklich großen guten Taten, die müssen natürlich weiterhin heimlich stattfinden. Außerdem ist bei mir das Problem, wenn ich eine gute Tat erzählen würde, das würde doch ein bißchen nach Angeberei aussehen.
Hörer: Ach, ich glaube, alle Hörer würden sich freuen, wenn sie mal von dir eine gute Tat hören könnten.
Kuttner: Ich verausgabe mich ja schon als ein geradezu sprichwörtlicher guter Täter am Mikrofon, ohne daß ich glaube, jetzt allzu konkret werden zu müssen. Meine guten Taten bilden eine Summe, einen Zusammenhang, das ist mein Lebenswerk!
Hörer: Dann mach doch mal eine Sendung, wo du nur über deine guten Taten sprichst.
Kuttner: Mann, soviel Sendezeit haben die hier nicht. Außerdem bin ich auch viel zu bescheiden, mir liegt das einfach nicht. Ich weiß außerdem, daß das stimmt, was ich hier sage, denn die Kollegen tuscheln schon auf den Gängen: Ach, hat der Kuttner heute wieder eine gute Tat vollbracht. Immer, wenn ich vorbeigehe, werden sie ganz still, weil sie denken, daß ich es nicht schön finde, wie sie über meine guten Taten tuscheln, weil ich doch so bescheiden bin.
Hörer: Vielleicht denken sie auch nur, daß du ihnen mal eine gute Tat angedeihen läßt.
Kuttner: Das tue ich auch pausenlos. Ich bin derart beliebt unter den Kollegen, das ist kaum auszuhalten. Die scharen sich schon in großen Gruppen um mich, daß ich es einfach nicht mehr schaffe, durch die hier auf dem Gelände zahllos vorhandenen Drehtüren zu kommen, weil ich immer einen Pulk von acht Leuten dabei habe. Es ist eben verflucht schwer, ein Superstar zu sein.

Sind Schulden peinlich?

Hörerin: Doch, ich glaube, ich hab eine gute Tat vollbracht. Das vorher war ja ziemlich lahm, was hattest du denn für Leute am Telefon?

Kuttner: Hör mal, wenn hier einer die Hörer beschimpft, dann bin ich das.

Hörerin: Jedenfalls hat mich mal einen Freund angerufen und hat gesagt, er kann nicht weggehen, weil er kein Geld hat. Also hab ich gesagt, okay, ich komme vorbei und bring dir Geld. Dann bin ich dahin gefahren und dachte, ich falle vom Hocker. Bei dem sah es aus! Da hab ich mich hingestellt und erstmal abgewaschen und die Küche in Ordnung gebracht. Dann hab ich ihm noch fünfzig Mark in die Hand gedrückt und bin wieder nach Hause gefahren.

Kuttner: Ich frage mal ganz leise, weil es ja vielleicht ein bißchen peinlich ist: Hat er dir die fünfzig Mark je wiedergegeben?

Hörerin: Die hatte ich ihm doch geschenkt.

Kuttner: Das ist ja nett! Da würde ich dich auch gern mal anrufen. Das ist ja ein schönes Geschenk, fünfzig Mark. Hast du die auch schön verpackt?

Hörerin: Ja, mit einer roten Schleife.

Kuttner: Das ist ja schön. Das ist ja eine echte, saubere, ganz klar einzuordnende gute Tat.

VON A NACH B (VEKTORRECHNUNG)

Kuttner: Es geht einerseits um den Ausgangspunkt, an dem man sich selbst befindet, das wäre A – und dann noch B. So lautet das Thema heute. Und aber B ist ein bestimmtes Ziel. A ist, wo man sich selbst befindet. Jetzt machen wir einen Vektor draus: Zack A nach B, malen oben ein Pfeilchen dran, und schon haben wir das Thema heute. Das lautet: Besonders große Anstrengungen, um von A nach B zu kommen, um ein bestimmtes Ziel zu erreichen. Was man sich unter A vorstellen kann, ist ja völlig klar – das ist man in aller Regel selbst, ausgestattet mit einem inneren Schweinehund, manche auch mit fettigen

Haaren, also völlig unterschiedlichen physischer und psychischer Konstitution. Und B ist ein Ziel völlig unterschiedlicher Art und Weise.

Wer schläft mit Ice-T?

Hörerin: Also Punkt A ...
Kuttner: Ah, jemand, der es auf Anhieb kapiert hat. Eine Hörerin, die in der Lage ist, eine klassische Gliederung zu machen. Tagesordnungspunkt A.
Hörerin: Also Punkt A war ich, der kleine Ice-T-Fan, hat sich vorgenommen, ein politisches, philosophisches Thema mit ihrem Idol mal eingehend zu besprechen.
Kuttner: Mit Ice-T?
Hörerin: Eines Tages habe ich erfahren, er kommt nach Berlin und Potsdam. Ich hab mir eine Karte für Berlin besorgt, hab mich auf dem Weg dahin noch total verfahren, hab mich dann mit Mühe in die erste Reihe gekämpft, hatte blaue Flecken – es war aber nichts mit Gespräch.
Kuttner: Nee, der hat die ganze Zeit nur gesungen, der Sack, stimmts?
Hörerin: Jaja. Und auch nicht danach. Jedenfalls hab ich mir dann auch noch eine Karte für Potsdam besorgt, hab mich wieder in die erste Reihe vorgekämpft, hatte wieder blaue Flecken und mußte Beschimpfungen über mich ergehen lassen ...
Kuttner: Aber jetzt nicht von Ice-T selbst?
Hörerin: Nee, nee.
Kuttner: Aber der neigt ja auch ein bißchen zum Schimpfen, oder?
Hörerin: Das ist aber mehr Coolness.
Kuttner: Naja, wenn man Mutter ist, hört man das nicht gern, wenn der immer Motherfucker schreit. Als noch-nicht-Mutter geht das vielleicht noch als Coolness weg.
Hörerin: Nach dem Konzert sind meine Freundin und ich vor zur Bühne gegangen, um die Security-Männer zu überzeugen, ob sie nicht mal Ice-T zu uns holen könnten. Erst wollten sie nicht, da könnte ja jeder

kommen und so weiter – aber wir haben hinter die Bühne geguckt, und wer sitzt da: Ice-T.
Kuttner: Noch mit entblößtem Oberkörper?
Hörerin: Nee, da hat er schon wieder was angehabt. Er hat sich da so mit zwei Tussis unterhalten ...
Kuttner: Bitches heißt das doch, oder Pussys sagt er ja auch gern. Wir wollen hier die Sprache der Jugend auch ein bißchen pflegen, ist ja ein Jugendsender.
Hörerin: ... und dann sieht er so zu uns rüber, grinst uns an und hat gewinkt ...
Kuttner: ... und hat in seinem Blick sofort Interesse an einem politischen Gespräch artikuliert?
Hörerin: Naja. Wir haben ihm dann Zeichen gemacht, daß er zu uns kommen soll, und er ist tatsächlich gekommen. Und das einzige, was ich rausgebracht habe, war ...
Kuttner: Fuck you!
Hörerin: Nee, ganz im Gegenteil. Es waren eher so die drei Worte, du weißt schon ...
Kuttner: Die drei Worte kenne ich. Die hast du gesagt? Und hast du es auch ernst gemeint?
Hörerin: Ja, irgendwie schon. Ich meine, ich kenne den Mann ja gar nicht. Jedenfalls – mehr habe ich nicht herausgebracht. Dann ist er wieder abgezogen.

RACHE

Kuttner: Das Thema heute lautet Rache. Ich weiß, es ist immer schwierig, wenn ich nur eine Überschrift, ein Stichwort gebe – aber es sollen alles Aspekte von Rache möglich sein, vom Golfkrieg bis zu der des kleinen Mannes oder eben der der kleinen Frau, je nachdem, wer am Telefon ist.

Wer wirft denn da mit Lehm?

Kuttner: Hast du denn jetzt selbst eine besonders schöne, plastische, erfolgreiche Racheaktion, über die du der jungen Hörerschaft berichten kannst.
Hörer: Ja, das ist erst vor kurzem passiert. Ich hab da also ... sag mal, du warst doch auch mal kleiner?
Kuttner: Ja.
Hörer: Und? Wie fandest du die Zeit so?
Kuttner: Ja, in der Großstadt aufzuwachsen ist echt blöde. Du stehst immer so in Auspuffhöhe und hast Atemprobleme.
Hörer: Du mußt ja nicht an der Straße spielen. Das sollte man sowieso nicht machen. Ich bin jedenfalls jetzt gerade in dieser Problemzeit, gerade so von sechs zu sieben ...
Kuttner: Das ist so eine Schwelle!
Hörer: Also, jetzt meine Rachegeschichte. Am Sonntag bin ich runtergegangen und einfach so durch die Gegend gelaufen ...
Kuttner: Schön!
Hörer: Was war denn das jetzt für ein Zwischenruf? – Ach, hast du eigentlich gehört, daß Dresden gegen Bayern gewonnen hat?
Kuttner: Und das am Tag der Maueröffnung! Da wird sich Bayern aber ärgern. Jetzt kann man das, was die Einheit gekostet hat, nicht nur in Geld umrechnen, sondern sogar in Bundesligapunkte. Die Bayern sind jetzt sicher heftig am Rechnen.
Hörer: Ich glaub nicht, daß die Bayern rechnen können.
Kuttner: Wenn man vom Finanzminister ausgeht, kannst du recht haben. Du bist also am Sonntag spazierengegangen? Und dann?
Hörer: Ja, und da ...
Kuttner: Sag mal, bist du richtiger Fußballfan?
Hörer: Ich?
Kuttner: Ach, jetzt weißt du nicht, was du antworten sollst! Sag einfach ja, und ich sag dann scheußlich. Also bist du Fußballfan?
Hörer: Nein.
Kuttner: Scheußlich.

Hörer: Ich möchte nie in eine Schublade geworfen werden, wo ich nicht drin bin. Ich interessiere mich zwar für Fußball ...
Kuttner: Man kann ja auch in keine Schublade geworfen werden, in der man schon drin ist! Okay, ich halte es jetzt deinem Alter zugute, aber manchmal mußt du schon ein bißchen überlegen, was du sagst. Das macht keinen schönen Eindruck.
Hörer: Über Fans wird ja gesagt, daß die sich prügeln. Wenn ich mich jetzt als Fan darstelle, dann heißt das, daß ich mich auch prügele. Das möchte ich nicht. Ich bin ein interessierter Fußballzuschauer, und ich bin auch für einige Mannschaften, aber es bleibt dabei, daß ich mich am Fernseher damit beschäftige. Es gibt Wichtigeres als Fußball.
Kuttner: Sag mal, mit diesem Randalieren ... das wirft doch auch ein interessantes Problem der Mediengesellschaft auf. Man hört immer, daß Fans vor dem Stadion randaliert haben. Das läßt sich natürlich auch leicht dokumentieren, weil da Fernsehkameras dabei sind. Hast du denn jetzt aber Erfahrungen, ob Fans auch einzeln vor ihren Fernsehern, zum Beispiel in Wohnzimmern, randalieren? Das ist ja ein Bereich, wo weniger Kameras dabei sind, also eher eine Dunkelzone mit Dunkelziffer.
Hörer: Es gibt aber auch schon Psychosomatiker, die stellen sich da die Kamera auf ...
Kuttner: ... filmen sich selber beim Randalieren und verkaufen das dann teuer an Sat 1?
Hörer: Nee, nicht an Sat 1, sondern an ihre Kumpels.
Kuttner: Wie sie in ihrem Wohnzimmer randalieren? Naja. Aber kann man nicht sagen, wenn man jetzt hört, in Dresden im Stadion haben wieder 500 randaliert, daß da noch mal gut die dreifache Menge dazukommt, die zu Hause vor dem Fernseher randaliert haben?
Hörer: Viele wollen aber bestimmt nicht ihren guten 2000-Mark-Fernseher ramponieren.
Kuttner: Na, man kann doch auch sauber um den Fernseher rum randalieren.
Hörer: Nee, ich glaube, da gehen sie lieber runter und lassen sich an Telefonzellen aus.

Kuttner: Deine Formulierung hat mich jetzt doch überzeugt. Das könnte ich mir auch vorstellen, daß randaliersüchtige Fans doch lieber runtergehen. – Du bist also am Sonntag runter spazierengegangen?
Hörer: Ja, und da war nichts weiter los Es waren keine anderen Kinder unten, aber ich wollte auch nicht wieder hochgehen. Da hab ich mich in den Buddelkasten gesetzt und vor mich hingedöst.
Kuttner: Muß naß gewesen sein!
Hörer: Ja, ich saß in der Modderpampe. Aber ich hatte meine Spielhose und die alten Sachen an. Dann hab ich angefangen rumzumoddern. Das hat auch Spaß gemacht, aber auf einmal kam dann ein größerer Junge dazu. Der hat gasagt: Na, Kleiner, spielste wieder? Dann hat er meinen Modderturm eingetreten, hat sich über mich lustig gemacht, und mich mit Dreck beschmissen. Ich hab versucht, mich zu wehren, hab auch Dreck genommen und hab ihm den Dreck von hinten ins T-Shirt reingesteckt. Er hat sich an den Rücken gefaßt, weil da alles ganz verklebt war, und ich bin weggerannt. Dann hat er nach mir geschrieen und ist mir hinterhergerannt. Ich hab ihm aber ein Bein gestellt, so daß er in den Matsch gefallen ist. Da hab ich mich gefreut und bin hochgegangen. Seitdem hab ich meine Ruhe im Buddelkasten.
Kuttner: Na, da hast du aber einen schönen Sonntag gehabt! Ein schönes Beispiel gelungener Rache.

Kann man einen Beinbruch wirklich verstehen?

Kuttner: Wie ist es denn bei dir so mit dem Thema Rache?
Hörer: Ich war bis vor zwei Jahren noch ein richtiger Rachetyp.
Kuttner: Ach! Woran erkennt man denn einen echten Rachetypen? So am Gang vielleicht? Immer so mit Rasierklingen unter den Armen?
Hörer: Man erkennt einen Mantafahrer am Ellenbogen, aber einen Rachetypen …
Kuttner: War ja bloß eine Frage. Vielleicht tragen die ja bestimmte Turnschuhmarken?

Hörer: Ja, vielleicht Nike.
Kuttner: Nike, die Siegesgöttin! Ja, richtig, der *Robin Hood des Zwanzigsten Jahrhunderts* trägt Nike. Und Dieseljeans!
Hörer: Nee, die passen mir nicht. Die hab ich neulich anprobiert, aber die haben mir nicht gepaßt.
Kuttner: Ob du vielleicht einfach nur die falsche Größe hattest, oder ob das an der Marke liegt?
Hörer: Ich weiß nicht, die haben mir einfach nicht gepaßt.
Kuttner: Ist doch aber eigentlich ein interessanter Zusammenhang zwischen Konfektionsgröße und Rachetypus.
Hörer: Ich wollte aber eigentlich erzählen, wie das bei mir war. Also ich hatte mal eine Freundin, und die hat mich verlassen. Durch diese Enttäuschung wurde ich dann ein Rachetyp.
Kuttner: Also du meinst, man kommt nicht als Rachetyp zur Welt, sondern böse Frauen machen einen dazu?
Hörer: Na, in meinem Fall jedenfalls. Nun ist es aber bei mir nicht so, daß ich Rache mit Gewalt übe, sondern ich schreibe eigentlich nur Briefe. Die sind aber ziemlich gemein.
Kuttner: In welcher Beziehung? Wegen der Rechtschreibung?
Hörer: Nee, in Rechtschreibung hab ich eigentlich eine Eins. Aber von den Bemerkungen und Anspielungen her, die in dem Brief drinstehen.
Kuttner: Ah, Anspielungen! Kannst du mal so eine Anspielung machen?
Hörer: Na, das war kurz vor Sylvester, und dann hab ich geschrieben: Meinen Freunden wünsche ich einen guten Rutsch ins neue Jahr, dir wünsche ich aber Hals- und Beinbruch!
Kuttner: Durchaus feinsinnige Anspielung!
Hörer: Das ist eine Anspielung, da kann man schon einiges draus ...
Kuttner: ... entnehmen?
Hörer: Und das kam auch an! Also ich meine, der Brief kam ...
Kuttner: ... zerrissen zurück?
Hörer: Nee, sie hat den Brief auch erhalten. Und sie hat ihn schon verstanden, glaube ich!
Kuttner: Und dann warst du auch zufrieden?

Hörer: Nee, zufrieden war ich eigentlich immer noch nicht. Aber ich kann ja nicht zehn Briefe schreiben, nach dem fünften zerreißt sie die ja dann bloß.
Kuttner: Klar, selbst als gutwilliger Rächer sind fünfzehn Briefe dann doch zuviel! – Gut, dann haben wir hier auch noch die gewaltfreie Varianten von Rache vorgestellt bekommen. Ich danke dir!

GLÜCK

Hörer: Ich wollte zuerst mal einen Gruß an meine Freundin rübersenden. Das tut mir sehr leid, aber es muß sein. Der ist nämlich schweinekalt, und ich stehe hier im Flur und blockiere das Telefon.
Kuttner: Weil dir kalt ist, grüßt du jetzt deine warme Freundin im Wohnzimmer?
Hörer: Das ist jetzt irgendwie falsch angekommen, oder?
Kuttner: Ja, ich glaube, das ist irgendwie ein bißchen durcheinandergekommen. Das müssen wir zuerst mal klären. Wem ist jetzt also kalt?
Hörer: Mir. Ich stehe fast in der Telefonzelle.
Kuttner: Du stehst draußen im Flur, und ihr beheizt den Flur nicht?
Hörer: Der hat keinen Ofen.
Kuttner: Ach! Nein, diese Wohnsubstanz im Osten. Vierzig Jahre kommunistischer Regierung – da ist kein Ofen mehr im Flur stehengeblieben.
Hörer: Furchtbar. Das ist zum Beispiel Unglück.
Kuttner: Das ist klar. Und deine Freundin?
Hörer: Die sitzt jetzt im Warmen und hört hoffentlich zu.
Kuttner: Meinst du, daß deine Freundin wirklich so versessen darauf ist, dich jetzt reden zu hören?
Hörer: Nee, aber es geht nicht anders, weil das Radio an ist.
Kuttner: Ach, die arme Freundin! Na, da gehen jetzt solidarische Grüße an sie raus. Halte durch, ewig wird er nicht reden, wenigstens nicht im

Radio! Oder mach jetzt lieber, solange er redet, aus, wenn er wieder im Zimmer ist, kannst du wieder anmachen. Dann hast du ihn ja live, das ist viel schöner. Live hat er so eine tolle Stimme!
Hörer: Meinst du das ehrlich?
Kuttner: Ja! Aber das ist bis jetzt nur eine Sache zwischen dir und mir. Damit der Hörer das auch merkt, könntest du mal was tolles Einschmeichelndes sagen. Hast du einen Standard-Einschmeichel-Satz?
Hörer: Dir gegenüber?
Kuttner: Nee, eher gegenüber dem weiblichen Geschlecht. Die Jugend kann ja heutzutage nicht mehr schmeicheln, hier könnte sie jetzt mal wieder ein bißchen lernen.
Hörer: Tja, ich weiß nicht ...
Kuttner: Na, zum Beispiel: Hallo, kleine Maus! Aber natürlich nicht so verkehrspolizistisch, wie ich gerade gesprochen habe.
Hörer: Nee, sowas wirkt einfach nicht.
Kuttner: Das zieht heute nicht mehr? Und »Steiler Zahn«? Aber das geht bestimmt auch nicht.
Hörer: Das geht fast schon wieder.
Kuttner: Ach! Aber was sagt man denn nun heute so?
Hörer: Man sollte es immer auf die Situation beziehen.
Kuttner: Dann laß mich mal folgende Situation konstruieren. Du stehst jetzt mit nackten Beinen im Flur, und deine Freundin würde im kuschelig warmen Wohnzimmer sitzen. Jetzt gehst du zur Wohnzimmertür, öffnest mit spitzen Füßen, weil der Boden kalt ist und kein Teppich da, und versuchst eine ganz kuschelig-einschmeichelnde Bemerkung ins Wohnzimmer zu werfen.
Hörer: Tja, also ...
Kuttner: Das Entscheidende ist jetzt der Tonfall. Ich meine, du kannst ruhig breitbeinig dastehen, du mußt nicht die ganze Situation simulieren. Wir können auch die Tür vernachlässigen, aber stell dir vor, ich bin deine Freundin, und das Telefon ist jetzt die Wohnzimmertür. Dahinter sitzt deine Maus, dein Spätzchen. Was würdest du jetzt sagen?
Hörer: Was ich auf jeden Fall nachvollziehen kann, ist die Kälte, die an mir hochkriecht.

Kuttner: Na, die könnte ich den Menschen auch in die Knochen reden, das ist kein Problem. Ich versuche jetzt aber warme Bemerkungen herauszukitzeln.
Hörer: Mir ist schon die Hand, die den Telefonhörer hält, völlig abgestorben. Da kann ich einfach keine kuscheligen Bemerkungen machen.
Kuttner: Du könntest ja vielleicht auch eine Bemerkung machen, die Sinn hat. Mäuschen, bring die Kohlen hoch, zum Beispiel.
Hörer: Das macht sie ja tagsüber schon.
Kuttner: Ehrlich? Na, das nenne ich Glück! Eine Freundin, die Kohlen holt.
Hörer: Ja, das ist wirklich Glück.
Kuttner: Aber wie kommt denn das? Ist die Sportlerin?
Hörer: Jaja.
Kuttner: Dachte ich mir. Eigennützig machen Frauen sowas ja nicht. Das rechnet die als Training ab, oder?
Hörer: Könnte sein, wäre aber auch in Ordnung.
Kuttner: Aber in den Ofen schiebst du die Kohlen?
Hörer: Zum Teil.
Kuttner: Jede zweite Kohle! Da macht ihr euch dann einen schönen Tag vor dem Ofen, hockt so davor, und dann abwechselnd eine nach der anderen rein.
Hörer: Ich komme ja immer erst sehr spät von der Arbeit, und wenn ich dann den Ofen anheizen würde, dann wäre das ja praktisch in die Luft geheizt. Zu der Zeit liegt man doch schon wieder im kuscheligen Bettchen.
Kuttner: Ja, wenn man es nur überzeugend genug begründet, kann man ja mit so sachlichen Überlegungen Frauen zu allerlei treiben.
Hörer: In der Tat.
Kuttner: Wie erklärst du ihr denn, daß du solange und soviel arbeitest, damit sie es dir auch glaubt?
Hörer: Ich versuche das ganz sachlich und emotionslos zu schildern, rufe sie von der Arbeit aus an und sage ihr, daß wir noch Projekte am Laufen haben ...
Kuttner: Projekte klingt ja gut!

Hörer: ... und sage dann, daß es leider leider etwas später wird, aber daß es wunderprima wäre, wenn sie dann schon den Ofen angeheizt hätte.
Kuttner: Und dann macht sie es auch?
Hörer: Ab heute vielleicht nicht mehr, wenn sie das Radio doch angelassen hat.
Kuttner: Hallo, hallo – das war alles nur Spaß! Ich hab mit deinem Freund nur so geredet, nur so: Was wäre, wenn.
Hörer: Ich wollte aber noch was anderes sagen.
Kuttner: Im Grunde haben wir doch schon über alles geredet: Frauen, Kohlen – was bleibt da noch?
Hörer: Eher was Unbedeutendes. Also früher im Osten bist du in die Kaufhalle gegangen, und alles war normal. Bist du aber in den Intershop gegangen, hat alles geduftet, nach Weichspüler, oder nach was weiß ich was. Ist dir schon mal aufgefallen, daß wir jetzt gar keinen Unterschied mehr riechen? Gehst du jetzt in die Kaufhalle, was ja eigentlich ein Intershop ist, da riecht man keinen Unterschied mehr.
Kuttner: Das ist natürlich das Drama, wenn man plötzlich im Intershop lebt.
Hörer: Oder Wäsche zum Beispiel. Hast du jemals benutzte Wäsche von Westverwandtschaft geschickt bekommen?
Kuttner: Nee, Gott sei Dank nicht!
Hörer: Also, ich sage dir: Traumland, Aprilfrische und ...
Kuttner: Darf ich vielleicht noch mal nachfragen, welcher Art denn die benutzte Wäsche war, die deine Verwandten geschickt haben?
Hörer: Ach, was auch immer. Ich denke, das ist jedenfalls ein großer olfaktorischer Genuß, den wir da erlitten haben.
Kuttner: Das hast du aber gut gesagt! Olfaktorisch! Das sage ich auch viel zu selten. Sagen überhaupt viele junge Menschen viel zu selten.
Hörer: Genau!
Kuttner: Vielen Dank, das war ein großartiges Gesprächsende. Grüß deine Freundin noch mal von mir. Aber mit deiner einschmeichelnden Live-Stimme!

BERUFE

Kuttner: Das Thema lautet heute Berufe. Es geht also nicht um Traumjobs, es geht nicht um seltsame Sachen, die man irgendwann schon mal gemacht hat, sondern um die Ebene: Ich stehe morgens um sechs auf, stecke mir meine Alubüchse mit den Stullen ein, arbeite den ganzen Tag und komme abends um sechs wieder. Und genau über diese Zeit, über das, was zwischen sieben und fünf passiert, über die wollen wir heute reden.

Sparen Uniformträger viel Haushaltsgeld?

Kuttner: Hast du einen Beruf?
Hörer: Ja, ich hab einen.
Kuttner: Hut ab! Du bist der erste in dieser Sendung, der wirklich einen richtigen Beruf hat. Dazu hab ich jetzt eine Stunde gebraucht.
Hörer: Aber ich übe meinen Beruf im Moment nicht aus, ich bin suspendiert. Ich bin eigentlich Polizeibeamter.
Kuttner: Ach! Hat man denn als intelligenter Polizeibeamter eigentlich ein Verhältnis dazu, wenn so ein netter Mensch wie Dagobert festgenommen wird? Ist man da auch ein bißchen traurig?
Hörer: Nee, traurig überhaupt nicht. Ich war sogar mal bei einer Aktion dabei, wo Dagobert festgenommen werden sollte.
Kuttner: Da warst du einer von den zweitausend, die Telefonzellen bewachen mußten?
Hörer: Ja, genau. Da hat irgendsoein Polizeidirektor rausgefunden, daß der immer aus einem Kartentelefon im Westteil anruft. Demzufolge haben wir dann sämtliche Kartentelefone im Westteil besetzt, jeder hatte eine Telefonzelle, die er bewachen mußte. Und selbstverständlich hat er dann aus dem Ostteil von einem Münztelefon angerufen.
Kuttner: Das ist doch aber eine große Schlappe der Polizei! Da hätte man dem Dagobert doch vorher Bescheid sagen müssen.

Hörer: Da dachten wir natürlich, daß Dagobert ein Polizist ist.
Kuttner: Ach so! Da muß dann doch aber ein unheimliches Mißtrauen unter euch gewachsen sein.
Hörer: Unter den normalen Beamten nicht, aber in der Führungsebene bestimmt.
Kuttner: Ach, man ist auch noch davon ausgegangen, daß es ein führender Polizist ist! Das muß ja das Polizeiwesen intern ziemlich demoralisiert haben. Vorgesetzte wurden wahrscheinlich kaum noch gegrüßt. Jetzt, nach der Verhaftung, seid ihr aber wieder relativ entspannt?
Hörer: Ich hab damit im Moment nicht allzuviel zu tun. Ich bin ja wie gesagt suspendiert.
Kuttner: Warum denn?
Hörer: Wegen einer privaten Verfehlung. Das soll auch eine Warnung an alle sein. Wenn man Beamter werden will, sollte man sich das genau überlegen, weil man dann wegen einer privaten Verfehlung schnell entlassen werden kann.
Kuttner: Ich frage gleich nach der privaten Verfehlung, aber erstmal: Hat denn die Suspendierung deinen Berufswunsch inzwischen entscheidend in Frage gestellt?
Hörer: Wie meinst du denn das?
Kuttner: Na, daß du jetzt denkst, du hättest doch etwas anderes werden sollen?
Hörer: Ja, entscheidend.
Kuttner: Na, dann frag ich jetzt nach der privaten Verfehlung.
Hörer: Da möchte ich eigentlich nicht weiter ins Detail gehen. Es war aber auf jeden Fall eine Verfehlung, bei der zum Beispiel einem Maurer kein Haar gekrümmt worden wäre.
Kuttner: Gut, dann lassen wir es sein. Aber was macht man denn als Suspendierter? So ein Normalbürger wie ich denkt ja immer, das ist bezahlter Urlaub.
Hörer: Na, du siehst ja. Man sitzt vor dem Radio und hört Kuttner.
Kuttner: Meinetwegen kann man das auch in Uniform machen.
Hörer: Das haben wir auch schon gemacht.
Kuttner: Das war aber nicht die Verfehlung, oder?

Hörer: Nee, das wars nicht.
Kuttner: Na, dann beschreib mir das doch mal. Das interessiert mich aus internen Gründen doch sehr. Wie sieht denn das aus, wenn bedienstete Polizeibeamte Sprechfunk hören? So richtig alle mit Uniform im Wachlokal?
Hörer: Nicht im Wachlokal. Auf dem Mannschaftswagen mit dem Kofferradio.
Kuttner: Gerade auf dem Weg zum Einsatz?
Hörer: Das kommt schon vor.
Kuttner: Ach Gott! Da frage ich mich doch, auf welcher Seite der Barrikade ich eigentlich stehe. Das ist zwar komisch, aber es wäre andererseits auch nett, wenn von beiden Seiten Sprechfunk herübertönt, und beide drehen lauter, um die anderen fertig zu machen.
Hörer: Nee, das muß ja nicht sein.
Kuttner: Naja, aber ich könnte mir schon vorstellen, daß die Autonomen dann die stärkeren Nerven haben.
Hörer: Die haben sie sowieso meistens.
Kuttner: Aber sag mal, wie geht denn das bei so einer Suspendierung weiter? Da tritt dann also so ein polizeiliches Ehrengericht zusammen, berät mit glänzenden Augen über deine private Verfehlung, weil sicherlich jeder davon träumt, sowas auch mal zu machen, und sagt dann am Ende: Den Kerl schmeißen wir raus. Funktioniert das so?
Hörer: Genauso. Die letzte Instanz ist dann irgendsoein Ausschuß im Innensenat, und der entscheidet dann über Sein oder Nichtsein bei der Polizei.
Kuttner: Und was macht man, wenn man als Polizist so richtig weg ist vom Fenster?
Hörer: Ja, dann wird es schwer. Dann geht man zum Arbeitsamt.
Kuttner: Oder überlegt, ob man Karstadt erpressen sollte!
Hörer: Das kommt einem dann schon in den Kopf.
Kuttner: Jetzt hör aber auf! Wenn man Uniformträger ist, müßte man doch eigentlich viel Haushaltsgeld einsparen.
Hörer: Wieso?
Kuttner: Weil das für dich dann noch als zusätzliche Belastung hin-

zukäme, wenn du dir plötzlich deine Klamotten selber kaufen mußt. Vorher hast du acht Stunden am Tag Senatsklamotten abgenutzt, dann noch mal acht Stunden lange deine eigenen Sachen – den Schlafanzug wollen wir mal rauslassen – jetzt bist du aber in der völlig ungewohnten Situation, 16 Stunden am Tag Zivil zu tragen, und die Hosen halten nicht mehr acht Jahre, wie vorher, sondern nur noch vier Jahre.
[Lachen im Hintergrund]
Kuttner: Aber deine Freundin hat sich doch ihre Heiterkeit bewahrt, obwohl sie vielleicht bald keinen Polizisten mehr zum Freund hat.
Hörer: Ja, die liegt gerade vorm Radio und hört zu.
Kuttner: Was macht denn deine Freundin, wenn sie gerade mal nicht Radio hört?
Hörer: Die ist auch arbeitslos.
Kuttner: Mensch Meier! Vielleicht sollte man in Zeiten der Rezession nicht gerade Sendungen über Berufe machen.
Hörer: Sondern über Arbeitslosigkeit!
Kuttner: Wobei aber Arbeitslosigkeit nicht soviele verschiedene Arbeitslosigkeitsbilder hat, wie es gemeinhin bei Arbeit ist, weil ja der Unterschied zwischen Arbeitslosen geringer ist als der Unterschied zwischen Dagobert und einem Polizisten.
Hörer: Wieso?
Kuttner: Dann würde ich vorschlagen, daß wir mit deinem »Wieso« rausgehen, okay? Tschüß!

Hat ein Terminator schlechte Zähne?

Kuttner: Soll ich dir mal auf den Kopf zusagen, daß du so klingst, als wenn du noch keinen Beruf hättest?
Hörer: Doch.
Kuttner: Und? Was denn?
Hörer: Schüler.
Kuttner: Das ist auch nicht unbedingt das, was man sich unter einem

Beruf vorstellt, weil es doch relativ schwer ist, das bis zur Rente durchzuziehen. Als Beruf soll hier aber nur das gelten, was man bis 65 machen kann, und wofür man, wenn man 65 ist, auch Rente bekommt. Da gilt Schüler jetzt nicht. Ich könnte dich aber fragen, ob du vorhast, einen bestimmten Beruf zu wählen.
Hörer: Schauspieler möchte ich werden.
Kuttner: Tja mein Lieber, dann kommst du jetzt aber nicht daran vorbei, hier den großen Hamletmonolog zu bringen – oder wenigstens den greisen Faust, wie er blind vor dem Sumpf steht und vom Sumpf redet. Eins von beiden.
Hörer: Oh!
Kuttner: Na sag mal, du willst doch nicht Schauspieler werden, um dann irgendwo in der Waschmittelwerbung aufzutreten!
Hörer: Höchstens als Anfang.
Kuttner: Als Anfang der Waschmittelwerbung oder deiner Karriere? Aber gut, was sind denn so deine Idealvorstellungen als Schauspieler? Ich nehme an, weniger Burgtheater und Faust als eher so Kevin Costner und Terminator.
Hörer: So ungefähr.
Kuttner: Ja, immer flott mit dem Motorrad durch Filme fahren und einen Flammenwerfer in der Hand haben?
Hörer: Nee, ein Pumpgun!
Kuttner: Das sind doch diese Wasserspritzen, oder? Damit macht man aber nicht so sehr einen terminatoresken Eindruck, glaube ich.
Hörer: Nee, das sind Supersoaker!
Kuttner: Ach so! Aber was ist denn dann ein Pumpgun?
Hörer. Also das ist so ein Teil, das auch aussieht wie ein Gewehr, nur du hast da so einen kleinen Bügel, den du zurückziehst. Dadurch wird dann die neue Patrone geladen.
Kuttner: Das hört sich an, als wenn es nur ein oller Karabiner wäre.
Hörer: Ja, so ähnlich.
Kuttner: Aber es heißt jetzt Pumpgun? Damit haben sie doch schon im Ersten Weltkrieg rumgemacht und sahen weiß Gott nicht aus wie Arnold Schwarzenegger! Hast du denn überhaupt die körperlichen

Voraussetzungen dazu, Arnold Schwarzenegger zu sein, also weit auseinanderstehende Zähne im Mund?
Hörer: Auseinanderstehende Zähne hab ich nicht.
Kuttner: Na, das kann man sich ja noch machen lassen. Und der Rest? Oder ist der eher wie bei Jean-Claude van Damme, ein bißchen zierlich aber doch breite Schultern?
Hörer: Nee!
Kuttner: Nicht zierlich und keine breiten Schultern? Also, wenn ich jetzt Hollywood-Produzent wäre, dann hättest du aus meiner Sicht nicht unbedingt die idealen Voraussetzungen, Terminator zu spielen.
Hörer: Na, dann kommt eben eine neue Folge raus.
Kuttner: Und zur Not werden eben Liebesfilme gedreht. Die Kim Basinger wirst du schon flachlegen können! Danke für deinen Anruf.

Gibt es Worte mit zwei Umlauten?

Kuttner: Was hast du denn für einen Beruf?
Hörer: Ich bin Cervelatwurstzipfelabschnittsbevollmächtigter im inzwischen fast eingegangenen Fleisch- und Wurstkombinat.
Kuttner: Ach! Was ist das denn?
Hörer: Na, wenn du dir mal in der Kaufhalle am Fleischstand die Cervelatwürste angesehen hast, wirst du als genauer Beobachter festgestellt haben, daß da keine Zipfel dran sind. Aber eine richtige Cervelatwurst hat Zipfel, oder?
Kuttner: Da würde ich sagen: Daran ist der Osten zugrunde gegangen. Geh mal heute in einen privaten Fleischer ...
Hörer: Da gehe ich prinzipiell nicht rein.
Kuttner: ... dann siehst du da einen schönen Wurststapel liegen und könntest lernen, wie man Kombinate am Leben erhält. Da siehst du oben auf dem Stapel eine leckere Scheibe liegen und sagst: Geben Sie mir davon mal 100 Gramm. Dann deckt der die obere Scheibe auf, blättert quasi um, und was sieht man dann da liegen? Massenhaft Zipfel

unter der oberen, sehr ansehnlichen Scheibe! Diese Art zu wirtschaften hat aber natürlich eine gewisse Effizienz, wo sich dann das private Interesse gewissermaßen unmittelbar in kleinen Betrügereien artikuliert. Dazu sind Kombinate einfach nicht fähig! Die beschäftigen offenbar Abschnittsbevollmächtigte, die die Zipfel abschneiden und wegschmeißen. Da wird Wirtschaft auf Verschleiß gefahren.
Hörer: Nee, daraus wird dann Paprikapastete gemacht.
Kuttner: Aus Cervelatwurst wird Paprikapastete gemacht?
Hörer: Ja, ich bin der IM Cervelatwurst.
Kuttner: Nee, ich glaube nicht, daß du gerade ein Berufsgeheimnis verraten hast, sondern daß du eher flunkerst. Oder nach Ausreden suchst.
Hörer: Was ist denn das weniger Schlimme?
Kuttner: Ungeschickt nach Ausreden suchen.
Hörer: Na, dann habe ich das gemacht.
Kuttner: Dann bist du auch kein Schlimmer.
Hörer: Na, das höre ich ja direkt gern. Das würde ich ja fast schon als ein Lob interpretieren. Ich hab dich noch nie etwas Lobenderes sagen hören als: Du bist kein Schlimmer.
Kuttner: Das stimmt. Wenn ich sonst zu Lob fähig bin, dann ist es ja eher Eigenlob. Ich sage zum Beispiel immer gern, daß ich einer der wenigen bin. Das ist aber auch nicht schön, wenn man es so forcieren muß, um es mal vom Hörer zu hören. Könntest du das an dieser Stelle wenigstens mal sagen, wenn ich es schon zum Thema gemacht habe, und dich jetzt in die Situation versetze, ganz spontan zu sagen: Kuttner, du bist einer der wenigen, dann sag es jetzt aber auch.
Hörer: Kuttner, du bist der einzige!
Kuttner: Nee, das ist zu dick aufgetragen!
Hörer: Ich fand es aber auch nicht so schön, daß du mich so über den Sender loben mußtest. Dann werde ich mich morgen wieder nicht vor Autogrammwünschen von den vielen Unterabschnittsbevollmächtigten retten können. Von denen von der Paprikapastete zum Beispiel, die stehen ja weit unter uns, weil die ja nur mit unserem Abgeschnittenen rummachen. Aber ich befürchte, daß du Cervelatwurstzipfelabschnittsbevollmächtigter auch nicht für einen richtigen Beruf hältst.

Kuttner: Ich würde dich dahingehend korrigieren wollen, daß ich durchaus bereit bin, den Beruf des Cervelatwurstzipfelabschnittsbevollmächtigten in die Hitliste meiner persönlichen Berufscharts einzureihen.

Hörer: Du würdest ihn also auch an die Wandzeitung im Berufsbildungskabinett schreiben? Ich meine, ihr habt doch bei euch am Sender bestimmt auch ein Berufsbildungskabinett, damit es den vielen Praktikanten nicht verwehrt bleibt, sich auch über einen sinnvollen Beruf zu informieren. Die sind doch im Rundfunk extrem schlecht aufgehoben, weil du auf deinem Platz alt wie Baum werden wirst und so ein junger Praktikant dann verzweifelt.

Kuttner: Nun kannst du dir aber auch sicher vorstellen, daß in so einem Sender auch extreme Intrigen, nicht nur um Sendeplätze, sondern gerade auch um die Funktion des Wandzeitungsredakteures gesponnen werden, weil diese Funktion natürlich die legal sanktionierte Möglichkeit zur Denunziation gibt. Nun ist es mir aber im letzten Wandzeitungsredakteurswahlkampf nicht gelungen, genug Stimmen auf mich zu vereinigen, so daß ich jetzt selbst unter der Mehrheit derer zu finden bin, die hin und wieder an der Wandzeitung denunziert werden, und wenn sie denn lesen können, auch in der Lage sind, diese Denunziation als solche zu erkennen.

Hörer: Ich war übrigens auch mal Abteilungsleiter. Könnte das vielleicht dein Wohlwollen hervorrufen und die Zeit deines Überlegens, ob das nun ein Beruf ist oder nicht, etwas mehr einschränken, als Cervelatwurstzipfelabschnittsbevollmächtigter?

Kuttner: Das stelle ich mir als ausgesprochen schweren Beruf vor. Wenn irgendwo mal eine Glühbirne zu wechseln war, dann wurdest wahrscheinlich immer du aus dem Besenschrank geholt.

Hörer: Ich hab früher noch in der oberen Etage residiert. Da war aber immer etwas drangvolle Enge, und mit der stählernen Leiter unter der Glühbirne zu agieren war eher schwierig. Ich hatte aber in frühester Jugend, im Zirkel junger Räuberleiter, die sogenannte Räuberleiter erlernt, was mir sehr weitergeholfen hat.

Kuttner: Andererseits war doch aber die Räuberleiter damals eher kri-

minell inkriminiert. Da sah man sich doch zahllosen Verfolgungen durch Abschnittsbevollmächtigte ausgesetzt.
Hörer: Vielleicht hieß der Zirkel auch Sowjetische Komsomolleiter.
Kuttner: Das kann ich mir schon eher vorstellen. Die DDR war doch im Grunde auch ein gigantischer historischer Versuch, die unselige Tradition des deutschen Räuberleitertums abzubrechen.
Hörer: Ja, unsere Pionierleiterin hat uns aber erzählt, diese Tradition kommt aus der Sowjetunion! Aber vielleicht ging es da auch um Komsomolleiter.
Kuttner: Das ist aber schon ein gewaltiger Unterschied. Da versuchst du ja, Ochs und Esel in ihrem Lauf aufzuhalten.
Hörer: Ich nicht, meine Pionierleiterin. Die hat damals auf einer sechsmonatigen Bildungsreise durch die Sowjetunion sogar die wichtigsten Komsomolleiter ... äh ... getroffen.
Kuttner: Kennengelernt?
Hörer: Naja, kennengelernt, ich weiß nicht. Die lernt man nicht so einfach kennen, so ein Komsomolleiter ist eine hochgestellte Persönlichkeit! Aber als ich dann zum Fleisch- und Wurstkombinat kam, hab ich, bevor ich Abteilungsleiter wurde, zuerst nur als Halsabschneider gearbeitet, und da gab es auch viele ältere Kollegen, bei denen ich mit meinem Komsomolleiter natürlich nicht so richtig landen konnte. Die haben dann immer Räuberleiter dazu gesagt.
Kuttner: Kann es nicht sein, daß du eher ein bißchen aufschneidest und in Wahrheit nur Halbleiter warst?
Hörer: Das höre ich jetzt aber ungern. So haben die mich nämlich damals auch immer tituliert. Da stößt du mit einer Salzstange in offene Wunden, und das mit dem Aufschneiden ging ohnehin wieder gegen mich als Fleischer. Ich wollte dir ja erstmal erzählen, wie ich überhaupt Abteilungsleiter wurde und was ich da zu tun hatte. Aber das scheint dich ja nur sehr peripher zu interessieren.
Kuttner: Ich hab doch vorhin schon meine Vermutung ausgesprochen, daß, immer wenn in der Abteilung mal eine Glühbirne kaputt war, du aus dem Schrank geholt wurdest.
Hörer: Das dachte ich mir schon, daß du es auf so unwesentliche Sachen

beschränkst. Ich meine, es ist schon richtig, als Abteilungsleiter war man natürlich auch verantwortlich, wenn irgendwo mal so eine Neonglühbirne oder Neonglühröhre ... wie heißt denn das?

Kuttner: Glühröhre klingt schön. Es gibt nicht viele Worte, wo zwei Umlaute drin sind, wie ich überhaupt von deiner Rede ganz angetan bin, weil man die wirklich intelligenten Reden immer an den schönen Adjektiven erkennt und du vorhin so überzeugend ›drangvolle Enge‹ gesagt hast, daß ich mich eigentlich gleich nach der Drangfülle erkundigen wollte. Aber laß uns an dieser Stelle vielleicht doch Schluß machen. Ich danke dir für deinen lehrreichen Anruf, und viel Spaß noch in drangvoller Enge!

HELDEN, IDOLE UND VORBILDER

Kuttner: Das Thema ist heute im Grunde eine Triade, eigentlich sogar eine Art dialektische Konstruktion, ohne daß ich jetzt diese innere Dialektik schon durchschaut hätte, darüber könnten wir vielleicht nachher reden. Heute soll es um Helden, Idole und Vorbilder gehen. Ich weiß auch schon, daß mir heute zwei Fragen gestellt werden, erstens: »Wie gehts?« und zweitens, ob ich Helden, Idole und Vorbilder habe. Um diese Fragen gleich überflüssig zu machen: Mir gehts relativ gut, ich hab es mir hier extrem gemütlich gemacht und habe, quasi in einer gigantischen geistigen Antizipation, Weihnachten für mich selbst schon vorweggenommen. Ich habe alles, was möglich war, aufgefahren, leider war es aber mit dem Lametta noch ein bißchen knapp, so daß ich jetzt ganz lamettalos dasitze, aber der Fernseher ist an, was schon mal eine wichtige Voraussetzung für Weihnachten ist, und es flackert hier ganz wunderbar. Das wird sich euch am Radio vielleicht nicht ganz so direkt mitteilen, aber ich habe hier sogar einen Knopf, an dem ich das Flackern regulieren kann, was sich euch allerdings auch nicht mitteilen wird, aber deshalb sage ich es. Man kann ja nicht immer darauf setzen, daß man alles sehen muß, es gibt auch schöne Beschreibungen, und ich bin durchaus in der Lage, ab und an ganz schöne Beschreibungen abzuliefern. Das hier würde ich jetzt zum Beispiel so beschreiben, daß es ganz ganz schön ist. Ich hoffe, das hat sich jetzt mitgeteilt. Ich spreche ja auch immer gern von der Orientierungslosigkeit der Jugend, und heute ist schon ein Punkt erreicht, wo eine Art Nagelprobe stattfindet, denn es geht ja eigentlich um drei verschiedene Themen: Helden, sind das eine, Idole sind etwas anders und Vorbilder noch etwas anderes, – aber ich bin mir soeben selbst ins Wort gefallen, was nicht schön ist. Dafür verachte ich mich ausdrücklich. Ich wollte ja noch über meine Helden und Vorbilder reden. Da, und das wäre wahrscheinlich die Antwort auf eure zweite Frage, gibt es für mich eigentlich nur einen. Das ist, wenn wir jetzt mal Ernst Thälmann und sowas hintenan stellen, eigentlich nur Jimi Hendrix. Ich weiß zwar nicht, ob er wirklich ein Held ist, aber er ist auf jeden Fall das Idol schlechthin, und ich finde, daß Jimi Hendrix deutlich netter ist als David Hasselhof, über den in dieser Sendung ja auch immer gern geredet wird. Er ist aber auch ein Vorbild für mich, weil er einfach total prima Rückkopplungen machen konnte, eine Sache, an der ich eher noch arbeite, die auch unter den Hörern inzwischen erste begeisterte Anhänger gefunden hat, das sind aber, das muß ich in Rückschau auf die bisherigen Rückkopplungsversuche hier im Sprechfunk sagen, alles noch blutige Dilletanten. Das tut mir zwar sehr leid, aber vielleicht haben wir ja heute die Möglichkeit, die deutsche Nationalhymne als Telefonrückkopplungsorgie über den Sender laufen zu lassen. Um sich auf das heutige Thema vorzubereiten, könnte man vielleicht in *Meiers Lexikon* unter dem Buchstaben H bei Helden nachlesen, man könnte aber auch im Lexikon der frühchristlichen Symbol-Ikonographie unter Idole nachschlagen, und für Vorbilder müßte man wahrscheinlich die »*Kurze Geschichte der SED – Ein Abriß*« nehmen, oder vielleicht Ludwig-Ehrhardt-Reden für die Hörer, die eher aus dem Westen unseres wunderbaren Vaterlandes stammen und jenseits von Mauer und Stacheldraht sozialisiert wurden.

Hat Stephen King einen Stullenbeutel?

Kuttner: Wie alt bist du denn?
Hörer: Ich bin 16.
Kuttner: Hast du ein eigenes Zimmer?
Hörer: Ja, eigentlich schon.
Kuttner: Was heißt denn eigentlich?
Hörer: Manchmal kommt meine Oma, da muß ich das Zimmer räumen.
Kuttner: Das ganze Zimmer räumen?
Hörer: Nee, nur das Bett.
Kuttner: Na gut, was immer das bedeuten mag. Aber hast du denn auch Bilder an der Wand?
Hörer: Ja, schon.
Kuttner: Vati, Mutti und die Oma?
Hörer: Nein, Poster.
Kuttner: Ach! Da nähern wir uns ja doch der Idol-Arie ein bißchen an. Könntest du denn mal den ersten Buchstaben vom Nachnamen von David sagen?
Hörer: Von wem?
Kuttner: Na, was hast du denn für Poster an der Wand?
Hörer: Große.
Kuttner: Wollen wir mal noch einen Schritt weitergehen und sagen, daß es wahrscheinlich bunte Poster sein werden?
Hörer: Auf jeden Fall.
Kuttner: Ich nehme an, daß da auch Gesichter drauf sein werden?
Hörer: Da ist auch ein großes Gesicht drauf.
Kuttner: Gerade unter den Postern sind ja Gesichter besonders beliebt, trotzdem das nicht unbedingt immer zum Vorteil des Porträtierten ausschlägt.
Hörer: Ich hab vor dem Gesicht einen Spielzeugrevolver zu hängen.
Kuttner: Na, das wird dem Gesicht aber Angst machen!
Hörer: Nee, der sieht ja in die andere Richtung.
Kuttner: Na, dann ist ja gut. Wer ist denn da abgebildet? Kevin Kostner?

Hörer: Nee, Eddie Murphy.
Kuttner: Na, das klingt ja doch schon ziemlich idolesk. Ist Eddie Murphy dein Idol? Weil der immer so lustig ist?
Hörer: Kann ich nicht behaupten.
Kuttner: Gibt es denn sonst irgendeinen Grund, warum man sich Eddie-Murphy-Poster an die Wand hängen sollte?
Hörer: Na, weil es so schön groß ist. Das nimmt fast die ganze Wand ein, das ist fast so groß wie tapezieren.
Kuttner: Dann könnte man sich aber auch was anderes hinhängen.
Hörer: Das hängt mit dem Geld zusammen, da sparen wir die Tapete.
Kuttner: Na gut, aber alte Bettwäsche ist doch auch nicht teuer.
Hörer: Wer hängt sich denn Bettwäsche an die Wände?
Kuttner: Das sieht doch möglicherweise ganz flott aus, wenn es geblümte ist. Aber gut, dann wird eben Eddie Murphy aufgehängt, grundlos, nur weil das Poster so schön groß ist.
Hörer: Na, ganz grundlos nicht.
Kuttner: Was war denn der Grund?
Hörer: Tja, wie soll ich das sagen ...
Kuttner: Frag nicht mich, frag lieber mal Vati, wie du das sagen sollst.
Hörer: Vati, wie soll ich das sagen?
[Gemurmel im Hintergrund]
Hörer: Kam eben nichts Besseres in die Hand.
Kuttner: Wem jetzt, Vati oder dir?
Hörer: Vati, wem jetzt, mir oder dir?
[Gemurmel]
Hörer: Mir.
Kuttner: Bist du dir da ganz sicher, oder redet dir das dein Vater ein?
Hörer: Redest du mir das nur ein, Vati?
[Gemurmel]
Hörer: Nein, das ist meine eigene Ansicht.
Kuttner: Na gut. Da steckt ihr beide also Woche für Woche eure Köpfe über der *Bravo* zusammen und überlegt, ob dieses Poster wohl groß genug ist, daß man es an die Kinderzimmerwand hängen könnte, ohne daß die Oma erschrickt?

Hörer: Nee, mein Vater sieht sich nicht die *Bravo* an. Und das Poster ist wirklich sowas von groß, das kann gar nicht aus der *Bravo* sein.
Kuttner: Wo hast du denn das her? Aus dem *ND*?
Hörer: Nee, aus dem Videoclub.
Kuttner: Ach so, stimmt, die haben ja schicke große Poster. Da ist ja Eddie Murphy auch ziemlich verbreitet im Videoclub. Obwohl ich mir vorstellen könnte, daß die da auch David Hasselhof haben.
Hörer: Weiß ich nicht. Das interessiert mich auch nicht.
Kuttner: Wer würde dich denn in ganz groß noch interessieren?
Hörer: Na, vielleicht Stephen King.
Kuttner: Na, der sieht aber gar nicht aus wie Stephen King. Hast du den schon mal gesehen? Der sieht aus wie alle, aber nicht wie Stephen King! Da stellt man sich dann doch etwas anderes drunter vor. Du würdest enttäuscht sein. Da würde sich auch ein Revolver daneben gar nicht gut machen, da müßtest du eher einen Stullenbeutel oder sowas hinhängen. – Tschüß, und grüß deinen Vati!

Wie liest man klassiche Literatur heute?

Hörer: Mein Vorbild ist mein Chef. Der ist privater Unternehmer und hat sich richtig hochgearbeitet. Früher war er bei VEB Sero, wenn dir das was sagt.
Kuttner: Sagt mir was.
Hörer: Später hat er dann aus einem Wohnwagen heraus Bücher verkauft, und jetzt hat er seine eigene Buchhandlung.
Kuttner: Der gilt in Cottbus als eine Art *Roter Adler,* der es geschafft hat?
Hörer: Was ist denn ein Roter Adler?
Kuttner: Mensch, wer ist denn hier der Brandenburger? Ist das peinlich!
Hörer: Ach so! Nee, das würde ich so nicht sagen. Vielleicht ein rosa Adler.
Kuttner: Der aber doch seine gewaltigen Schwingen ausgebreitet und sich aus der Misere erhoben hat?

Hörer: Jawohl. Sozusagen am eigenen Schopfe aus dem Sumpfe.
Kuttner: Und jetzt hat er eine feine Buchhandlung?
Hörer: Das möchte ich meinen, denn ich arbeite da.
Kuttner: Da hat er ja, was das Personal betrifft, einen goldenen Griff getan. Was verkauft man denn so an Büchern in Cottbus? Ist denn dieser Konz, diese tausend Steuerbetrügereien, immer noch ein Renner?
Hörer: Das ist nicht das Profil unserer Buchhandlung, wir sind die akademische Buchhandlung der Uni.
Kuttner: Oh! Was ganz Feines! Was ist denn da so der Bestseller?
Hörer: »*Das Große WISO-Steuersparbuch*«.
Kuttner: Jaja, die Akademiker!
Hörer: Nein, im Ernst. Die Bestseller sind bei uns eher so Bautabellen.
Kuttner: Brückenstatik-Tabellen? Da lese ich ja auch immer wieder gerne drin.
Hörer: Ja, das ist schon was für abends, für die kuschelige Ecke, und vielleicht ein Teechen dazu.
Kuttner: Bist du denn auch beschlagen in medizinischer Fachliteratur?
Hörer: Nein, sowas gibt es bei uns hier gar nicht. Das ist eine Bau-Uni.
Kuttner: Da passieren doch aber auch Unfälle!
Hörer: Das schon, aber das Krankenhaus hat eine eigene Bibliothek.
Kuttner: Ach, schade. Aber sag mal, wie heißen denn bei euch die klassischen Werke? In jeder Wissenschaft und auch im Ingenieurwesen gibt es doch so Klassiker. Sowas wie »Der Große Sowieso«.
Hörer: »Der Große Dubbel« heißt das hier. Das ist ein großes dickes Buch, ziemlich teuer, und der Chef freut sich immer, wenn eins verkauft wurde.
Kuttner: Dubbel heißt der? Das ist ja schön!
Hörer: Ich weiß nicht, was da drinsteht, ich weiß nur, wie der heißt und daß wir uns immer ein Schulterklopfen abholen können, wenn wir einen verkauft haben.
Kuttner: Das glaube ich gern. Das paßt durchaus auch in eine Idole-Sendung – *Der Große Dubbel*. Wenn dich mal jemand fragt, wie du mal werden willst, dann kannst du sagen: Wenn ich mal groß bin, dann will ich werden wie der Große Dubbel.

Hörer: Ich kenn doch Dubbel nicht. Ich kenn doch nur meinen Chef.
Kuttner: Du weißt doch aber, daß Dubbel teuer ist und hast somit die Möglichkeit, ein teurer Toter zu werden.
Hörer: Ein teurer Toter zu sein, ist gerade das, was ich nicht will. Das mag höchstens für meine Hinterbliebenen erstrebenswert sein, wenn ich eine gute Lebensversicherung habe.
Kuttner: Aber wenn ich die Wahl hätte zwischen Wasserleiche und teurem Toten, dann würde ich doch lieber ein teurer Toter sein.
Hörer: Wo ist der Unterschied für die Leiche?
Kuttner: Im Preis! Der Chef wird sich freuen.
Hörer: Wieso?
Kuttner: Na, wenn der Große Dubbel weg ist!
Hörer: Oh, jetzt wirds aber schwierig. Ich muß mir im Augenblick an den Kopf fassen, um noch folgen zu können.
Kuttner: Und, hast du ihn gefunden?
Hörer: Gerade noch so.
Kuttner: Hast dich so langsam von der Schulter hochgetastet, oder?
Hörer: Kennst du eigentlich den Trick mit dem Zeigefinger und der Nasenspitze? Versuch das Mal! Dazu müßtest du allerdings die Zigarette weglegen.
Kuttner: Ich hab gar keine Zigarette! Die ist nur im Fernsehen, damit es ein bißchen aufregender aussieht. Es gibt ja ein großes Vorbild für die Gesamtgestaltung dieser Sendung – das ist »Der Malteser Falke« mit Humphrey Bogart. Bogart hatte da auch immer eine Zigarette, hat dann ein Glatze bekommen, die sich noch relativ leicht mit einem Toupet verdecken ließ, danach aber Kehlkopfkrebs, und da hat selbst das Toupet versagt, so daß er schließlich daran gestorben ist.
Hörer: Aber Rauchen ist natürlich gut für die Stimme, die klingt dann besonders rauh.
Kuttner: Was in bezug auf Humphrey Bogart im deutschen Fernsehen aber nicht allzuviel ausgemacht hat. Du wolltest jetzt also das eigentliche Thema verlassen.
Hörer: Nein, ich wollte wieder darauf zurückkommen. Es ging um meinen Chef …

Kuttner: ... der ein rosa Adler ist.
Hörer: Ja, und er ist dabei immer noch ein Mensch geblieben. Er sagt immer Guten Morgen, wenn er zur Arbeit kommt.
Kuttner: Das ist ja selten geworden! Ich bin auch eher gewohnt, einen Ellenbogen im Auge zu haben.
Hörer: Das kommt natürlich auch mal vor.
Kuttner: Ach, das macht dein Chef auch gern?
Hörer: Nicht gern, aber wenn es sein muß.
Kuttner: Wann bietet sich das bei dir an?
Hörer: Wenn ich mal nicht so viel verkauft habe.
Kuttner: Also, den Großen Dubbel verkaufen schützt vor Ellenbogen im Auge. Ist der eigentlich schon ein Älterer, dein Chef?
Hörer: Ich glaub, der hat die Dreißig schon überschritten.
Kuttner: Na, dann ist er ein Älterer.
Hörer: Wieso? Wie alt bist denn du?
Kuttner: Ein Älterer bin ich noch nicht. Ich hab die Wohnwagenphase noch vor mir.
Hörer: Du, das ist nicht jedermanns Sache.
Kuttner: Ja, ich könnte mir auch Schöneres vorstellen, als Radio aus dem Wohnwagen zu machen. Aber im Nachhinein haben diese Pionier- und Aufbauphasen immer so etwas Sonniges. Jaja, als wir den Großen Dubbel noch aus dem Wohnwagen verkauft haben ... oder Backbücher ...
Hörer: Damals waren es eher noch Taschenbücher.
Kuttner: Bussy-Bär! Der geht auch immer gut! Echt, ihr braucht ein bißchen mehr Bussy-Bär, das lesen Studenten auch gerne. Oder Hörspielkassetten!
Hörer: Benjamin Blümchen?
Kuttner: Richtig! Zur intellektuellen Reifung der Cottbusser Bauingenieursstudentenschaft.
Hörer: Ich glaube, die sind dafür noch nicht reif genug.
Kuttner: Habt ihr eigentlich nur so akademische oder vielleicht auch pornografische Literatur?
Hörer: Das ist auch dabei.

Kuttner: Wie sieht denn der klassische Käufer pornografischer Literatur aus? Vielleicht könntest du auch noch ein, zwei Titel nennen, damit es hier ein bißchen schlüpfriger wird? Ich finde es immer schön, wenn die Sendung ein bißchen schlüpfrig ist.
Hörer: Zum Beispiel »Erotische Fotografie um 1920«. Omas Unterhosen – aber oben ohne.
Kuttner: Na, das klingt ja fast wie der Große Dubbel! Das ist ja nicht gerade das, was man sich unter Pornografie vorstellt.
Hörer: Damals schon.
Kuttner: Sind wir etwa damals?
Hörer: Das nicht, aber man muß sich schon ein bißchen da hineinversetzen können. Ansonsten darf man auch keine klassische Literatur mehr lesen.
Kuttner: Äh ... ja ... stimmt. Jetzt hat es mir direkt die Sprache verschlagen.
Hörer: Das merke ich auch.
Kuttner: Ich frage ja nach der Pornografie nur aus Eigennutz, weil Sex nachts immer zieht. Da hören gleich viel mehr Leute zu.
Hörer: Du meinst, die Einschaltquote geht jetzt hoch?
Kuttner: Ja, ich hab neulich Thomas Gottschalk in Spiegel-TV gesehen, und da hat er erklärt, wie man eine Sendung aufbaut. Wenn man schon Reich-Ranicki hat, sagt er, dann braucht man aber auch noch so eine Tittenmutti, damit die einem über die drei Minuten Reich-Ranicki hinweghilft. Also er quatscht mit dem alten Marcel, und die Kamera ist immer daneben. Das hat mir gut gefallen! Und du siehst, ich hab auch was gelernt.

LANGEWEILE

Hörer: Du wolltest doch wissen, was man macht, wenn man nicht weiß, was man machen soll.
Kuttner: Was machst denn du dann?
Hörer: Ich hab da wirklich einen tollen Trick, wenn ich Langeweile hab. Ich leg mich dann unter die Bettdecke ...
Kuttner: Ja, das kenne ich auch!
Hörer: Aber alleine.
Kuttner: Ja, auch das kenne ich.
Hörer: Dann stecke ich den Stecker vom Staubsauger in die Steckdose und mach ihn an. Das macht ein ganz tolles Geräusch.
Kuttner: Und den Staubsauger hast du mit unter der Bettdecke?
Hörer: Nein, der steht daneben. Der steht neben dem Bett, läuft, und dann kann ich schön entspannen.
Kuttner: Echt? Hast du einen Handstaubsauger oder einen Bodenstaubsauger?
Hörer: Einen Bodenstaubsauger. Aber die hören sich alle gleich an.
Kuttner: Gibt das keinen klanglichen Unterschied zwischen den Marken? So zwischen teuren und billigen, oder zwischen welchen mit Pollenfiltern oder ohne?
Hörer: Nee, in der Laustärke nicht. Außer vielleicht bei den Handstaubsaugern.
Kuttner: Das ist also so ein angenehmes warmes Summen, was dir so heimatliche Gefühle verschafft.
Hörer: Ja, richtig. Wenn es dann noch dunkel im Zimmer ist und schön warm unter der Bettdecke, dann ist das sehr angenehm.
Kuttner: Und wie lange liegst du dann so mit dem heulenden Staubsauger?
Hörer: Wenn ich nicht einschlafe, dann höchstens eine halbe Stunde.
Kuttner: Und du bist aber auch schon mal eingeschlafen und hattest dann morgens den keuchenden Staubsauger neben dir.
Hörer: Nee, soweit ist es noch nicht gekommen.
Kuttner: Wohnt ihr beide alleine, du und dein Staubsauger?

Hörer: Nein, ich wohne mit meiner Frau zusammen. Das ist natürlich noch schöner, wenn man unter der Bettdecke liegt, und die Frau saugt dabei.
Kuttner: Ach so! Das sind also deine Feiertage, wenn du deine Frau bewegen kannst, mit dem Staubsauger zu hantieren, während du im Bett rumliegst. Dann entfernt sich das Geräusch auch mal, dann kommt es wieder näher ran ...
Hörer: Ja, sicher. Das ist richtig angenehm.
Kuttner: Sag mal, ist deine Frau da?
Hörer: Nee, ich bin im Moment gar nicht zu Hause.
Kuttner: So ein Ärger! Jetzt hätte ich gern mal deine Frau dazu befragt.
Hörer: Die hätte bestimmt dasselbe gesagt.
Kuttner: Hat die vielleicht auch so ein nettes Laster?
Hörer: Ja, mich.
Kuttner: Was? Da liegst du draußen vorm Bett und summst?
Hörer: Nee, das mach ich nicht. Das heißt natürlich nicht, daß ich im Haushalt nichts mache. Ich wasche lieber ab.
Kuttner: Da hast du aber nicht so bestimmte Gefühle beim Abwaschen.
Hörer: Nee, eigentlich nicht. Höchstens den Gedanken an das Summen des Staubsaugers, weil dann ja wieder meine Frau mit Staubsaugen dran ist. Logischerweise.
Kuttner: Ob du eine Chance hast, daß deine Frau heute abend wieder den Staubsauger rausholt, weil sie jetzt Radio gehört hat?
Hörer: Nee, das glaube ich nicht. Die sitzt vor dem Fernseher oder hat Streß mit den Kindern.
Kuttner: Das ist aber ärgerlich. Ansonsten hätte sie jetzt so eine schöne Gelegenheit gehabt, dir mal eine richtige Freude zu machen. Du kommst zur Wohnungstür rein, und sie knallt dir gleich die Bettdecke rüber, schmeißt den Staubsauger an – wäre das nicht wunderbar?
Hörer: Auf jeden Fall. Das mußt du auch mal probieren. Das funktioniert, ehrlich!
Kuttner: Werde ich zu Hause mal machen. Aber ich hab keinen Bodenstaubsauger, sondern nur so einen Handstaubsauger. Da hab ich ein bißchen Angst, daß der dann durch die Wohnung wandert.

Hörer: Da muß man gut aufpassen, und man darf ihn vor allem nicht zu nahe an kleine Gegenstände stellen. Die sind sonst am nächsten Morgen verschwunden.
Kuttner: Oder wenn man das Portemonnaie neben dem Bett liegenläßt, muß man dann die schönen Scheine alle wieder aus dem Dreck rauspulen.
Hörer: Das macht aber nichts. Da mußt du nur hinterher nachzählen und wissen, wieviel du vorher hattest.
Kuttner: Okay, ich danke dir sehr für deinen Anruf. Das war doch mal ein Beitrag, wie ich ihn mir wünsche!

REZEPTE

Kuttner: Das Thema heute lautet Rezepte. Was kann man gegen Erkältungen tun, was kann man gegen Liebeskummer tun? Besonders interessieren würden mich da natürlich die ganz ganz geheimen Rezepte – zum Arzt gehen wäre dagegen natürlich Schwachsinn, oder Hustensaft trinken, und solches Zeug würde ich hier nicht hören wollen, sondern so richtig geheime Oma-Rezepte, die lange Familientraditionen haben. Was aber auch sehr interessant wäre und der Wissenschaft neue Perspektiven eröffnen würde, wären ausgedachte Rezepte, Rezepte, die man noch nicht ausprobiert hat, von denen man aber fest überzeugt ist, daß es so eigentlich funktionieren müßte, Erkältungen oder Liebeskummer zu kurieren. Möglich wäre natürlich auch, Ursachenforschung zu betreiben, eine schlüssige Theorie zu entwickeln, warum man eigentlich erkältet sein oder Liebeskummer haben muß, oder aber den Beweis zu erbringen, daß es so sein muß, daß man Erkältungen oder Liebeskummer haben muß, weil Gott, unser Schöpfer, auch ein Schöpfer von Erkältungen oder Liebeskummer ist und sich schon was dabei gedacht haben wird. Das würde mich sehr interessieren. Wer sich übrigens fragt, warum ich so leicht darüber rede, dann vor allem deshalb, weil ich an beidem derzeit nicht übermäßig leide.

Wie kümmert eigentlich Liebe?

Kuttner: Also, was macht man denn nun gegen Liebeskummer und Erkältung?
Hörer: Ich hab ein altes Geheimrezept von meiner Oma.
Kuttner: Echt von der Oma? Das hast du dir doch nur von mir in den Mund legen lassen!
Hörer: Nein, das ist echt von meiner Oma.
Kuttner: Ach so? Wie hieß denn die?
Hörer: Oma Ruth. Ich hatte auch noch eine Oma oben.
Kuttner: Eine Oma oben? Warum hieß die denn so komisch? War das ihr Vorname?
Hörer: Nee, die hat über uns gewohnt.
Kuttner: Ach so. Das Rezept ist aber von Oma Ruth. Dann leg mal los.
Hörer: Sie hat es leider nie selbst austesten können. Aber es lautet: Auf eine einsame Insel fahren. Da ist es so warm, daß man keinen Schnupfen bekommt, und dort ist man allein, also kann man keinen Liebeskummer haben.
Kuttner: Da wäre ich mir nicht so sicher. Wenn da mal der Wind pfeift und man steht gerade ganz naßgeschwitzt in der Sonne? Da hat sich schon mancher den Tod geholt. Und mit dem Liebeskummer? Na, da hast du schon den Gedanken an die eine oder andere Frau im Kopf auf so einer einsamen Insel, und dann kümmert es ganz schön los! Insofern war das nicht gerade ein Rezept.

Warum zahlt die Kasse eigentlich nicht?

Hörer: Ich hab mich ja sehr gewundert, was bisher so gegen Liebeskummer und Erkältungen empfohlen wurde.
Kuttner: Und jetzt rufst du als praktizierender Arzt an und sagst, daß das alles eigentlich Unsinn ist?
Hörer: Nee, ich bin kein Arzt, aber Erkältungen finde ich eigentlich

richtig gut. Man kann zu Hause bleiben, im Bett liegen und sich ein bißchen pflegen.

Kuttner: Aber es gibt doch auch Erkältungen, die einen ganz schön ummetern können!

Hörer: Ja, mal einen Tag oder zwei ...

Kuttner: Ich kann mich an zwei Tage Bewußtlosigkeit erinnern, nur wegen einer Erkältung.

Hörer: Das ist aber immer noch besser, als eine Woche arbeiten zu gehen, oder?

Kuttner: Das stimmt allerdings. Wenn man es so nebeneinanderlegt, dann würde ich auch immer nach den zwei Tagen Bewußtlosigkeit greifen. Gut, da haben wir die Erkältung kurz und knapp abgehandelt. Wie ist es denn mit dem Liebeskummer?

Hörer: Eigentlich ist es doch auch schön, wenn man sich mal so richtig bemitleiden kann, so ein bißchen rumweinen kann ...

Kuttner: Ach! Da hast du aber ein ganz distanziertes Verhältnis dazu. Hattest du denn noch nie Liebeskummer, wo richtig ein Messer im Herzen bohrt?

Hörer: Doch, aber irgendwie macht es doch auch Spaß, wenn man ...

Kuttner: Das einzige, wozu ich mich hinreißen lassen würde, wäre zu sagen, daß es irgendwie dazugehört. Aber Spaß kann ich dabei wirklich nicht entdecken!

Hörer: Nee?

Kuttner: Nee! Das hat mich manchmal schon so schwer gebeutelt, daß ich nicht mehr wußte, wo vorn und hinten ist!

Hörer: Ja, mich auch, aber trotzdem ist es doch was, wo man merkt ...

Kuttner: ... daß man lebt, ja. Aber man kann nicht mal nicht arbeiten gehen. Da ist eine Erkältung dann doch besser als Liebeskummer.

Hörer: Das ist etwas, was mich daran unheimlich fasziniert. Man kann manchmal gar nicht arbeiten gehen vor Liebeskummer.

Kuttner: Aber man muß ja! Bei Erkältung ist es prima, da liegst du im Bett und mußt nicht arbeiten gehen. Aber bei Liebeskummer, da schreibt dich doch keiner drauf krank! Dabei hast du schon Kummer und mußt zusätzlich noch arbeiten gehen, das ist die blanke Strafe!

Warum wird *Sprechfunk* eigentlich nicht gesponsert?

Hörer: Ich hab in meinen alten Gesundheitsbüchern rumgeblättert ...
Kuttner: Ach, das ist ja gut! Bist du schon bis zum L gekommen? Steht da was unter Liebeskummer?
Hörer. Nee, das nicht. Das Buch ist ja von 1850.
Kuttner: Meinst du, die hatten damals noch keinen Liebeskummer?
Hörer: Doch bestimmt. Aber ich hab was Interessantes bei Heiserkeit gefunden.
Kuttner: Lies mal vor!
Hörer: »Bist du von Heiserkeit befallen, dann dient dir der Vogelbeerbaum.« Aber Vogelbeeren darf man doch eigentlich nicht essen?
Kuttner: Nee.
Hörer: Aber hier steht, daß man Vogelbeeren im getrockneten Zustand kauen soll, und daß soll gegen Heiserkeit helfen.
Kuttner: Das klingt ja eher so, als wenn das der Grund wäre, daß um 1850 herum so ein Knick im Lebensbaum ist.
Hörer: Meinst du?
Kuttner: Ja, man weiß es nicht. Ich würde das jetzt jedenfalls als Rezept nicht so autorisiert rübergeben wollen. Nachher rufen hier alle an und sagen, erst waren sie erkältet, und jetzt sind sie tot, weil sie Vogelbeeren gegessen haben. Das ist hier ein öffentlich-rechtlicher Sender! Ein Privater könnte das vielleicht noch machen, wenn er einen kräftigen Vogelbeerproduzenten im Rücken hat. Dann geht das vielleicht durch, aber bei mir nicht.

LASTER

Kuttner: Das Thema heute lautet Laster. Die Frage ist, ob euch Laster noch ein Begriff sind, ob ihr selbst noch Laster habt, und wenn ja, welches Verhältnis ihr zu euren Lastern habt, ob ihr sie genießt oder ob sie euch egal sind.

Wo kleben Lasterfahrer eigentlich ihre Kaugummis hin?

Hörer: Zum Thema Laster fällt mir als erstes Spielen ein. Wir spielen hier nämlich gerade.
Kuttner: Aber »Mensch ärgere dich nicht« ist ja nicht gerade das, was ich mir unter einem Laster vorstelle.
Hörer: Nein, wir spielen »Spiel des Wissens«.
Kuttner: Das ist ja noch schlimmer! Aber es ist doch weiß Gott nicht lasterhaft. Draußen vor dem Studio steht gerade der Lasterexperte Stefan Schwarz, von einem seiner häufigen Gänge vom Klo, wo er verständlicherweise immer den Focus mit hinnimmt, eben wieder zurückgekehrt, und runzelt natürlich die Stirn, wenn er hört, daß ihr Spiele des Wissens spielt und die hier versucht, als Laster zu verkaufen.
Hörer: Ja, und nun?
Kuttner: Ja, nun! Das ist also deine maximale Lasterhaftigkeit, Spiele des Wissens zu spielen?
Hörer: Im Moment schon. Soll ich dich mal was fragen?
Kuttner: Mich was fragen? Ach, ich soll euch aus der Patsche helfen!
Hörer: Ja, genau.
Kuttner: Spielt ihr wenigstens um Geld?
Hörer: Ja, klar.
Kuttner: Ja, der Tisch liegt voller Zweipfennigstücke! Oder spielt ihr vielleicht um Kleidungsstücke? Das würde dem Spiel immerhin eine gewisse Verworfenheit geben.
Hörer: Oh, nee.

Kuttner: Na, sonst würdest du wahrscheinlich schon adamesk dasitzen. Wo sitzt ihr denn da?
Hörer: In so einem Zimmer, rund um den Tisch.
Kuttner: Ich wollte eigentlich fragen, ob um euch herum gerade die lasterhafte Hölle der Großstadt tobt, oder ob ihr jetzt auf dem Dorfplatz in Templin, mit dem Spielbrettchen auf dem Knie, unter der Linde eure kleinen Köpfe zusammensteckt und Wissensknobeleien veranstaltet.
Hörer: Nee, wir sitzen hier mehr so in einer größeren Stadt, die mit B anfängt.
Kuttner: Laß mich raten! Brandenburg?
Hörer: Oh, ganz schlecht.
Kuttner: Mehr hat es hier nicht mit B. Dann ruft ihr aus Sachsen-Anhalt an.
Hörer: Nee, wir sind schon in Berlin-Brandenburg. – Oh, jetzt hab ich den Namen schon gesagt.
Kuttner: Ach Berlin!
Hörer: Genau!
Kuttner: Na, da habt ihr aber die lasterhafte Hölle um euch. Habt ihr nicht das Gefühl, daß draußen das Laster anklopft und daß die bei Sat 1 wieder Filme oben ohne zeigen?
Hörer: Nee, da haben wir keine Angst.
Kuttner: Ach! Wie alt bist denn du?
Hörer: 16.
Kuttner: Na gut, da ist es noch nicht so üppig mit dem Laster. Aber klebst du vielleicht manchmal Kaugummis unter die Schulbank?
Hörer: Nee, ich hab gerade einen im Mund, aber unter die Schulbank klebe ich die nicht.
Kuttner: Ja, gut. Aber wenn der jetzt ausgekaut ist – wie gehst du denn dann weiter vor, aller Erfahrung nach?
Hörer: Ja, ich könnte ihn dann unter den Tisch kleben, aber ich glaube, dann werde ich hier rausgeschmissen.
Kuttner: Ja, aber man kann doch kaum ein guter Lasterfahrer sein, wenn man immer Angst hat, daß es mögliche Nachteile haben könnte!

Hörer: Stimmt, man muß schon ein gewisses Risiko eingehen.
Kuttner: Nun will ich dich aber auch nicht gerade aufstacheln, deinen Kaugummi unter den Tisch zu kleben, ich wollte dir nur Hilfestellungen geben, die den Fluß des Gespräches nicht verdünnen lassen sollen.

Wie attraktiv werden Männer durch Kosmetik?

Kuttner: Hast du denn Laster? Ich vermute mal, du neigst eher dazu, keine Laster zu haben.
Hörer: Wenn du mir sagst, welche Laster ich nicht hab? Der Begriff ist doch sehr weit gefaßt.
Kuttner: Aber ich würde es nicht nur der Argumentation der Anrufer überlassen, sondern vor allem und in erster Linie ihrem Überlegen, ob sie denn Laster haben, oder ob sie einfach charakterliche Defekte haben, die sie als Laster definieren würden und könnten und wollten und wie ihr Verhältnis dazu ist. Hier könnte natürlich auch irgendein Hallodri anrufen und sagen, er ist völlig lasterfrei, weil er seine Laster als solche nicht erkennt.
Hörer: Was ein Laster ist, bestimmen sowieso immer die anderen.
Kuttner: Aber man selber hat da schon gewisse Einsichten, oder? Mit einer gewissen moralischen Reife sollte man dazu zumindest in der Lage sein.
Hörer: Der Begriff des Lasters wird aber doch durch andere geprägt – jedenfalls das, was man als Laster einstuft.
Kuttner: Ach, nee. Ich würde zum Beispiel meine grenzenlose Verlogenheit schon als ein wundervolles Laster von mir ansehen wollen.
Hörer: Du bist verlogen?
Kuttner: Aber ohne Grenzen!
Hörer: Da bin ich schockiert, daß du das so offen zugibst.
Kuttner: Ja, mit einem gewissen Selbstbewußtsein, aber auch mit einer gewissen Distanz zu mir selbst. Ich habe gleichzeitig die Überlegung, ob es denn ein ordentliches Laster ist, so fies verlogen zu sein, wie ich es bin.

Hörer: Ich will dazu jetzt keine Wertung abgeben.
Kuttner: Wir wollten ja auch nicht von mir reden, sondern von dir.
Hörer: Ja, genau. Meine Mutter kam gerade rein und hat so eine typische Handbewegung gemacht.
Kuttner: So einen erhobenen Mittelfinger in deine Richtung?
Hörer: Nee, nee! Sie wollte mich nur darauf aufmerksam machen, daß ich immer noch so stark an meinen Fingernägeln kaue. Das kann ich nicht lassen, und das ist ein schreckliches Laster.
Kuttner: Aber doch auch ein interessantes! Es ist so schön widersprüchlich in sich, so wie klassische Laster eben sind. Es bereitet dir doch auch sicher einen gewissen Genuß?
Hörer: Nee. Ich merk das oftmals gar nicht.
Kuttner: Ach! Also, wenn ich zurückdenke an die seligen Tage, an denen ich noch an den Fingernägeln gekaut habe, dann habe ich dabei einen enormen Genuß verspürt und gleichzeitig ein schlechtes Gewissen gehabt, in der Überzeugung, daß es ja nicht gerade eine der kosmetischen Maßnahmen ist, die junge Männer attraktiver für junge Frauen machen. Diese drei Gedanken haben mich dabei bewegt, im Grunde eine klassische Triade.
Hörer: Ja, das schlechte Gewissen wegen der kosmetischen Veränderungen habe ich auch, aber mit dem Genuß kann ich nicht soviel anfangen. Ich merk das immer gar nicht.
Kuttner: Dann ist es aber auch kein Laster! Dann ist es vielleicht nur ein Defekt, eine Macke, eine abscheuliche Angelegenheit.
Hörer: Ja, das versuche ich meiner Mutter auch schon seit ein paar Jahren beizubringen.
Kuttner: Ich würde denken, daß Laster immer doch eher mit Genuß verbunden ist, mit der Abwägung von Genußertrag und Schaden, den man sich selbst zufügt. Ich wünsch dir noch einen schönen Abend.

Wer verschwendet schon gern seinen Geist?

Hörer: Ich rufe auch wegen meiner Laster an.
Kuttner: Ach! Hast du denn vielleicht so ein rückenmarkschwächendes Laster?
Hörer: Ja.
Kuttner: Ja, echt?
Hörer: Ja, aber das ist ja jetzt egal.
Kuttner: Gut, gut. Ich wollte das nur so als Stichwort wissen, damit man eine Vorstellung vom Anrufer hat.
Hörer: Einige Mitmenschen behaupten, daß meine Laster abartig sind. Ich bin ein Verschwender.
Kuttner: Ach!
Hörer: Ja, ich verschwende gern.
Kuttner: Und wie sieht das aus?
Hörer: Neulich zum Beispiel hab ich einen Liter Shampoo einfach so ins Klo gekippt.
Kuttner: Na, das schäumt ja mächtig.
Hörer: Ja, ich dusche mich nur alle zwei Wochen mal, und anstatt das Shampoo zum Haarewaschen zu nehmen, kippe ich es lieber ins Klo.
Kuttner: Na, das ist ja geradezu ein Exzeß an Verschwendungssucht! Außerdem ärgert man natürlich auch schön die Umwelt.
Hörer: Ach, es gibt soviele Leute, die etwas für die Umwelt tun ...
Kuttner: ... daß es auch ein paar wenige Aufrechte geben muß, die voller Inbrunst gegen die Umwelt kämpfen. Und du darfst dich dazurechnen.
Hörer: Na, eben.
Kuttner: Hast du denn noch ein zweites Laster? Vielleicht Weinbrandbohnen gegen die Wand werfen, was ich mir auch als Inbegriff der Veruchtheit vorstellen könnte. Oder vielleicht in Weinbrandbohnen baden?
Hörer: Nee, nee. Das fällt auch eher in die Sparte Umweltschädigung. Ich zerklatsche gern Kleintiere. Also Käfer, Motten und alles was so kriecht.

Kuttner: Kann es auch sein, daß du manchmal mit deinem Geist ausgesprochen verschwenderisch umgehst?
Hörer: Kommt manchmal auch vor.
Kuttner: Also, wenn du jetzt die Bestätigung brauchst, daß dem so ist, dann hast du sie hier. Tschüß!

Was kann ein Staubsauger eigentlich alles schlucken?

Hörer: Ich hab noch ein viel schlimmeres Laster.
Kuttner: Ach Gott! Das scheint ja grauenhaft zu werden.
Hörer: Ja, ich putze immer nackend.
Kuttner: Und? Hast du dabei Lustgefühle?
Hörer: Ja, das erregt mich unheimlich.
Kuttner: Aber du hast auch die Vorstellung, daß es deiner zarten Konstitution schaden könnte, wenn du bei offenem Fenster mit dem Staubsauger durchs Zimmer gehst und jede Menge Zug am Rücken hast?
Hörer: Ich hol mir immer kalte Füße.
Kuttner: Nur kalte Füße? Dabei wären ja Puschen noch zulässig, oder? Das würde ja das Bild des Nacktputzenden nicht wesentlich verändern. Oder Handschuhe, Ohrenwärmer und mit einem Straps zusammengebundene Haare. Das würde dem lasterhaften Nacktputzen im Grunde sogar einen zusätzlichen Reiz geben.
Hörer: Ohrenwärmer wären keine schlechte Idee. Aber ich dachte, du würdest mir mal einen Tip geben, wie ich mein Laster loswerden könnte.
Kuttner: Wieso?
Hörer: Weil es ein Laster ist, das man so schlecht ausleben kann. Dadurch wird es zur Last, und erst in dem Moment, wo einem das Laster nicht mehr zur Last fällt, ist es kein Laster mehr.
Kuttner: Also, ich denke, Laster sind immer eine Mischung aus Genuß und Schaden, den man sich gleichzeitig einhandelt. Der Genuß ist in deinem Falle eine gewisse Erregung und natürlich auch, eine aufge-

räumte Wohnung zu haben, aber es gibt eben den Schaden enormer gesundheitlicher Gefährdungen. Kalte Füße, und die Nieren bekommen Zug.

Hörer: Aber wenn der Genuß überwiegt, ist es doch kein Laster mehr. Laster kommt doch eigentlich von der Last, die man zu tragen hat.

Kuttner: Das denke ich gar nicht. Ich glaube, daß Laster die pfäffische Verurteilung von möglichen Genüssen ist, das moralinsaure Herabblicken auf Leute, die nackt ihre Wohnung putzen, aus dem Bewußtsein der eigenen Unfähigkeit heraus, selbst nackt die Wohnung zu putzen, Spaß dabei zu haben, und vor allem eine aufgeräumte Wohnung. Da sitzen also bekleidete Ethiker in ihren unaufgeräumten Wohnungen und verurteilen nacktputzende junge Menschen. Insofern laß dir bloß nicht einreden, daß das was Schlechtes sei.

Hörer: Aha. Ein Laster wird es für mich aber auch deshalb, weil meine Wohnung jetzt nicht mehr zu putzen ist, die ist doch schon tiptop sauber.

Kuttner: Vielleicht könntest du mal jemanden einladen, der wieder ein bißchen Unordnung macht?

Hörer: Kannst ja mal vorbeikommen!

Kuttner: Wie groß ist denn die Wohnung?

Hörer: Zwei Zimmer.

Kuttner: Wieviel Quadratmeter?

Hörer: Knapp sechzig.

Kuttner: Ach, da lohnt ja die Anreise nicht! Ich verwüste nur Wohnungen ab 120 Quadratmeter aufwärts. Vorher steht das doch in keinem Verhältnis. Tut mir leid, da müßtest du vielleicht doch mal den Nachbarn fragen.

Hörer: Ob ich seine Wohnung putzen kann?

Kuttner: Entweder so, oder ob er deine Wohnung verwüstet.

Hörer: Die putze ich ohnehin jeden Tag, das würde nichts bringen.

Kuttner: Jeden Tag, bei Wind und Wetter?

Hörer. Ich laß ja die Fenster meistens zu, aber es zieht schon immer ein bißchen untenrum.

Kuttner: Ja, untenrum! Paß bloß mit dem Staubsauger auf! Tschüß!

Können auch Fernseher Schmerzen fühlen?

Hörerin: Ich wollte über ein Laster erzählen, daß ich früher mal hatte. Du kennst doch auch Sat 1?
Kuttner: Ja!
Hörerin: Es müssen wohl drei Jahre gewesen sein. Da hab ich immer Glücksrad gesehen.
Kuttner: Ehrlich?
Hörerin: Ja! Kennst du die Sendung?
Kuttner: Ja, das ist im Grunde so eine große Alphabetisierungskampagne der privaten Fernsehanstalten.
Hörerin: Genau. So mit Kandidaten, die natürlich alle verarscht werden, und dann ist da so eine Glücksfee ...
Kuttner: Frau Gilzer!
Hörerin: Genau! Und die hat immer andere Klamotten an. Dann kann man da auch was gewinnen, und man muß die Sachen tatsächlich auch nehmen, hab ich gehört. Ich dachte zuerst, man bekommt vielleicht das Geld dafür.
Kuttner: Ja, da muß man ganz schön aufpassen, daß man sich das Richtige aussucht.
Hörer: Jedenfalls war das Verrückte, daß ich von dieser Sendung nicht loskam. Ich wußte immer, wenn ich nach Hause kam, jetzt beginnt gleich Glücksrad.
Kuttner: Aber du konntest vorher schon lesen?
Hörerin: Manchmal hab ich auch Kreuzworträtsel gemacht.
Kuttner: Da ist man aber doch überqualifiziert für Glücksrad!
Hörerin: Jedenfalls hab ich da auch immer mitgeraten und mich geärgert, wenn die Kandidaten nicht schnell genug waren. Aber irgendwie hat mich das mit der Zeit auch ruiniert, so daß ich mich eines Tages gefragt habe: Was ist eigentlich los mit dir?
Kuttner: Du konntest also keine kaputte Leuchtreklame mehr sehen, ohne gleich loszuraten, wie der fehlende Buchstabe lautet?
Hörerin: Nein, ich mußte die Sendung immer sehen!

Kuttner: Ich wollte ja nur fragen, ob das auch dein Privatleben außerhalb des Fernsehers ruiniert hat.
Hörerin: Es war, wie du es vorhin über Laster gesagt hast, es hatte etwas Ruinöses, aber es hatte auch etwas mit Genuß zu tun. Es war irgendwie beides. Ich mußte das immer sehen, aber es hat mir auch Spaß gemacht, obwohl es eine vollkommen blöde Sendung ist. Ich dachte mir: Das darf doch nicht war sein, daß du das immer wieder ansiehst! Dann kam ich nach Hause, mache den Fernseher an, und sagte: Oh herrlich, Glücksrad fängt gerade an!
Kuttner: Da bist du dann immer nach Hause gerannt, um es nicht zu verpassen?
Hörerin: Ja, und ich hab damals auch sonst sehr viel ferngesehen. Ich lag immer auf dem Kanapee mit der Fernbedienung in der Hand.
Kuttner: Na, das finde ich aber auch prima. Da wüßte ich jetzt nicht, ob ich das als Laster akzeptieren sollte. Du bist dann aber umgestiegen und hast als Ersatzdroge den Wetterbericht entdeckt, nehme ich an.
Hörerin: Nein, anders. In dem Fernseher, der mir erst zu meinem vierzigsten Geburtstag geschenkt wurde, fingen die Buchstaben an zu zerlaufen. Erst ganz wenig, dann aber immer stärker und immer schneller.
Kuttner: Von Sat 1 aus, oder von deinem Fernseher aus?
Hörerin: Nein, mein Fernsehgerät ging kaputt! Es starb so langsam vor sich hin. Die Farben zerliefen, und ich hab immer noch versucht, irgendwelche Buchstaben zu entziffern oder Leute zu erkennen, aber ich sah die immer schlechter.
Kuttner: Und hinterher warst du dann ganz froh, daß du so ein kluges Gerät hattest?
Hörerin: Nee, ich hab es abholen lassen.
Kuttner: Ach! Das ist aber auch ein trauriges Schicksal für so einen Fernseher. Wo haben sie den denn hingebracht?
Hörerin: Ich weiß nicht, wo er jetzt steht. Irgendwelche Leute, die sich mit Technik auskennen, haben den abgeholt.
Kuttner: Jetzt müssen die immer Glücksrad sehen! Also ich selbst bin ja leider nie dieser Faszination erlegen, worüber ich immer auch ein

bißchen unglücklich bin. Es gibt einem ja eine gewisse Sicherheit, so eine Sendung Scheiße zu finden und finden zu können, aber andererseits fühlt man sich auch ein bißchen ausgeschlossen und würde eigentlich gern zur Gemeinde gehören.
Hörerin: Es hat ja auch einen ungeheuren Reiz, das ist doch klar.
Kuttner: Warum?
Hörerin: Weil man was gewinnen kann!
Kuttner: Ach so. Ich sollte hier wahrscheinlich auch mehr Gewinne einführen. Schönen Dank für deinen Anruf, du hast ja ein richtiges Schicksal vorgetragen!

Wie schleicht eine Kurve?

Hörer: ... also ich glaube nicht, daß man das so stehen lassen kann. Ich wollte dazu unbedingt noch sagen, daß ...
Kuttner: Dürfte ich vielleicht, einfach mal ganz zwischendurch, um auch eine gewisse Belesenheit zu demonstrieren, Infinitesimalrechnung sagen?
Hörer: Nur, um den Begriff mal auszusprechen?
Kuttner: Ja! Es ist doch eigentlich ein schönes Wort, das aber zum Beispiel im Jugendprogramm kaum Raum greifen kann. Also dieser Sender ist doch jetzt schon über ein Jahr alt, und ich bin mir ganz sicher, daß in diesen 24 Stunden mal 365 Tagen ... Hast du einen Taschenrechner?
Hörer: Moment, ja. Ich hab einen.
Kuttner: Jetzt rechne doch mal 24 mal 365 plus 29 mal 24.
Hörer: Was war denn die 29 jetzt?
Kuttner: Mann, am ersten März war der Sender ein Jahr alt, heute ist der 29. März.
Hörer: 9425.
Kuttner: Ich vertraue dir. Kannst du dir also vorstellen, daß in diesen 9425 Stunden auch nur einmal Infinitesimalrechnung gesagt wurde?

Hörer: Nee.
Kuttner: Im Grunde hat also jeder, der diese Sendung hört, großes Glück, weil in den letzten sechs sieben Minuten dreimal Infinitesimalrechnung gesagt wurde. Das ist also eine, völlig aus der Gaussschen Wahrscheinlichkeitskurve herausfallende Spitze. Wenn man das jetzt grafisch darstellen würde, also der Sender auf der x-Achse und der zeitliche Verlauf auf der y-Achse, dann in dieses Diagramm Infinitesimalrechnung einträgt – dann schleicht die Kurve über 9425 Stunden bei Null dahin, und zack, auf einmal geht eine Spitze hoch, die alle Regeln außer Kraft setzt. Horido! Also im Grunde sagt sich das so leicht dahin, Infinitesimalrechnug. Aber wenn man sich das optisch-grafisch vor Augen führt, dann wird das doch eine ziemlich beeindruckende Leistung. Und wenn man jetzt noch wüßte, was das bedeutet!

Wer war eigentlich Konrad Mathe?

Hörer: Also ich hab eine Frage zur letzten Sendung. Du hast da so ein Wort eingeworfen, also Infinitisimalrechnung ...
Kuttner: Infinitesimalrechnung!
Hörer: ... oder Infinitesimalrechnung – was ist denn das?
Kuttner: Wie alt wollt ihr sein? 16? Habt ihr da schon Mathematik?
Hörer: Wir haben schon Mathe, ja.
Kuttner: Da seid ihr aber weit für euer Alter!
Hörer: Wir haben sogar schon mal unsere Lehrerin gefragt, die wußte das auch nicht.
Kuttner: Ja, ihr dürft nicht die Sportlehrerin fragen! Vielleicht haltet ihr euch doch eher an die Mathelehrerin.
Hörer: Haben wir doch!
Kuttner: Und die wußte auch nicht, was Infinitesimalrechnung ist? Ist ja unvorstellbar! Na, da sag mir aber noch mal die Schule durch!
Hörer: Leonardo da Vinci – Gymnasium.

Kuttner: Um Gottes willen! Dann auch noch so ein Name. Könnt ihr nicht Karl Dall heißen?
Hörer: Wir können uns doch Kuttner-Schule nennen.
Kuttner: Nee! Da müßt ihr erstmal rausfinden, was Infinitesimalrechnug ist und das Geburtsdatum von Hölderlin wissen.
Hörer: Du weißt das doch selber nicht. Sag es doch einfach mal!
Kuttner: Bin ich eure Mathematiklehrerin? Schreibt lieber mal an euren Bildungssenator und fordert ihn auf, mich auf Vortragsreise durch Berliner Gymnasien zu schicken. Dann würde ich euch gern darüber aufklären, was Infinitesimalrechnung ist. Jetzt danke ich aber erstmal für den Anruf und würde euch wünschen, daß nicht viele Mathematiklehrer oder Angehörige der Schulaufsichtsbehörde zugehört haben, sonst würde dieses Telefonat fatale Konsequenzen haben.
Hörer: Oh! Jetzt kommt gerade die Mutter unserer Gastgeberin rein.
Kuttner: Aha!
Hörer: Aber die weiß auch nicht, was Infinitisi ... Infinitisi ...
Kuttner: Infinitesimalrechnug!
Hörer: Wir können nachschlagen, wo wir wollen. Wir finden das nicht.
Kuttner: Ja, Kinder, die *Bravo* hilft da nicht weiter!
Hörer: Nee, *Bravo* lesen wir ja nicht.
Kuttner: So? Was ist denn jetzt in? *Top Model? Bunte? Super Illu?* Ja, *Super Illu* ist auch eine tolle Zeitung!
[Zuruf aus dem Hintergrund]
Hörer: Nee, nicht *Bussy-Bär!* Sei doch mal ruhig dahinten!
Kuttner: Ach *Bussy-Bär!* Hab ichs doch geahnt. Da war die *Bravo* wohl ein bißchen hoch gegriffen?
Hörer: Nee, wir lesen die *Morgenpost*, aber da steht Infiniti ... äh ... Infinitesimalrechnung auch nicht drin.
Kuttner: Vielleicht versucht ihr es mal mit einem Lexikon.
Hörer: Haben wir auch schon versucht, das steht nicht drin.
Kuttner: Ja, Kinder, ihr könnt euch nicht mit so einem 32-Seiten-Lexikon zufriedengeben. Es gibt auch dickere.
Hörer: Sogar im Mathe-Duden stand es nicht!
Kuttner: Was ist denn ein Mathe-Duden?

Hörer: Ein Fachlexikon für Mathematik.
Kuttner: Und das heißt wirklich Mathe-Duden?
Hörer: Nee, das haben wir so genannt.
Kuttner: Ach so! Und da stand es auch nicht drin? Dann kann ich nur sagen, das ist extrem revisionsbedürftig.
Hörer: Ich weiß nicht ...
Kuttner: Aber ich weiß! Kennst du die Farben der Schweiz?
Hörer: Ja, rot-weiß.
Kuttner: Nein, das ist ein schönes Gedicht von Ernst Jandl: »Rot, ich weiß, rot«. Und damit machen wir auch Schluß. Tschüß! Und grüß die Mutti, die soll euch allen mal ein paar hinter die Ohren geben.
Hörer: Das kann sie nicht machen, weil wir ja nicht alle ihre Kinder sind. Das könnte sie nur bei ihrer eigenen Tochter machen.
Kuttner: Ach, ist das schade! Wie eng sind doch manchmal die Grenzen der Moral gezogen.

Nehmen Franzosen immer alles in den Mund?

Hörer: Ich wollte nur mal erklären, was Infinitesimalrechnung ist.
Kuttner: Das soll doch aber gar nicht erklärt werden!
Hörer: Wieso? Das verstehe ich jetzt nicht.
Kuttner: Weil die Menschen, die es noch nicht wissen, dazu gebracht werden sollen, etwas selbst herauszufinden. Die werden doch sonst nur mit dieser typischen Konsumentenhaltung groß – sie wissen irgend etwas nicht und meinen, es wird ihnen schon jemand erklären, im Radio oder auf Sat 1. Dabei sollen sie lieber mit dem Hintern hochkommen. Es würde mir jetzt also reichen, wenn du mir bestätigen könntest, daß es Infinitesimalrechnung wirklich gibt, sie aus dem Mathematischen stammt, und daß, wer es nicht selbst herausfindet, selbst schuld ist.
Hörer: Das kann ich dir nur bestätigen! Aber weißt du, was *f-e-m* ist?
Kuttner: Nee, was ist denn das?

Hörer: F-e-m mußt du doch kennen, wenn du weißt, was Infinitesimalrechnung ist.

Kuttner: Nee, ich kenne nur *q-e-d*.

Hörer: Quod erat demonstrandum?

Kuttner: Mensch, ein gebildeter Hörer! Ich nehme an, du bist älter als 16 und hast Abitur?

Hörer: Ich bin älter als 26 und gebe vor, Abitur zu haben.

Kuttner: Jedenfalls hast du dein Abitur noch in einer Zeit gemacht, als die Infinitesimalrechnung noch zur intellektuellen Grundausstattung gehörte.

Hörer: Nee, ich hab Abitur gemacht, als man sowas noch gar nicht kannte.

Kuttner: Ach! Wann war denn das? In der frühen 30er Jahren?

Hörer: 1885.

Kuttner: Na, dann bist du aber deutlich älter als 26. Und dein Name ist Friedrich Nietzsche? Wunderbar, wieder ein prominenter Anrufer!

Hörer: Dann sag mir doch noch, was *f-e-m* ist.

Kuttner: Mit F wie Friedrich?

Hörer: Nee, mit F wie Foxtrott. *Foxtrott-Echo-Mike* heißt das, und es kommt aus dem NATO-Buchstabieralphabet.

Kuttner: Ach!

Hörer: Ja, im deutschen Polizeibuchstabieralphabet würde es heißen *Friedrich-Emil-Marta*, aber im NATO-Buchstabieralphabet heißt es *Foxtrott-Echo-Mike*. Jetzt weißt du auch, warum der Checkpoint Charlie Charlie heißt.

Kuttner: Sag mal, hast du so ein blaues Mützchen auf?

Hörer: Nee, wieso?

Kuttner: Ich dachte gerade an die, die so überall in der Welt rumreisen.

Hörer: Nee, mein Mützchen war mal rot.

Kuttner: Warst du Fallschirmspringer? Oder so eine Gummipuppe, die den Verkehr auf der Kreuzung geregelt hat?

Hörer: Nein, ich war Funker.

Kuttner: Im NATO-Hauptquartier? Du hast immer *Foxtrott-Echo-Mike* gesagt und damit die angeschlossenen Stellen verwirrt.

Hörer: Nein, im Gegensatz zu dir hab ich keinen Sprechfunk gemacht, sondern Schreibfunk.

Kuttner: Das klingt ein bißchen so, als wenn ich es dir jetzt nicht unbedingt unbesehen abnehmen sollte. Ist das sowas wie faxen?

Hörer: Ja, aber in der technischen Steinzeit. Das Faxen war gerade erfunden und hieß noch Schreibfunk.

Kuttner: Und das Faxgerät selbst waren ein paar kleinerer Vögel, die mit einem Kassiberchen am Hals von NATO-Hauptquartier zu NATO-Hauptquartier geflogen sind?

Hörer: Ja, so ungefähr.

Kuttner: Und da haben die euch rote Mützchen aufgesetzt, damit ihr sofort als Schreibfunker erkennbar seid?

Hörer: Nein, nicht ganz. An dem Mützchen war vorn noch so ein Blechschild ...

Kuttner: ... wo Schreibfunker draufstand?

Hörer: Nee, da war ein Blitz drauf. Ein Fernmeldeblitz sozusagen.

Kuttner: Also im Grunde eine Art militärisches Posthorn?

Hörer: Genau.

Kuttner: Und dann gabs da doch noch so kleine nette Metallpickelchen, die man auf der Schulter hatte. Das sah dann immer ein bißchen pubertär aus, so wie Schulterakne.

Hörer: Was ist denn Schulterakne?

Kuttner: Na, ab Major aufwärts.

Hörer: Ich glaub schon ab Leutnant aufwärts.

Kuttner: Stimmt, ab Unterleutnant!

Hörer: Na, da bin ich mir nicht sicher. Die haben vielleicht Streifenpickel. – Streifenpickel ist auch keine schlechte Überlegung.

Kuttner: Streifenpickel ist eine Superüberlegung!

Hörer: Wie man doch von Infinitesimalrechnung auf Streifenpickel kommen kann! Jetzt könnte man das ganze Spielchen aber noch weitertreiben und die Streifenpickel infinit klein machen: *d-Streifen nach dt* vielleicht, um es nach der Zeit abzuleiten.

Kuttner: Hast du eigentlich noch dein rotes Mützchen zu Hause?

Hörer: Um Gottes willen, nein! Das muß man sofort wieder abgeben, wenn man den Verein verläßt.
Kuttner: Das ist aber gemein!
Hörer: Ja, du darfst nur die Unterwäsche, die Strümpfe und die Schuhe behalten.
Kuttner: Aber gerade das macht sich ja nicht besonders schön. Wenn man sonst als fescher schneidiger Militär durch die Straßen gehen würde, sähe das doch mit langen Unterhosen ausgesprochen unattraktiv aus.
Hörer: Ich möchte aber nie in meinem Leben als fescher schneidiger Militär durch die Gegend ziehen.
Kuttner: Da hättest du aber gar keine Wahl, wenn die dir so ein rotes Mützchen aufsetzen.
Hörer: Also, wenn ich manchmal auf der Straße diese Leute mit den roten Mützchen sehe ...
Kuttner: ... da reißt es dir gleich den rechten Arm hoch?
Hörer: Nein, nein, nein. Da bekomme ich eher Beklemmungen.
Kuttner: Also ich muß dir jetzt mal ehrlich was sagen: Mir haben sie so ein rotes Mützchen vierzig Jahre lang vorenthalten!
Hörer: Was hast du denn dafür gehabt? Ein gelbes Mützchen?
Kuttner: Nee, so einen häßlichen grauen Deckel. Extrem unattraktiv! Der ließ gleich die Haut ins Pergamentene spielen.
Hörer: Die Haut ins Pergamentene! Oh Gott!
Kuttner: Ja, das sah gar nicht schön aus. Ansonsten hatte ich frische rosa Gesichtshaut, deren Farbe durch ein rotes Mützchen wahrscheinlich auf das Wunderbarste verstärkt und herausgehoben werden würde.
Hörer: Ich glaube nicht, daß kräftiges Rot auf dem Kopf die Gesichtsfarbe noch hervorhebt. Ich glaube, dann merkt man erst, wie blaß man ist und wie schlecht die Ernährung ist.
Kuttner: Meinst du? Ich finde ja zum Beispiel, daß Frauen in knallroten Kleidern immer total klasse aussehen.
Hörer: Das ist doch aber eher eine sexuelle Anziehung ...
Kuttner: ... von der ich doch aber nicht frei bin!

Hörer: In deinem Alter noch?
Kuttner: Ja, deswegen würde ich nicht aus dem Rollstuhl aufstehen, aber eine Augenweide ist es schon. Für dich aber offensichtlich nicht so, oder?
Hörer: Doch. Aber es kommt natürlich darauf an, wie das Kleid geschnitten ist.
Kuttner: Du meinst also, daß, wenn man so aus dem Fenster lehnt, die Ellenbogen auf das Kissen gestützt, daß dann obenrum nicht soviel Stoff ist bei den jungen Frauen?
Hörer: Ich weiß ja nicht, wo du deine Frauen kennenlernst, aber doch nicht am Fenster!
Kuttner: Ja, nicht an deinem Fenster, das ist schon klar.
Hörer: Ich wohne Hochparterre, da siehst du sowieso nichts.
Kuttner: Wieso denn? Haben die den Weg bei euch hinter dem Haus langgeführt, weil vorne so ein permanenter Fensterglotzer den Unwillen feministischer Aktivistinnen erregt?
Hörer: Aktivist-Innen?
Kuttner: Gut, Aktivist-Innen. Jetzt bring mich hier nicht in die Bredouille! – Bredouille ist ja auch ein sehr schönes Wort. Hast du in der Schule Französisch gehabt?
Hörer: Ja, ich hab Französisch gehabt. Ich hab auch alles in den Mund genommen.
Kuttner: Hhm ... ja ... also, es ist nach elf, das ist okay. Dann brauche ich das jetzt nicht zu relativieren oder zu übersprechen.
Hörer: Du mußt aber noch sagen, was *f-e-m* bedeutet.
Kuttner: Könntest du mir nicht wenigstens mal eine Richtung weisen? So nordwestlich vielleicht?
Hörer: Es hat was mit Infinitesimalrechnung zu tun. Aber wenn ich jetzt noch einen Schritt weiter gehe, dann wissen ja alle anderen, was Infinitesimalrechnung ist!
Kuttner: Na, dann lieber nicht. Ich danke dir für deinen Anruf.

LEBENSMAXIMEN

Kuttner: Das Thema lautet heute: Erfahrungen mit Lebensmaximen. Also, welche Lebensmaximen hat man, welche hat man von den Eltern mitbekommen, welche hat man sich angelesen, gehört, oder von Freunden übernommen, welche hat man wirklich gelebt, und vor allem, welche Erfahrungen hat man mit diesen Lebensmaximen gemacht. Hat man Prinzipienlosigkeit als einziges Prinzip, oder hat man tatsächlich noch andere Prinzipien, die sich immer wieder bewähren, oder bewährt haben, oder aber einem zu größtem Unglück verholfen haben.

Wie schnell vergeht eigentlich Geilheit?

Hörer: Willst du eher eine japanische Lebensmaxime hören, oder eher eine aus dem Osten?
Kuttner: Eher aus dem Osten. Also aus dem Nahen Osten.
Hörer: Ja, aus dem ganz nahen sogar. Also paß auf: Der Fuchs ist schlau und stellt sich dumm, der Wessi macht das andersrum.
Kuttner: Also, mein Lieber! Jetzt muß ich aber meiner medienpolitischen Verantwortung mal gerecht werden und sagen, das ist weiß Gott kein Spruch, der hilft, die Spaltung zu überwinden! Der baut im Grunde ja die Mauer wieder auf.
Hörer: Nee, der baut uns immer wieder auf.
Kuttner: Westlerverachtende Sprüche?
Hörer: Irgendwann müssen die doch auch mal was abkriegen. Jetzt haben sie zwar schon den grünen Pfeil bekommen, aber das reicht nicht.
Kuttner: Da mußt du noch einen nachschieben, meinst du?
Hörer: Ja, genau!
Kuttner: Hast du denn jetzt auch noch den japanischen Spruch parat?
Hörer: Ja, klar: Wer glaubt, etwas zu sein, hat aufgehört, etwas zu werden. Wie findest du denn den?

Kuttner: Also: Wer glaubt, etwas zu werden, hat aufgehört, etwas zu sein, wie findest du denn den?
Hörer: Nee, »wie findest du den« kannst du weglassen. Aber was hältst du denn davon?
Kuttner: Ach so! Also: Wer glaubt, etwas zu werden, hat aufgehört, etwas zu sein?
Hörer: Nee! Wer glaubt, etwas zu sein, hat aufgehört, etwas zu werden.
Kuttner: Ach so!
Hörer: Du übst doch zum Beispiel pausenlos Selbstkritik. Wenn du jetzt aber sagen würdest: Ich bin *der* Moderator, und ich mache *die* Sendung, dann ist die Sendung tot!
Kuttner: Du meinst, wenn ich sagen würde: Ich bin Kuttner, und ich mache Sprechfunk, wäre sofort alles aus?
Hörer: Nee, das wäre noch okay.
Kuttner: Ja? Aber viel weiter dürfte ich nicht gehen?
Hörer: Wenn du aber sagst: Ich bin Kuttner und mache *den* Sprechfunk, dann wird es schon krititsch.
Kuttner: Wenn ich sagen würde: Kuttner ist ein total geiler Moderator?
Hörer: Dann wärst du schon keiner mehr.
Kuttner: Dann muß ich mir das aufschreiben. Also: Wer glaubt, etwas ...
Hörer: Soll ich es dir lieber diktieren?
Kuttner: Ja!
Hörer: Wer glaubt, etwas zu sein, der hat aufgehört, etwas zu werden.
Kuttner: Ich danke dir sehr! Und ich wünsche dir, daß du was wirst, aber nie was bist.
Hörer: Ich danke dir!

Warum quietschen gerade Drehstühle so oft?

Kuttner: Tag, wer ist denn da?
Hörerin: Tag!
Kuttner: Ach eine Frauenstimme! Da muß ich ja wieder ganz sanft sein.

Hörerin: Wegen der Quote?
Kuttner: Ja, genau. Sagst du mir mal deinen Namen?
Hörerin: Mhm.
Kuttner: Das ist nicht schlecht, die Antwort habe ich so nicht erwartet.
Hörerin: Ich hab mir gerade eine Zigarette angemacht, und da war mir nicht so nach antworten.
Kuttner: Dagegen ist nichts zu sagen, aber das verpflichtet mich, darauf hinzuweisen, daß die EG-Gesundheitsminister feststellen: *Rauchen gefährdet die Gesundheit und verursacht Herz- und Gefäßkrankheiten.*
Hörerin: Na gut.
Kuttner: Könntest du vielleicht noch mal für nichtrauchende Hörerinnen und Hörer, die ja immer zu einer gewissen Militanz neigen, sagen, wieviel Nikotin und Kondensat deine Zigarette hat?
Hörerin: 0,6 Nikotin und 0,7 Kondensat.
Kuttner: Das ist ja dann eher eine Leichte. Das ist so eine unentschiedene Art zu rauchen.
Hörerin: Kommt drauf an. Entweder man raucht viel leicht oder wenig schwer.
Kuttner: Ja, das kommt auf dasselbe heraus. Das ist jetzt aber nicht geschlechtstypisch? Wobei ja Damenzigaretten und Damenrevolver immer etwas Besonderes sind.
Hörerin: Wobei ja die Zahl der Frauen, die sich Zigaretten drehen auch stetig zunimmt.
Kuttner: Das hängt aber auch mit ihrem praktischen Erwerbssinn zusammen, also mit der Überlegung, daß Zigarettendrehen billiger ist.
Hörerin: Das könnte eine Ursache sein, aber das andere möchte ich auch nicht ausschließen.
Kuttner: Was war denn das andere?
Hörerin: Das Geschlechtsspezifische.
Kuttner: Damit hat sich der Kreis nicht geschlossen, und wir können jetzt zu den Lebensmaximen kommen.
Hörerin: Gut, also ...
Kuttner: Darf ich vorher nochmal kurz eine Frage stellen? Wird denn

deine Lebensmaxime eine in besonderer Weise weibliche Maxime sein, oder hat die allgemein-menschlichen Charakter?

Hörerin: Ich hab keine. Ich wollte eher Bezug nehmen auf das Vorangegangene.

Kuttner: Ach, du dachtest an die Quote im doppelten Sinne und wolltest jetzt eher eine ostlerverachtende Bemerkung machen, damit die Ausgewogenheit dieser Sendung wiederhergestellt ist?

Hörerin. Nee, aus dem Ostwestkonflikt wollte ich mich raushalten, weil das doch ein sehr weites Feld ist.

Kuttner: Ein mörderisches Feld!

Hörerin: Nein, ich wollte auf den japanischen Sinnspruch Bezug nehmen. Da wollte ich doch mal die Frage in den Raum stellen, was man denn überhaupt werden will.

Kuttner: Was willst du denn werden?

Hörerin: Groß und stark.

Kuttner: Schön! Gerade vom ersten habe ich mich ja schon längst verabschiedet. Stark könnte mir vielleicht noch zugänglich werden, aber groß ist vorbei.

Hörerin: Man soll nie aufhören zu hoffen! Ich hätte aber noch ein Problem mit dem Aberglauben. Mir ist in meiner Jugend mitgegeben worden, daß die Schuhe auf den Tisch zu legen Unglück bringt ...

Kuttner: Und ein Kamm in der Butter macht fettige Haare!

Hörerin: ... jedenfalls hab ich bis jetzt versucht, mich streng daran zu halten, aber es hat nichts genützt. Das schmälert meinen Glauben an Lebensmaximen schon sehr.

Kuttner: Du hast bis jetzt immer die Schuhe auf den Tisch gestellt und dann gewartet, daß große Unglücke passieren?

Hörerin: Nein, ich hab das Gegenteil getan und gehofft, daß das Unglück von mir weicht.

Kuttner: Ja, das ist doch ganz klar! Da muß man nur mal ein bißchen überlegen und wird feststellen: Schuhe auf dem Tisch bringt Unglück heißt doch aber nicht keine Schuhe auf dem Tisch bringt Glück!

Hörerin: Ich dachte, das wäre eine logische Schlußfolgerung.

Kuttner: Nee, da hast du den Spruch zu eilfertig umgedreht.

Hörerin: Ich dachte, daß das geht.
Kuttner: Da würden jetzt nur elementare Logik-Kurse weiterhelfen. Die Umkehrbarkeit einer Aussage, Eindeutigkeit und Eineindeutigkeit. Das ist ein ganz diffiziles mathematisches Problem.
Hörerin: Aber mathematische Probleme haben mit Aberglauben nichts zu tun.
Kuttner: Doch! Gerade Aberglauben hat doch eine große mathematische Tradition! Drei mal Drei macht Neune, ihr wißt schon, was ich meine! Das ist doch auch eine Maxime, mit der man es durchaus relativ weit bringen kann. Vor allem, wenn man das »ihr wißt schon, was ich meine« recht zu betonen versteht. In einem entsprechenden Umfeld, ein bißchen schummerig, ein netter junger Mann an deiner Seite – gut, das »ihr« kommt dann ein bißchen blöd, – aber wenn du das so guttural aussprichst, dann weiß der sofort, was du meinst.
Hörerin: Aber, wenn ich es ihm dann doch erklären muß, stehe ich da wie blöd.
Kuttner: Na, dann weißt du, das ist eine Lusche! Dann hilft nur noch Backpfeife, rausschmeißen und auf den Nächsten warten. Oder das Licht war doch nicht schummerig genug.
Hörerin: Wenn du meinst.
Kuttner: Na, da haben wir es doch weit gebracht! Stolz können wir jetzt beide auf Erreichtes zurückblicken. Wollen wir uns beide mal umwenden und kurz stolz zurückblicken?
Hörerin: Ja.
Kuttner: Dann machen wir das mal. Aber in durchaus radiophoner Manier.
[Drehstuhlquietschen]
Hörerin: Ich weiß ja nicht, was du gerade tust ...
Kuttner: Ich hab mich jetzt umgedreht.
Hörerin: Ja, und? Was siehst du da?
Kuttner: Erfolge!

Gibt es noch Kultur nach dem Komma?

Hörer: Ich möchte gern diese Füße-Unglück-Geschichte auf die Grundlage von Aussagenlogik zurückführen. Damit fängt ja Mathematik an.
Kuttner: Du meinst also, du könntest zwischen eindeutig und eineindeutig unterscheiden?
Hörer: Du versuchst jetzt schon, eine Ebene höher zu gehen.
Kuttner: Ach, ist es schon wieder zuviel? War schon 8. Klasse, was ich gesagt habe. Dann wollen wir dich mal nicht überfordern.
Hörer: Wenn einer sagt, es passiert kein Unglück, wenn er die Füße nicht auf dem Tisch hat, dann kann man durchaus aus der ersten Aussage folgern, daß ein Unglück passiert, wenn man die Füße auf dem Tisch hat.
Kuttner: Nein, kann man nicht. Weil das nur eine eindeutige, aber keine eineindeutige Aussage ist.
Hörer: Komm mir nicht immer mit eineindeutig!
Kuttner: Ja, weil du nicht weißt, was das ist! Das ist doch wieder klassischer Bildungsnotstand.
Hörer: Doch, ich weiß, was das ist. Aber wenn ich sage, ich hab meine Füße auf dem Tisch, daraus folgt, es passiert ein Unglück, dann kann ich nicht folgern, es passiert ein Unglück, weil ich meine Füße auf dem Tisch habe. Ich kann sagen: Ich hab meine Füße nicht auf dem Tisch, also passiert auch kein Unglück.
Kuttner: Das ist doch aber unsinnig!
Hörer: Aber das ist Mathematik, dafür kann ich doch nichts. Ich mach es ja auch nicht gerne.
Kuttner: Wir wollen uns jetzt nicht über gerne und nicht gerne machen unterhalten, sondern darüber, wer von uns beiden denn Ahnung davon hat. Wenn ich jetzt mal ganz objektiv abwäge, und ich wäge ganz objektiv ab, dann komme ich zu der ziemlich eineindeutigen Feststellung, daß du keine Ahnung hast. Dieser Widerspruch zeigt es doch!
Hörer: Du kennst dich ja wirklich in vielen kulturellen, literarischen oder musikalischen Dingen aus, da kann es doch auch mal Felder wie Mathematik oder Politik geben, wo du nicht soviel Ahnung hast.

Kuttner: Paß mal auf, mein Lieber! Ich kann dir Pi auf zwanzig Stellen nach dem Komma sagen.
Hörer: Na, fang mal an, ich hab einen Taschenrechner hier.
Kuttner: Na, prima! Ich werde hier doch nicht sinnlos Zeit verplempern, um Zahlen durchzusagen. Wenn dann jemand zuschaltet, denkt er, hier werden gerade wieder die Wasserstände und Tauchtiefen durchgesagt und schaltet gleich wieder um.
Hörer: Damit hast du dich wieder um einen Beweis gedrückt.
Kuttner: Dann leg doch mal die Füße auf den Tisch. Hinfallen sollst du!

Wird Mathematik nicht oft zu didaktisch angegangen?

Hörer: Eigentlich wollte ich ...
Kuttner: Ist dir schon mal aufgefallen, daß, wenn man einen Satz mit »eigentlich« beginnt, der Satz gleich nicht mehr so die richtige Überzeugungskraft hat?
Hörer: Doch hat er. Du weißt doch noch gar nicht, wie er aufhört.
Kuttner: Aber ich weiß, wie er angefangen hat. Sätze, die mit »eigentlich« anfangen, geben im Grunde zu verstehen, daß man noch nicht genau weiß, was man will, daß man auf Ermunterung durch den anderen wartet, oder auf Widerspruch, wo man dann sofort bereit ist einzulenken.
Hörer: Gut, dann möchte ich das stornieren. Ich möchte also ...
Kuttner: Stornieren hast du schön gesagt, aber sag dann ruhig »ich will«!
Hörer: Ich will also, um dem Anspruch, den du mit der Erwähnung des Spruches, wenn man die Füße auf dem Tisch hat, dann bringt das Unglück ...
Kuttner: Mein Lieber, da hast du dich aber auf eine komplizierte Satzstruktur eingelassen. Ich bin gespannt, wie du die zu Ende bringst.
Hörer: Dein Einwand eben macht die Sache nicht einfacher.
Kuttner: Das war ein ganz klassischer Einschub, vorn ein Komma, hinten ein Komma. Deine Erwiderung dagegen, die könnte man höch-

stens in Klammern setzen, um den Satz als solchen nicht zu beschädigen.

Hörer: Auf solche grammatikalischen Spitzfindigkeiten möchte ich mich jetzt nicht einlassen.

Kuttner: Das war schon die zweite Klammer, und zwei Klammern hintereinander sehen nicht schön aus. Damit ist ein Satz kaum noch zu Ende zu bringen.

Hörer: Das sehe ich auch so.

Kuttner: Und das war die dritte Klammer. Damit leppert der Satz jetzt aus, hinten drei Pünktchen, und alles ist vorbei. Aber solche Sätze habe ich nicht so gerne in der Sendung.

Hörer: Ich weiß, aber ich möchte eigentlich ... nein, ich will den mathematischen Anspruch dieser Sendung hochhalten. Wenn du nämlich ... oder wenn der Hörer ... eigentlich war es ja eine Hörerin, soweit ich mich erinnern kann ... mit diesem Satz ... wenn die Füße auf dem Tisch ...

Kuttner: Mit deinen langen Pausen erwartest du jetzt natürlich nebensätzliche Einschübe von mir, aber ich habe immer wieder die Angst, daß du dann deine Sätze nicht zu Ende führen kannst. Darum sage ich nichts, und du gerätst dann natürlich in große Verwirrung. Also jetzt sage ich mal einen Moment lang nichts, und du hast die Gelegenheit, wunderbare Sätze zu konstruieren.

Hörer: Ich bin dir sehr dankbar für dein Verständnis.

Kuttner: Jetzt also Thomas Mann on Air.

Hörer: Wenn dieser Spruch so getan wird, wenn man die Füße auf den Tisch legt, dann bringt das Unglück, dann handelt es sich im Sinne der formalen Aussagelogik um eine Implikation. So wie das von einigen Hörern nun dargestellt wurde, daß man das einfach negiert und sagt, wenn man die Füße nicht auf den Tisch legt, dann bringt das kein Unglück, ist nicht ganz richtig.

Kuttner: Ja, das hab ich doch auch nur gesagt! Aus A folgt B heißt nicht unbedingt, aus Nicht-A folgt Nicht-B.

Hörer: Genau. Denn die ganze Sache sieht so aus, wenn du die Gesetze der formalen Aussagelogik wirklich beherzigst ...

Kuttner: … was man machen sollte …
Hörer: … was man machen sollte …
Kuttner: … weil es den eigenen Überlegungen eine gewisse Überzeugungskraft …
Hörer: … verleiht?
Kuttner: … und logische Stringenz verleiht, dann …
Hörer: Richtig. Ich möchte jetzt …
Kuttner: Du müßtest den Satz jetzt mit »dann« weiterführen, weil du ihn mit »wenn« begonnen hast.
Hörer: Ich möchte aber …
Kuttner: Das war jetzt schon der zweite Satz, den du mit drei Pünktchen beendet hast.
Hörer: Zählst du etwa mit?
Kuttner: Nein, ich bringe deinen Ausführungen nur eine gewisse Aufmerksamkeit entgegen.
Hörer: Da bin ich dir sehr dankbar.
Kuttner: Du bist das offensichtlich nur nicht gewohnt.
Hörer: Ist das ein Problem?
Kuttner: Für mich nicht.
Hörer: Gut, okay. Ich mache das jetzt mal an einem mathematischen Beispiel fest. Wenn eine Zahl durch Zehn teilbar ist, dann folgt daraus, daß diese Zahl auch durch Fünf teilbar ist. Das ist so logisch, daß es auch zu dieser späten Stunde noch verstanden wird.
Kuttner: Meinst du mich jetzt?
Hörer: Nee, ich meine das allgemein. So. Wenn man jetzt einfach sagen würde, Zehn teilt diese Zahl nicht, zum Beispiel 25, die ist ja durch Zehn nicht teilbar, dann heißt das nicht automatisch, daß Fünf diese Zahl nicht auch teilt, denn 25 ist ja bekanntlich durch Fünf teilbar.
Kuttner: Ist zwar völlig richtig, aber leider didaktisch und sprachlich doch sehr ungeschickt angegangen. Darf ich das noch als Kritik äußern?
Hörer: Ja, darfst du. Ich wollte nur deine Aussage unterstützen.
Kuttner: Dann bedanke ich mich für deine Einlassungen. Quot erat demonstrandum.

HUNDEQUOTE

Kuttner: Guten Tag!
Hörer: Tag!
Kuttner: Ja, Tag!
Hörer: Ja, ja!
Kuttner: Praktisch ist ja für so ein Telefongespräch, wenn sich die Teilnehmer auch gegenseitig vorstellen.
Hörer: Ja, Tag!
Kuttner: Nein, nicht grüßen, das ist etwas anderes. Sich vorstellen, also den Namen nennen. Das ermöglicht dann dem jeweils anderen, den wiederum jeweils jeweils anderen anzusprechen.
Hörer: Ja, Tag!
Kuttner: Hhm. Da wäre vielleicht die erste Frage an dich: Wie heißt du denn?
Hörer: Ich heiße Stefan.
Kuttner: Da ist ja nichts dagegen zu sagen. Das ist doch kein Name, den man verbergen muß. Tag, Stefan.
Hörer: Tag, Kuttner.
Kuttner: Ja?
Hörer: Ja.
Kuttner: Ein anderes Moment, was vom Sendekonzept her sehr günstig ist und was die Quoten sehr günstig beeinflußt, und was die supervisierenden Zuhörer, denen es obliegt, die Sendung zu bewerten, zu verstümmeln, zu verhunzen, zu verjochen, sehr beeindruckt, ist, wenn so eine Sendung richtig in Fluß kommt, wenn Frage und Antwort, Gegenfrage und Gegenantwort hin und herfliegen, wie bei einem Tischtennisspiel. Mein großer Ehrgeiz wäre es jetzt, in solcherart Gespräch mit dir zu geraten.
Hörer: Jaja.
Kuttner: Dabei ist es aber ausgesprochen ungünstig, das besagt die Erfahrung der letzten zwei Jahre, wenn ich die ganze Zeit rede, trotzdem ich zwar einerseits dazu neige, andererseits aber auch immer wieder durch maulfaule Anrufer dazu genötigt werde. Um das zu ver-

meiden, und um in diesen eben beschriebenen flüssigen Stil von Rede und Gegenrede zu kommen, ist es natürlich unpraktisch, wenn jetzt einer von und beiden, und ich würde in diesem Fall auf dich tippen, immer nur »jaja« sagt.
Hörer: Jaja.
Kuttner: Das war schon mal ein erstes großes Gespräch. Ich danke dir für deinen Anruf, und wir wollen mal sehen, wer noch so in der Leitung ist. Hallo?
Hörerin: Hallo?
[Geräusch im Hintergrund]
Kuttner: Sag mal, rufst du aus einer Bahnhofshalle an, da ist so ein Geräusch im Hintergrund?
[Lachen]
Kuttner: Siehst du, du hast ein Geräusch in der Wohnung, und es ist dir noch gar nicht aufgefallen!
Hörerin: Jaja.
Kuttner: Jetzt geht es wieder los mit dem »jaja«. Wir können auch noch mal *Tag* sagen.
Hörerin: Tag!
Kuttner: Tag! Dann würde ich dir gern meine bewährte erste Frage stellen, die in aller Regel zu wunderbaren Gesprächen führt: Wie heißt du denn?
Hörerin: Sarah.
Kuttner: Das ist doch ein wunderschöner Name, einer der schönsten, die ich kenne. Ansonsten müssen wir jetzt aber langsam mal auf das heutige Thema zu sprechen kommen.
Hörerin: Jaja.
Kuttner: Das war wieder eine große Antwort von dir. Ich merke, das Gespräch kommt jetzt zügig in Gang. Es gibt kein Halten mehr.
Hörerin: Jaja.
Kuttner: Ja.
[Lachen]
Kuttner: Weißt du, es gibt zwei Sachen, die die Einschaltquote günstig beeinflußen. Das eine kann man immer im Fernsehen sehen, das sind

Tiere in der Sendung, wobei ganz große Tiere eher unpraktisch sind, deswegen sieht man relativ selten Pferde in Live-Sendungen, es sind immer mehr so Hunde und Wuschelkatzen, das ist dir vielleicht aufgefallen. In einer Radiosendung ist dasselbe natürlich sehr gut durch Lachen zu erreichen. Insofern danke ich dir jetzt für dein Lachen, das war im Grunde der Quotenhund.
[Lachen]
Kuttner: Das war jetzt schon der zweite Quotenhund. Der Sender wird langsam überlastet, weil jetzt alle zuschalten. Dadurch sinkt natürlich die Lautstärke beim einzelnen Hörer. Wir müßten dann vielleicht doch anfangen zu reden, weil das wahrscheinlich einige wieder dazu bringt umzuschalten.
Hörerin: Jaja.
Kuttner: Ja, dann würde ich dir erstmal für deinen Anruf danken. Ich hab wieder viel gelernt. Tschüß!

MENSCHEN IN BAD HARZBURG

Kuttner: Hallo, wer ist denn da?
Hörer: Rehbock hier, spreche ich da mit Binder?
Kuttner: Ja, hier ist Binder.
Hörer: Kurt Binder?
Kuttner: Ja, Kurt Binder.
Hörer: Oh, das ist ein Mißverständnis. Kurt Binder hat eigentlich eine andere Stimme. Ich suche Kurt Binder, ich hab im Telefonbuch geguckt ...
Kuttner: 0331/ 965123 – Ja, richtig. Das ist hier der Anschluß Binder.
Hörer: Richtig. Da wollte ich eigentlich den Kurt Binder sprechen, mit dem ich 1958 das Abitur in Bad Harzburg gemacht habe.
Kuttner: Ja, der bin ich doch. Wer bist du denn?
Hörer: Ich bin Rehbock.

Kuttner: Ach, der Rehbock!

Hörer: Wie klingst du denn ...

Kuttner: Na, du mußt doch aber zugeben, mein lieber Rehbock, seit 1958 ist einige Zeit ins Land gegangen. Soweit ich mich erinnern kann, waren wir beide kindisch damals, du warst natürlich viel kindischer, und ich bin ziemlich gereift in der Zeit seitdem. Bei dir hat sich ja nicht allzuviel getan.

Hörer: Ich finde, der Dialekt klingt überhaupt nicht nach Bad Harzburg. Seit wann lebst du denn da in Potsdam?

Kuttner: Nun muß ich ja ganz ehrlich sagen, Abitur in Bad Harzburg war schon ganz schön, aber Bad Harzburg ist ja nicht gerade das, was ich mir unter einer Traumstadt vorstelle. Mein Ziel war ja schon immer was Besseres.

Hörer: Also, Bad Harzburg hat schon seine Reize. Ich muß sagen, damals so Klassenausflüge den Burgberg hoch ... und die Spaziergänge durch den Harz ...

Kuttner: Naja, die besten Erinnerungen habe ich nicht daran. Mein Herz hängt am Harz eigentlich nicht mehr so. Hier dagegen, die Prenzlauer Berge, die Müggelberge – da hat der Berg noch eine menschliche Dimension. Der Harz selber, der tritt einem ja schon mit der Steiger-Nordwand-Erhabenheit gegenüber. Wenn man den erklimmen will, da muß man doch ein gewisses Maß an Kondition und Willensstärke mitbringen, was im Grunde auch den anderen Harzburger Abiturienten nicht gegeben war, so daß man dann doch lieber mit der Straßenbahn den Berg hochfährt.

Hörer: Ich bin in den Müggelbergen gewesen, und als echter Harzer Roller stelle ich mir unter einem Berg doch etwas anderes vor.

Kuttner: Nee, nee. Da hast du natürlich schon recht. Aber das ist auch eine wahnsinnige Medienübertreibung: Himalaya, Mont Blanc, Alpen – wo sind die eigentlich? Die sind doch im Grunde weit weg, und nur das widerliche Fernsehen trägt sie einem nach Hause und prägt damit das Bild von einem Berg, das hier in der Gegend Berlin-Brandenburg eigentlich gar keine Entsprechung hat.

Hörer: Richtig.

Kuttner: Da sind wir doch sofort wieder bei der Verlogenheit und bei der permanenten Übertreibung durch die Medien! Die machen doch aus den Müggelbergen gleich die Heimat des Yeti!
Hörer: Siehe unser Abituraufsatz.
Kuttner: Genau. – Was machst du denn jetzt eigentlich so?
Hörer: Ich bin Rundfunk- und Fernmeldemechaniker in Hildesheim.
Kuttner: Ach! Na, das ist aber keine Karriere für jemand, dessen Vater Bankdirektor in Bad Harzburg war!
Hörer: Ja, nun. Mein Vater ist auch sehr enttäuscht von mir, das muß ich ehrlich sagen.
Kuttner: Ist der dann eigentlich doch noch auf Musik umgestiegen? Der wollte doch immer so eine Country-Combo aufmachen.
Hörer: Ja, nicht ganz. Manchmal hat er seine Zitter ausgepackt, hat sich einen falschen Bart angeklebt und ist nach Kopenhagen gefahren. Dort hat er dann in der Fußgängerzone mit der Zitter seiner stillen Leidenschaft gefrönt, die er ja als Bankdirektor eigentlich gar nicht öffentlich ausleben konnte.
Kuttner: Aber immer nur in den Urlauben?
Hörer: Ja, in den Urlauben. Aber manchmal, das muß ich dir ganz ehrlich sagen, lieber Kurt, hat er sogar krank gefeiert, um Zitter spielen zu können.
Kuttner: Da hat man es als Bankdirektor aber ziemlich leicht, weil man sich doch nach oben hin bei keinem entschuldigen muß.
Hörer: Das kommt auf die Bank an. Wenn man zu einem größeren Laden gehört, wie mein Vater als Direktor der Concorde-Bank in Bad Harzburg, und dann aus der Zentrale in Frankfurt angerufen wird, er soll zur Vorstandssitzung, dann muß auch er sich rechtfertigen.
Kuttner: Sag mal, war denn dein Bruch mit dem Bad Harzburger Geldadel eher ideologisch motiviert, oder war es doch tatsächlich ... darf ich es direkt sagen?
Hörer: Bitte.
Kuttner: Die anderen Harzburger Abiturienten wissen ja, wie du damals genannt wurdest, aber war es tatsächlich so, daß du sogar zu dumm warst, um zum Bankdirektor zu taugen?

Hörer: Noch dümmer? Geht denn das?

Kuttner: Das wäre meine nächste Frage gewesen. Wie hast du das denn angestellt?

Hörer: Ja, Angestellte hatte mein Vater sehr viele.

Kuttner: Ach so, ja. Und du selbst?

Hörer: Ich selbst dachte mir: Lieber die Beamtenlaufbahn als das Angestelltsein. Deshalb auch der Fernmeldedienst, oder, wie es sich heute nennt, Telekom.

Kuttner: Da hast du doch sicher schon einige Postämter von innen gesehen. Ist das eigentlich sehr aufregend?

Hörer: Nein, eher Fernmeldeämter, das ist ja seit der Postreform getrennt. Die Post ist eben auch nicht mehr das, was sie mal war.

Kuttner: Andererseits stelle ich mir das aber auch schön vor. Man kommt ja doch ein bißchen rum, so von Fernmeldeamt zu Fernmeldeamt.

Hörer: Na, ich muß sagen, ich bekomme lieber Post von der Christel als die Christel von der Post.

Kuttner: Wie sieht die denn eigentlich aus, die Christel von der Post, du müßtest die doch kennen?

Hörer: Die Christel jetzt?

Kuttner: Ist das schon eher eine Nette?

Hörer: Nee, nicht eine Nette, sondern eine Operette.

Kuttner: Ach ja, stimmt.

Hörer: Ich hab über den Müggelsee letztens sowieso so etwas ganz Komisches gelesen. Da verglich ein Heimatautor der Region Köpenick/Friedrichshagen den Müggelsee mit dem Bodensee. Da gab es poetische Auslassungen, daß, ähnlich wie der Bodensee an den Alpen, der Müggelsee an den Müggelbergen gelegen sei, und daß, ebenso wie der Rhein, aus den Alpen kommend, durch den Bodensee sein Bett nimmt, auch die Spree ... na, und so weiter. Das ist mir als Harzer Roller sehr unzugänglich.

Kuttner: Sag mal, ist denn eigentlich mal ein Klassentreffen geplant? Ich bekomme hier ja wirklich nichts mit.

Hörer: Ja, ein Klassentreffen ist geplant. Aber wir wollen gleich eine Fernsehsendung daraus machen, mit Lippert.

Kuttner: Ach, mit Lippert! Na, das ist ja schön! Aber sag mal, ist denn eigentlich der Gerd immer noch mit der Antje zusammen?
Hörer: Der Gerd? Nein, der hat doch nach Amerika geheiratet.
Kuttner: Nach Amerika? Hut ab!
Hörer: Ja, ich hab mal von ihm eine Postkarte aus Honduras bekommen, aber ich meine, daß er von da schon weitergezogen ist. Ich glaube, er ist jetzt in Ecuador im diplomatischen Dienst.
Kuttner: Ja, wahrscheinlich schmuggelt er Drogen, das war doch immer so ein Schlitzohr! Ich kann mich erinnern, wie er mir ein Matchbox für fünf Mark abgekauft und es eine halbe Stunde später für sieben Mark wieder verkauft hat. Schneller als ich mitrechnen konnte.
Hörer: Ja, er hatte schon immer einen enormen Sinn fürs Geschäft.
Kuttner: Da hatte er doch eigentlich die besten Voraussetzungen, um um die Hand von Antje anzuhalten?
Hörer: Ja, aber das hat sich schnell wieder zerschlagen.
Kuttner: Na, mir hat es damals das Herz zerrissen! Sag mal, ist die Antje denn immer noch in der Flaschenannahme? Da hat sie doch damals immer in den Ferien gearbeitet und später viel davon geschwärmt. Ich habs ja dann auch mal versucht, aber ganz so meins war es nicht.
Hörer: Mit der Antje?
Kuttner: Nein, mit der Antje leider nicht, das wär schon meins gewesen, ich meinte jetzt nur mit der Flaschenannahme. Es ist schon schön, wenn sich das Sonnenlicht, das oben durchs Hallenfenster fällt, in den leergetrunkenen Flaschen bricht!
Hörer: Ja, du und die Flasche! Lieber Kurt, das muß ich dir jetzt mal sagen: Wir haben uns damals schon so unsere Sorgen um dich gemacht.
Kuttner: Ja, wenn ich damals nicht den Rückhalt bei Herrn Gehring, unserem Geographielehrer, gehabt hätte, dann wäre der Absturz auch schnell gekommen. Der hat mich ja oft mit nach Hause genommen, und dann haben wir zusammen vor der Weltkarte gesessen. Wunderbare Orte hat er mir das gezeigt, die Müggelberge, den Müggelsee, die Spree …
Hörer: Gehring war aber auch sehr geprägt von der Adenauer-Ära, das hat sich schon ganz klar gezeigt.

Kuttner: Aber er hatte auch einen Sinn für Natur und Poesie. Er war ja im Grunde der Trenker aus der Schule.

Hörer: Ja, der Josef hat damals immer gesagt, der Gehring, das ist der Trenker, und der Kurt Binder, das ist der Trinker. Aber das wollen wir heute ja nicht mehr sagen.

Kuttner: Insofern war die Flaschenannahme auch extrem ungünstig für mich. Auf der einen Seite Antje im flotten Kittel und auf der anderen Seite all die leergetrunkenen Flaschen.

Hörer: Ich muß aber auch sagen, sowas wie den Gehring, das findet man heute ja nicht mehr.

Kuttner: Nee.

Hörer: Ich sehe das heute bei meinen eigenen Sprößlingen. Damals, das waren noch Pädagogen!

Kuttner: Finde doch heute mal einen Lehrer, mit dem man noch Lackbilder tauschen kann! Das ist doch geradezu unmöglich!

Hörer: Ja, ich denke, da war Schule noch menschlich.

Kuttner: Jaja!

Hörer: Das war so wie »*Feuerzangenbowle*« realiter.

Kuttner: Ich sitze auch heutzutage noch gern zu Hause vor meinen Lackbildern und lasse die ganze Bad Harzburger Zeit Revue passieren.

Hörer: Naja, jedenfalls bin ich sehr froh, dich nach den vielen Jahren mal wieder gesprochen zu haben, obwohl du dich so verändert hast. Gerade deine Stimme, die ist wirklich ganz anders.

Kuttner: Das kommt von dem vielen Sprechen im Radio. Das ruiniert natürlich die Stimme.

Hörer: Ach, du bist beim Radio! Was machst du denn da?

Kuttner: Ach, ich fahre da abends hin und wieder mal hin, wegen der vielen Papierkörbe. Die machen einen Dreck da beim Radio!

Hörer: Du mußt da putzen?

Kuttner: Das würde ich so direkt vielleicht nicht sagen. Ich habe eher die Pflicht, ein bißchen auf Ordnung zu achten. Das beinhaltet auch, ab und an mal die Tische abzuwischen oder den Müll wegzubringen. Nicht nur, sondern auch, um ein kontrollierendes Auge zu werfen.

Hörer: Eher so Kontrolle auch in psychischer Hinsicht?

Kuttner: Ja, ich sehe mich selber gern als Ordnungsmacht des Senders.
Hörer: So als Senderpolizei?
Kuttner: Nee, Polizei nicht direkt, einfach die ordnende Hand des Senders. Eher eine Art UNO, aber nicht so militärisch, sondern einfach als Gesamtvernunft im blauen Kittel mit Lederhandschuhen.
Hörer: Du gehst als Gesamtvernunft mit Lederhandschuhen ins Funkhaus und tust da deinen Dienst?
Kuttner: Ja, einerseits, weil die Ostler einem immer die Hand geben, und andererseits liegt ja auch soviel Dreck in den Eimern. Ich sage immer: Arbeit ist Arbeit und Dienst ist Dienst. Klar, zu Hause ziehe ich die Handschuhe schon aus.
Hörer: Das ist ja auch sehr vorsorglich deiner Familie gegenüber. Aber sag mal, bei welchem Sender bist du denn eigentlich? Bei so einem komischen Privatsender?
Kuttner: Weiß ich jetzt gar nicht so genau. Im Grunde interessiert natürlich der Sender an sich auch gar nicht. Aber wobei, warte mal, der hat den selben Namen wie unser Sportlehrer damals. Wie hieß der denn nochmal? Das war ... warte mal, ich komme gleich drauf ...
Hörer: Friedrich? Hieß der nicht Friedrich?
Kuttner: Nee, Friedrich nicht. Warte mal ... Siegfried? Nee. War es Rolf? Es war so was Kurzes, Spitzes. Eben ein Sender wie dem Sportlehrer aus dem Gesicht geschnitten, so ein vorstehendes Kinn ...
Hörer: Der war doch eher häßlich.
Kuttner: Nee, der war schon eine markante Erscheinung.
Hörer: Na, wie auch immer. Aber sag mal, ich hab ja jetzt deine Adresse hier aus dem Potsdamer Telefonbuch, und es scheint so, als ob es dir doch ganz gut geht ...
Kuttner: Mir gehts danke. Und selbst?
Hörer: Ich kann nicht klagen.
Kuttner: Na, Rehbock, dann laß uns mal bei Gelegenheit ein Bier zusammen trinken gehen.
Hörer: Das denke ich auch, und erkundige dich doch mal, ob der alte Gehring noch lebt.
Kuttner: Werde ich machen. Tschüß!

KINDER

Kuttner: Heute ist der erste Juni, und heute ist Kindertag. Da habe ich eine Ungerechtigkeit entdeckt – alle möglichen Feiertage werden gefeiert, daß die Schwarte kracht, der Tag der Deutschen Einheit, der Sonntag, der Ostermontag, der Vatertag gerade vor kurzem, nur aus dem Kindertag wurde heute wieder nichts gemacht. Deshalb sollten wir wenigstens im Sprechfunk versuchen, den Kindertag gebührend zu würdigen. Ich – als Verteidiger benachteiligter Musiker und als Verteidiger von Themen, nach denen sich andere nicht einmal bücken würden – fühle mich da natürlich besonders herausgefordert und verpflichtet. Die Sendung heute ist also ganz dem Thema Kind gewidmet. Das ist ein weites Feld, und deshalb habe ich mir verschiedene Fragen notiert, um die es in der heutigen Sendung gehen soll. Zum Beispiel: Sind denn Kinder wirklich gut? Ich habe da arge Zweifel. Oder auch die interessante Frage: Woher kommen denn die Kinder überhaupt? Überall rennen Kinder rum, aber niemand weiß eigentlich so genau, woher die kommen. Eine Frage, die mit der vorigen eng zusammenhängt, ist: Wohin gehen Kinder? Sind Kinder praktisch, oder wozu kann man Kinder eigentlich gebrauchen? Ich sehe nur immer den Fall, daß sie für die Werbung eigentlich unabkömmlich sind, wenn es um Pampers geht oder um Reinigungsmittel. Da braucht man natürlich Kinder, das sehe ich ein, aber braucht man Kinder sonst auch noch? Wichtig wären meiner Meinung nach auch noch die Fragen: Wart ihr eigentlich Kinder? Oder seid ihr Kinder? Oder habt ihr Kinder? Oder wollt ihr Kinder? Oder macht ihr Kinder? Für jede einzelne Frage gilt natürlich auch die Nachfrage: Wenn ja, warum?

Wie praktisch ist eigentlich Karlsruhe?

Hörer: Kinder sind ja eigentlich eine sehr ökologische Sache.
Kuttner: Ökologisch?

Hörer: Das möchte ich kurz begründen. Man sagt ja so landläufig, daß Kinder ihre Eltern soviel kosten wie ein Kleinwagen.
Kuttner: Aber sag mal, wenn du jetzt die Wahl hättest: Links ein Kind, rechts ein Kleinwagen. Was würdest du nehmen? Ganz ehrlich!
Hörer: In meiner Situation?
Kuttner: Ja, zum Beispiel in deiner Situation.
Hörer: Das ist jetzt ziemlich kompliziert, weil man mir gerade mein Auto gestohlen hat. Ich kann also nicht ganz unbefangen antworten. Ich würde in meiner gegenwärtigen Situation eher zum Auto tendieren ...
Kuttner: Das ist doch eine rationelle Entscheidung!
Hörer: ... aber prinzipiell natürlich zum Kind.
Kuttner: Ja, dagegen ist nichts zu sagen. Prinzipiell zum Kind, aber im Einzelfall immer fürs Auto.
Hörer: Das kann morgen aber schon wieder ganz anders sein.
Kuttner: Das ist ja auch von den Steuern her günstiger.
Hörer: Das Auto oder das Kind?
Kuttner: Das Auto. Man zahlt Steuern und hält den Staat ein bißchen zusammen.
Hörer: Ja, wenn man ein Kind bekommt, zahlt man weniger Steuern.
Kuttner: Ja, und man nimmt auch noch so asoziale Sozialleistungen wie Kindergeld in Anspruch, was sich die kinderlose Bevölkerung mühsam erarbeiten muß. Das gefährdet den Staat!
Hörer: Viele Kinder sind eigentlich unsozial.
Kuttner: Kinder sind unsozial, stimmt. Vom Grundgesetz her wird es natürlich gewünscht – aber es ist so wie bei dir: Prinzipiell ja, im einzelnen aber doch lieber Kleinwagen. Das war jetzt übrigens Karlsruhe ins Praktische übersetzt.
Hörer: Ist ja heute kompliziert bei dir!
Kuttner: Ich versuche ja gerade, es einfach zu machen. Da schreiben die in Karlsruhe eine 180 Seiten dicke Begründung, aber im Grunde läuft es doch darauf hinaus, daß Autos praktischer und staatserhaltender sind als Kinder.
Hörer: Autos dezimieren ja auch Kinder.

Kuttner: Das ist wahrscheinlich noch ein gewünschter Nebeneffekt. Darum baut man auch schön viel Straßen und wenig Kindergärten.
Hörer: Tatsache?
Kuttner: Ja, so ist es. Tschüß, und spar schön für ein neues Auto.

Wie sieht eigentlich ein Fragezeichen von hinten aus?

Hörer: Ich wollte mal richtig auf schlau tun und schlag jetzt mal ein Lexikon auf.
Kuttner: Und da steht drin, wie Kinder gemacht werden?
Hörer: Nee, da steht »Kinder«, jetzt ohne Scheiß, also erst steht da ...
Kuttner: Da steht »Kinder jetzt ohne Scheiß«? Das ist ja auch was ganz seltenes.
Hörer: Also erst steht da: Kind, Johann Friedrich, Schriftsteller der Schauerromantik. Und dann steht: Kinder, arabisches Königreich um 1450 bis 1535.
Kuttner: Das kann aber nicht stimmen. Ich kenne ja selber Kinder, und die sehen weiß Gott nicht aus wie arabische Königreiche.
Hörer: Also, für meine Rundfunkgebühren werde ich hier nur verarscht! Und dabei höre ich auch noch zu und merke das gar nicht.
Kuttner: Das macht dich aber doch gerade so sympathisch! Wenn du das merken würdest und trotzdem noch zuhörtest, wärst du weiß Gott unsympathischer.
Hörer: Wenn ich sympathisch bin, dann kann ich gleich noch mal weitervorlesen: Kinderlähmung, Kindertaufe, Kindermißhandlung, Kinderkrankenschwester ... .
Kuttner: Nee, das kannst du schön sein lassen! Du sollst lieber mal deine Gebühren bezahlen.
Hörer: Das macht mich sympathisch? Das finde ich ganz unsympathisch!
Kuttner: Nee, sympathisch macht dich nur, daß du prima Rundfunkgebühren bezahlst, und dafür prima ... gebildet wirst.

Hörer: Ach, ich werde gebildet?
Kuttner: Na, weißt du denn, woher Kinder kommen?
Hörer: Wahrscheinlich aus Kinderläden. Das ist nämlich eine Einrichtung der Vorschule mit antiautoritärer Erziehung, zuerst in Westberlin ...
Kuttner: Komm, laß mal sein! Das ist doch wirklich eine Errungenschaft des faulenden und darbenden Imperialismus, daß Kinder der Größe, der Haarfarbe und dem Geschlecht nach in Regalen gestapelt werden, und dann in einem Kinderladen zur Schau gestellt und von einer beknackten imperialistischen Kinderladenverkäuferin verkauft werden. Das ist doch widerlich!
Hörer: Die werden sogar in Sichthöhe angebracht, damit man unten die Alten und ganz oben die Dicken nicht sieht.
Kuttner: Oben verstauben alte Kinderladenhüter! Scheußlich! – Aber mein Bemühen war doch, endlich mal herauszufinden, wo denn die Kinder historisch gesehen herkommen. Das ist doch eine wichtige Frage! Aber darüber hast du dir natürlich noch keine Gedanken gemacht, du denkst, du hast ein Lexikon im Schrank zu stehen, zahlst Rundfunkgebühren, hörst fleißig Radio, und dann muß man sich schon keine Gedanken machen! Paß mal auf, ich geh doch davon aus, daß wir hier einen mündigen Hörer am Radio haben, der sich auch ein bißchen Gedanken macht, der auch ein bißchen was beiträgt zu dieser Sendung! Wir haben hier drei Stunden Sendezeit, und da wird verlangt, daß hier ein allwissender Gottesmoderator sitzt, der erklärt und erklärt und erklärt, und alle anderen müssen nur mitschreiben und wissen dann Bescheid. So einfach ist es aber nicht! Das ist hier eher ein demokratischer Prozeß, wir müssen gemeinsam versuchen, an die Wahrheit heranzukommen, wir müsssen gemeinsam versuchen, menschliche Werte herauszuarbeiten, wir müssen gemeinsam versuchen, den weiten Begriff des Kindes einzukreisen! Ihn festzunageln! Einzuvernehmen! Dingfest zu machen!
Hörer: Ich finde sogar, daß du diesem Begriff etwas hinterherläufst.
Kuttner: Finde ich gar nicht. Das mag aber mit deinem Stockkonservatismus zusammenhängen, daß du das findest. Du sitzt nur da und

willst dich berieseln lassen, du denkst, du zahlst deine zwanzig Mark an die GEZ, und dann wird das Radio schon ins Haus kommen und aus dir einen klugen netten Menschen machen und eine allseitig gebildete Persönlichkeit. So nicht, mein Lieber!
Hörer: Ich habe dir doch eine Antwort gegeben. Ich habe gesagt: Kinder ist ein arabisches Königreich, aber davon hast du ja noch nie was gehört ...
Kuttner: Es gibt wirklich Mischungen, die unerträglich sind! Und so eine Mischung ist zum Beispiel Ungebildetheit und Penetranz bei dem Beharren auf einer eigenen Meinung, die man nicht mal hat.
Hörer: Du kennst mich aber ganz gut!
Kuttner: Ich kenne dich sehr gut. Von dir gibt es Tausende! Millionen! Bist du vielleicht öfter im Fernsehen zu sehen?
Hörer: Ja, ich hab früher »Drehscheibe« moderiert.
Kuttner: Daher kenne ich dich! Das ganze Fernsehen ist ja bevölkert von Menschen wie dir, die sich zu wenig Gedanken machen.
Hörer: Ich mach mir am laufenden Band Gedanken, und da hab ich dir auch schon einen kleinen Tip gegeben, welche Sendung ich im Fernsehen gemacht habe.
Kuttner: Drehscheibe?
Hörer: Nee, »Am laufenden Band«.
Kuttner: Und da hast du immer die Waschmaschine gestellt, die zu gewinnen war.
Hörer: Nein ich hab immer das Fragezeichen aufgestellt.
Kuttner: Du warst das Fragezeichen?
Hörer: In der Badehose. Ich mußte da immer neunzig Minuten drinstecken, und dann sollte ich mir noch Gedanken machen? Wenn du so einen schweren Job hast? Das mußt du dir bitte mal vorstellen, du steckst neunzig Minuten in so einem Fragezeichen, mußtest irgendwann noch explodieren, rausschießen, und dann hast du abends noch Zeit, dir Gedanken zu machen oder intellektuelle Bücher zu lesen?
Kuttner: Dabei hat mir dieses Fragezeichen bisher doch immer ganz gut gefallen. Ich dachte mir, so ein Fragezeichen würde sich auch mal Gedanken machen.

Hörer: Du siehst ja auch nicht hinter die Fassade! Und dann wirfst du mir vor, ich würde mir keine Gedanken machen.
Kuttner: Kannst du nicht veranlassen, daß die Kamera mal rumschwenkt? Damit man dich mal von hinten sieht.
Hörer: Du kennst doch das Showbusiness. Du bist doch selbst im Showbusiness tätig. Möchtest du denn von hinten aufgenommen werden? Du hast doch schon so eine Tonsur hinten!
Kuttner: Ich zeige mich doch schon laufend von hinten! Sprechfunk ist doch im Grunde nichts anderes als Kuttner von hinten. Also, mein Lieber, daß du dich nur berieseln läßt, ist ja schön und gut. Aber daß du dich auch noch derart unaufmerksam berieseln läßt! Du bist das, was man ein Rieselfeld nennt! Sag mal, zahle ich dafür Rundfunkgebühren?
Hörer: Zahl ich die etwa?
Kuttner: Zahlst du meine Rundfunkgebühren? Ach, erzähl doch nicht! Das würde ich doch wissen, wenn du meine Gebühren bezahlst.
Hörer: Ich möchte jetzt meine Rundfunkgebühren genau um den Anteil des Sprechfunks kürzen, also so um 0,6 Prozent.
Kuttner: Aber erstmal zahlst du jetzt meine Gebühren, wie du es eben vor Millionen Zuhörerohren kundgetan hast!
Hörer: Nein, ich möchte aber nicht mehr zahlen.
Kuttner: So, paß mal auf! Jetzt ist aber echt Schluß! Wir sehen uns vor dem Medienkontrollrat wieder. Tschüß, das wars dann wohl! Ich laß mich doch hier nicht fertigmachen! Das reicht mir jetzt aber! So eine Frechheit, ruft hier an und zahlt nicht mal meine Gebühren. Tschüß, jetzt ist Schluß hier!

Kann man im Kinderladen eigentlich auch reklamieren?

Hörer: Ich bin froh, daß deine Sendung heute um Kinder geht. Endlich kann ich mal aufdecken, daß eine große Verschwörung im Gange ist.
Kuttner: Aha!

Hörer: Ja! Ich muß jetzt ein Geheimnis verraten. Ich war auch mal ein Kind!
Kuttner: Ehrlich? Horido! Das hätte ja kaum jemand angenommen.
Hörer: Deshalb rufe ich hier an.
Kuttner: Da hast du dich aber ganz schön geoutet! Wie fühlst du dich denn jetzt so?
Hörer: Absolut beschissen!
Kuttner: Na, da werden dich aber morgen die Kollegen tüchtig hänseln!
Hörer: Ja, das glaube ich auch. Aber ich kann es mir einfach nicht erklären, früher war ich mal ein Kind, und jetzt ...
Kuttner: Wie alt bist du denn jetzt, wenn du früher mal ein Kind warst?
Hörer: Ich bin jetzt 30.
Kuttner: Hut ab, erst 30 und trotzdem schon Kind gewesen!
Hörer: Ja, ich hab auch lange darüber nachgedacht. Ich war eigentlich nur beim Zahnarzt – aber der Zahnarzt muß irgendwas mit mir gemacht haben.
Kuttner: Amalgam! Ich sage nur Amalgam.
Hörer: Das muß es sein. Auf einmal interessiere ich mich für Mädchen, und ich denke: Mein Gott, was haben die Erwachsenen bloß mit mir gemacht! Ohne daß ich mich versehe, kommen auf einmal so komische Haare da raus ...
Kuttner: Wo denn?
Hörer: Ja, am Kinn und darunter.
Kuttner: Widerlich!
Hörer: Scheußlich! Ich sag es doch. Deshalb auch der Terror der Kinder. Das ist nur eine Untergrundbewegung, um dem mal ein Ende zu setzen.
Kuttner: Die wollen dich wiederhaben?
Hörer: Ja, ich unterstütze diese Bewegung, ich bin Sympathisant.
Kuttner: Du bist Kindersympathisant?
Hörer: Auf jeden Fall!
Kuttner: Obwohl so scheußliche Haare aus dem Kinn wachsen?
Hörer: Ja, daran ist doch der Zahnarzt schuld. Ich war doch Kind, ich war doch glücklich.

Kuttner: Horido! Das Beste wäre jetzt wahrscheinlich, sich sofort die Amalgam-Füllungen entfernen zu lassen. Ich hab zwar bisher nur gehört, daß Leute davon unerträgliche Kopfschmerzen bekommen haben, aber man weiß ja nie.
Hörer: Ja, vielleicht hast du recht.
Kuttner: Sag mal, als du zum Zahnarzt reingegangen bist, da warst du noch kleiner als dein Kinn, und als du rausgekommen bist, hast du sofort dein Kinn überragt?
Hörer: Nein, so schnell ging das nicht. Das war eher eine langwierige Verschwörung der Erwachsenen damals.
Kuttner: Der Zahnarzt war ein Erwachsener?
Hörer: Ja, genau.
Kuttner: Und der hatte auch so einen großen Erwachsenenbohrer?
Hörer: Ja, und auch so einen weißen Kittel. Das war furchtbar unangenehm.
Kuttner: Ja, daran erkennt man die ja. Das wird wohl wirklich ein Zahnarzt gewesen sein.
Hörer: Und irgendwas muß der damals mit mir gemacht haben. Deshalb ist die Frage auch so wichtig, woher die Kinder kommen, beziehungsweise, warum werden Kinder plötzlich so anders.
Kuttner: Sag mal, dein Vater – war der von vornherein eher ein Erwachsener, oder ist der auch ein Kind?
Hörer: Seit ich den kenne, war der immer erwachsen. Der bekommt jetzt zwar ein paar graue Haare, aber die Größe ändert sich nicht.
Kuttner: Aber wenn du aus so einer Familie von Erwachsenen stammst – wie kommt es dann, daß du mal Kind warst?
Hörer: Naja, es waren nicht nur Erwachsene, es gab auch noch meine Schwestern. Aber die mußten dann auch zum Zahnarzt.
Kuttner: Die waren aber auch erst Kinder?
Hörer: Ja, vor dem Zahnarzt.
Kuttner: Aber deine Eltern, und auch Oma, Opa, Onkel – das waren schon alles Erwachsene?
Hörer: Jaja, die haben mich ja zum Zahnarzt geschleppt.
Kuttner: Ob das an den Atomversuchen liegt, daß es bei euch so eine

Familien-Anomalie gibt? Lauter Erwachsene, und dann plötzlich Kinder!

Hörer: Das weiß ich auch nicht. Aber das war eigentlich schon vor meiner Zeit.

Kuttner: Die überirdischen Atombombenversuche?

Hörer: Jaja, das war weit vor meiner Zeit. Ich habe immer noch meinen Zahnarzt im Verdacht.

Kuttner: Horido! Das ist ja ein Fall für »*xy-ungelöst*«!

Hörer: Da kannst du recht haben.

Kuttner: Ja, ich fühle mich davon ein bißchen überfordert.

Hörer: Aber ich hoffe, daß sich heute noch mehr Leute outen. Dann könnten wir uns zu einer Selbsthilfegruppe für ehemalige Kinder zusammenschließen. Das muß ja alles auch psychologisch verarbeitet werden.

Kuttner: Oder ob du vielleicht mal deinen Vater bittest zu versuchen, dich im Kinderladen zurückzugeben?

Hörer: Nee, glaubst du, mich würde jetzt noch jemand im Kinderladen kaufen? Da bin ich doch ein Ladenhüter!

Kuttner: Ladenhüter muß es doch aber auch geben.

Hörer: Ich will aber kein Ladenhüter sein, ich will lieber Kind sein. Aber du hast mir einen guten Tip gegeben. Ich laß mir erstmal die Amalgam-Füllungen rausnehmen.

Kuttner: Mach das, und nimm gleich einen Brummkreisel mit, damit die Verhältnisse von vornherein klar sind.

Hörer: Das werd ich machen, ich danke dir für deine Anregungen.

Kuttner: Ich danke dir für deinen Anruf, obwohl ich dir nicht direkt weiterhelfen konnte. Aber du weißt, ich denke an dich. Tschüß!

»Ich kann mich nur hinsetzen und quatschen.«

Ein ganz offenes Interview.
Mit Jürgen Kuttner sprach Jörg Köhler.

Köhler: Hättest du eigentlich gedacht, daß dieses ganze alberne Gequatsche im Radio auch so etwas wie eine literarische Dimension haben könnte?
Kuttner: Ja, doch. Ich bin schon davon ausgegangen, daß das im Grunde hohe Literatur ist, die aber eher in einer Karl-Moik-Variante, quasi volkstümlich verkleidet, präsentiert wird. Ich glaube, jedem intelligenten Menschen mußte eigentlich auffallen, daß das Ganze natürlich in der Tradition der Aufklärung steht und von der Ästhetik her zwar eigenen Gesetzen folgt, das aber sehr konsequent, wie man es selten findet. Ich glaube, die Sendung hat schon fast so etwas wie eine Kristallklarheit.
Köhler: Also ist es gar kein albernes Gequatsche ...
Kuttner: Nee!
Köhler: ... sondern hat schon den von dir so oft beschworenen erzieherischen und kulturellen Wert. Aber worin besteht der nun konkret? Was lernen die jungen Menschen am Radio, wenn sie so eine Sendung hören?
Kuttner: Ich denke, der eigentliche kulturelle Wert ist auf jeden Fall eine gewisse Verunsicherung. Die Doofen werden genauso verunsichert wie die Klugen – bis keiner mehr weiß, was passiert und dann solche Interviews nötig werden, in denen das von mir im nachhinein noch mal erklärt werden muß, was meiner Eitelkeit noch mehr schmeichelt. Es gehört ja schon eine Menge Eitelkeit dazu, sich ins Radio zu setzen und mit Menschen zu reden, aber wenn man dann noch mal erklären muß, was man da gemacht hat und warum, dann schmeichelt es der Eitelkeit noch mal auf einer Art Metaebene.
Köhler: Aber zurück zur Frage.
Kuttner: Der Hintergrund dafür ist natürlich auch ein konzeptioneller Anlaß. Wir leben in einer Zeit des Umbruchs, brauchen da natürlich auch Leitfiguren und Orientierungshilfen, in meinem Falle quasi schwarz-

haarige Bestien, die vornweg gehen und junge Menschen mitzureißen verstehen.

Köhler: Das wäre genau meine nächste Frage. Ist denn die Kunstfigur Kuttner im Radio in irgendeiner Weise konzipiert oder strategisch angelegt?

Kuttner: Nee, das ist naturwüchsig. Ich bin so entstanden und hab mich dann aber auch selbst entdeckt. Ich bin schon so. Ohne daß ich jetzt das »so« genauer beschreiben wollte.

Köhler: Es ist auffällig, daß du doch relativ wenig vom echten Kuttner preisgibst. Dabei könnte man doch annehmen, daß es wichtig ist, um ein intimes Gespräch aufzubauen, wenn man sagt: Ich bin ja auch einer, der ... Ohne daß ich jetzt das »der« genauer beschreiben wollte. Aber das blockst du eher ab.

Kuttner: Das stimmt nicht! Das gehört eher zu dieser Strategie der Verunsicherung. Ich glaube, daß ich eigentlich alles von mir erzähle. Wenn die Leute vor dem Radio das dann nicht glauben, dann ist es ihr Problem. Daran müssen sie sich einfach schärfen. Ansonsten kann man schon viel herausbekommen. Wenn es überhaupt interessant wäre, ob meine Hosen zu eng sitzen. Das ist doch wirklich langweilig, das wird ja überall durchexerziert. Aber meine Vorlieben, mein Hasse – die kann man schon herausfinden, wenn man ein bißchen genauer zuhört.

Köhler: Vorlieben und Hasse sind ja Dinge, die auch eher Eitelkeiten schmeicheln. Was ist denn aber mit Ängsten, Befürchtungen oder sogar Schwächen?

Kuttner: Die ganze Sendung ist doch eine einzige Schwäche! Da bin ich eher wie ein Pawlowscher Hund: Das Rotlicht geht an, und die Spucke fließt. Am Anfang habe ich immer einen extremen Schreck bekommen, wenn die Lampe anging. Aber man muß sich einfach vorstellen, daß da draußen eine Menge nette Leute sitzen, die dir jetzt zuhören. Dazu gehört allerdings eine große Imaginationsfähigkeit, über die ich aber in ausreichendem Maße verfüge, so daß ich mir immer noch vorstellen kann, daß ich es mit netten Leuten zu tun habe. Dann kann man ein Gespräch beginnen, wie es unter netten Leuten möglich sein sollte, aber in Wirklichkeit viel zu selten passiert.

Köhler: Je länger es den Sprechfunk gibt, um so mehr identifizieren sich die Leute da draußen aber auch mit dir, so daß du mit der Zeit schon so eine Art Star geworden bist.

Kuttner: Ach Star! Star – das ist so die Ebene von Henry Maske oder Franziska von Almsick. Ein angemessener Vergleich, der aber kaum kommt, wäre eher Helmut Kohl. So eine Sendung auszusitzen, sich ins Studio zu setzen und nichts zu machen, oder wenigstens nichts anders zu machen. Kohl fängt ja auch nicht plötzlich an, Basecaps zu tragen und regiert trotzdem. Das wäre mein Ideal: Ein Helmut Kohl des deutschen Rundfunks zu sein. Nur schlanker und kleiner. Und wortgewaltiger!

Köhler: Aber auch Dialekt.

Kuttner: Ja, Bekenntnis zur Region! Das ist ganz wichtig.

Köhler: Der Vorteil, den Kohl allerdings hat, ist, daß die Leute ihn nicht einfach anrufen können. Oder, um es zuzuspitzen ...

Kuttner: Ja, darum beneide ich ihn sehr. Es wäre schön, wenn ich nur im Radio säße und nicht angerufen würde. Das ist ja mein eigentliches Ziel: Drei Stunden die Beine hochlegen.

Köhler: Und immer Jimi Hendrix spielen?

Kuttner: Ja, die Leute mit meiner Musik terrorisieren. Aber du hattest noch eine Frage. Die ist dir jetzt entfallen, oder?

Köhler: Die weiß ich noch ganz genau. Es ist auch mehr eine ernste Frage.

Kuttner: Waren die anderen bisher keine ernsten Fragen?

Köhler: Nicht *so* ernst.

Kuttner: Echt? Mach hier keinen Quatsch mit mir!

Köhler: Nee, aber jetzt kommt eine ernste Frage. Das muß auch mal sein.

Kuttner: Na gut, dann frag ernst. Aber was ich bis jetzt gesagt habe, war schon sehr ernst. Das möchte ich anmerken, zur Not als Fußnote.

Köhler: Worauf ich mit dem Star hinauswollte: Stell dir vor, es ruft jemand an und sagt, Kuttner, ich höre immer deine Sendung und finde dich total klasse ...

Kuttner: Prima, solche Anrufe hab ich gerne.

Köhler: ... und dann aber fortfährt mit: Ich bin aber im Moment ziemlich verzweifelt, stehe gerade auf dem Fensterbrett, und wenn du jetzt nicht sofort das Richtige sagst, springe ich runter.

Kuttner: Dann würde mir schon das Richtige einfallen. Erstmal würde ich wahrscheinlich bezweifeln, daß er überhaupt auf dem Fensterbrett steht. Andererseits wäre es aber auch interessant, das wäre jemand, der wirklich was zu erzählen hat. Das steht also jemand auf dem Fensterbrett, hat einen wunderbaren Überblick, eine tolle Aussicht. Darüber könnte man schon erstmal eine Weile reden. Da gibt es doch so ein wunderbares Wort, wie heißt das bei der Polizei? Deeskalationsstrategien. Das würde ich schon schaffen. So gut wie ein Polizist bin ich allemal, denke ich.

Köhler: Das wäre also nicht etwas, wovor du Angst hättest?

Kuttner: Na, stell dir vor, da steht jemand eine Stunde auf dem Fensterbrett und drückt die Wahlwiederholung. Der müßte schon ziemlich bescheuert sein. Und wer so bescheuert ist, bei dem müßte es mir schon gelingen, ihm meinen Willen aufzuzwingen, gefälligst entweder zur einen oder anderen Seite des Fensters herunterzuspringen.

Köhler: Sind Selbstmörder nicht eigentlich immer bescheuert?

Kuttner: Nee, finde ich nicht. Ich finde Selbstmord eigentlich ganz okay, also sich selbst die Entscheidung vorzubehalten, wann man abtritt. Ich kann mir natürlich schönere Wege vorstellen, als aus dem Fenster zu springen oder sich vor einen Zug zu werfen. Aber ich glaube, Selbstmord wird immer im falschen Zusammenhang gedacht, so als Verzweiflungstat. Man kann doch aber auch an einen Punkt kommen, wo man sagt, man hat ein prima Leben gehabt, aber jetzt ist die Uhr rum. Machen wir das Licht aus.

Köhler: Was dann aber auch heißen würde, daß du sagen könntest: Wenn du es dir richtig überlegt hast, dann spring doch!

Kuttner: Ja, klar. Wenn er es sich richtig überlegt hätte, was man ja im Gespräch rausbekommen könnte, dann muß ich auch seine Integrität achten.

Köhler: Wo wir gerade bei eher ernsten Themen sind. Deine Geschichte ist ja der erste Fall, wo mit einer stasiberührten Biographie wirklich differenziert umgegangen wurde. Besteht dadurch nicht die Gefahr, daß du wirklich zu einer Symbolgestalt wirst?

Kuttner: Ich würde mich gegen jede Art, Symbolgestalt zu werden, weh-

VI. 73   Büro I

Das kaufmännische Büro, Kontor, die Kanzlei, das Geschäftszimmer — **Коммерческое бюро, контора, канцелярия**

1 das Bild J. W. Stalins — 1 портрет Сталина
2 der Karteischrank, die Schrankkartei, Kartothek — 2 картотека, шкаф-картотека
3 das Regal, Gestell — 3 полка
4 der Geldschrank, Tresor — 4 несгораемый шкаф, сейф
5 die Kasse — 5 касса
6 der Rollschrank — 6 канцелярский шкаф
7 der Wandkalender — 7 стенной календарь
8 die Unterschriftenmappe — 8 папка для подписей
9 der Bürobote — 9 рассыльный
10 der Ordner, Briefordner — 10 регистратор
11 der Locher — 11 дырокол
12 der Stoß, Stoß Papier — 12 кипа бумаги
13 u. 14 die Kartei — 13 и 14 картотека
13 die Karteikarte — 13 карточка картотеки
14 der Karteikasten — 14 ящик картотеки
15 der Schreibtisch — 15 письменный стол
16 die Schreibtischplatte — 16 доска письменного стола
17 die Aktenmappe, Mappe, Aktentasche — 17 портфель
18 die Stenotypistin — 18 машинистка-стенографистка
19 die Schreibmaschine (↑ Taf. 74, I) — 19 пишущая машинка (↑ табл. 74, I)
20 die Rechenmaschine — 20 счётная машинка
21 die Büroangestellte, Angestellte, Kontoristin — 21 конторская служащая, служащая, конторщица
22 das Stempelkissen — 22 штемпельная подушка
23 der Stempel — 23 штемпель
24 der Stempelständer — 24 подставка для штемпеля
25 die Briefwaage — 25 весы для взвешивания писем
26 der Briefbeschwerer — 26 пресс-папье для бумаг
27 die Schreibtischlampe — 27 настольная лампа для письменного стола

28 das Schreibzeug — 28 письменный прибор
29 das Tintenfaß — 29 чернильница
30 der Löscher — 30 пресс-папье с промокательной бумагой

31 der Umlegkalender od. Umlegekalender — 31 перекидной календарь
32 der Notizblock, Schreibblock — 32 блокнот
33 die Bleistiftschale, Federhalterschale — 33 чаша для карандашей и ручек
34 der Briefbogen — 34 лист почтовой бумаги
35 der Briefumschlag — 35 конверт
36 die Schreibunterlage — 36 бювар
37 der Büroleiter, Abteilungsleiter — 37 заведующий конторой
38 das Fach — 38 ящик
39 der Fernsprecher (↑ Taf. 74, II) — 39 телефонный аппарат (↑ табл. 74, II)

40 der Schnellhefter — 40 скоросшиватель
41 die Ausziehplatte, Auszugplatte — 41 выдвижная доска
42 der Zug — 42 раздвижной механизм
43 die Kassette — 43 кассета, денежная шкатулка
44 der Aktendeckel — 44 папка для деловых бумаг
45 der Aktenständer — 45 стойка для деловых бумаг
46 die Papierschere — 46 ножницы для резки бумаги
47 das Lineal — 47 линейка
48 der Papierkorb — 48 корзина для бумаги

Ergänzungen s. S. 285 u. 290 — Дополнения см. стр. 285 и 290

Faksimile: Jürgen Kuttners Büro
Schematische Darstellung

ren. Man hatte ja in der Kindheit so eine Phase, wo man sich mit allen möglichen Leuten identifiziert. Tarzan kommt auf den Bildschirm, und man sagt: Der bin ich! Oder Sylvester Stallone kommt auf den Bildschirm, und man sagt: Der bin ich! Dann gibt es eine Phase, die tritt bei manchen Leuten allerdings erst extrem spät ein, wo man sagt: Ich bin ich! Das ist der Punkt, und darauf würde ich auch immer beharren. Ich würde mich immer dagegen wehren, als Henry Maske irgend etwas zu symbolisieren. Man kann das sicher forcieren oder selbst inszenieren, aber das wäre nicht meine Strategie, und wenn ...

Köhler: Du würdest es eher ignorieren?

Kuttner: Ja. Und wenn andere Leute einem das zuschreiben, dann muß man eben versuchen, begreiflich zu machen, daß das ziemlich blöd ist. Davon wird man sicher nur wenige überzeugen können, aber das ist okay. Der Rest muß selbst sehen, wie er zurechtkommt. Wer Lackbilder braucht, bitte schön. Ich werde die Lackbilder nicht herstellen.

Köhler: Auch was die Stasi-Geschichte betrifft?

Kuttner: Ja, auch was das betrifft. Es ist ganz schwer, da an mir eine Interpretation zu liefern. Ich bin da eher unstrategisch herangegangen. An einem bestimmten Punkt habe ich mir gesagt: So, jetzt erzähle ich es. Dann habe ich es eben einfach erzählt und abgewartet, was kommt. Wie dann die Diskussion verläuft und auch auseinanderfällt, das beeinflußt man selber nicht direkt. Das habe ich auch nur beobachten können. Ich nehme es für mich selbst eher als einen Glücksumstand und habe mich darüber gefreut, daß es für viele Leute wichtig war, wie es ausgegangen ist. Das ist ja auch eine Stellvertreterdiskussion, die man eben auch für andere führt. Das aber wieder vor dem Hintergrund, daß man da von vornherein im Vorteil ist. Als Medienfigur und Sympthieträger hat man es doch viel leichter. Es gibt ja durchaus traurigere oder dramatischere Schicksale, auf die man hinweisen müßte. Und da merkt man wieder, wie wenig man so eine öffentliche Diskussion in der Hand hat.

Köhler: Davon mal abgesehen, läuft man doch auch leicht Gefahr, für kokett gehalten zu werden, wenn man nicht wahrnehmen will, ein Star zu sein.

Kuttner: Sicher gibt es für jedes Verhaltensmuster auch ein Gegenteil.

Klar, ich muß immer mit der Zuweisung von Koketterie leben und würde auch gar nicht versuchen, die zu entkräften. Sicher bin ich auch kokett. Ich kann mich eben nur hinsetzen und quatschen. Da ist eher so ein gewisser Konservatismus immer wieder rettend, daß man sich in sich selbst auf Sachen besinnt, die einem immer wichtig waren und nicht zu einem Trendjäger seiner selbst wird.

Köhler: Wie weit darf man deiner Meinung nach eigentlich mit dem gehen, was gemeinhin Hörerbeschimpfung genannt wird? Hast du dir da selbst ein Maß gesetzt?

Kuttner: Das Maß resultiert aus meinem ganz normalen Umgang mit Leuten. Ich bin sicher jemand, der ganz gerne mal Leute verscheißert oder in einer größeren Runde mal blöde Bemerkungen macht. Da verlasse ich mich auf die mir anerzogenen oder gewohnten Normen und Verhaltensmaßstäbe. Ob es da grundsätzliche Maßregeln gibt, kann ich nicht einschätzen. Es gibt sicher für diese Art von Sendung ganz unterschiedliche Strategien. Eine wäre sicher, die Leute vorzuführen, zu beschimpfen, sie Idioten zu nennen oder ihnen zu unterstellen, daß sie nur gefickt werden wollen. Das funktioniert auch prima, aber das wäre nichts, was ich machen könnte. Das soll jemand anders machen. Wenn sowas mal läuft, würde ich es wahrscheinlich blöd finden, weil es extrem schwer wäre, sowas intelligent zu machen. Ich merke das auch immer an Reaktionen von Leuten, die sagen: Kuttner, du mußt härter werden! oder Kuttner, bist du aber böse! Was man schließlich macht, wird sehr unterschiedlich wahrgenommen. Ich mache das, was mir Spaß macht und was ich für vertretbar halte. Ich würde allerdings immer sagen, daß ich nicht den Anspruch habe, Leute fertigzumachen. Das ist ja auch kein Problem, Leute im Radio fertigzumachen, zumindest wenn man nicht ganz blöd ist oder ganz aufs Maul gefallen.

Köhler: Deswegen frage ich nach dem Maß. Weil es eben diese beiden Pole gibt, zwischen denen du dich immer bewegst.

Kuttner: Ja, manchmal gehe ich auch zu weit. Aber ich gehe auch im privaten Leben manchmal zu weit. Es gibt auch öfter Zoff mit meiner Freundin, weil ich sie beleidigt habe oder nicht ernstgenommen. Das ist nicht schön, im Leben wie in der Sendung. Dafür schäme ich mich dann auch.

Köhler: Liegt in diesem doch eher geringen Unterschied zwischen Leben und Sendung vielleicht auch so etwas wie das Geheimnis deines Erfolges?
Kuttner: Ja, dadurch entsteht natürlich schon eine gewisse Attraktivität. Man lebt ja sonst in einer Medienwelt, wo man weiß, daß eigentlich alle nur geklont sind. Es gibt nur eine Gußform, die sind alle nur unterschiedlich geschminkt und haben verschiedene Perücken auf, sind aber immer dieselben Typen, die immer in derselben feierlich hohen Superstartonlage daherkommen und einem irgendwelchen Schrott verkaufen wollen. Auf einmal gibt es da aber so einen Typ, der quatscht so, wie auch überall anders gequatscht wird. Das ist schon so etwas wie ein Störfaktor im Radio, was die Leute irgendwie auch freut. Ich habe ja selbst immer die größte Freude an Versprechern, oder wenn man hört, wie was runterfällt, oder wenn Studiogäste ohnmächtig werden – das ist doch irgendwie toll!
Köhler: Es ist also nicht so, daß du zu Hause auf dem Sofa sitzt und denkst, womit könnte ich nur in der nächsten Sendung wieder Erfolg haben?
Kuttner: Nee, ich würde die Sendung auch gern weitermachen, wenn sie keinen Erfolg hätte. Es macht mir einfach Spaß, mich da zu produzieren, und es ist auch auf angenehme Art verdientes Geld. Das ist besser als Flaschen zu sammeln oder irgendwo die Bohrmilch spritzen zu lassen.
Köhler: Unser nächstes Thema, wie Klaus Bednarz sagen würde. Ist es denn für dich im Rahmen der vorhin beschriebenen Eitelkeit erträglich, wenn unter den Anrufern mal jemand ist, der dir rhetorisch gewachsen wäre?
Kuttner: Das passiert ja auch hin und wieder! Ich bin ja oft genug hoppsgenommen worden. Das finde ich wirklich toll, das macht dann wirklich Spaß. Natürlich gibt es aber auch die extrem blöde Art, Gespräche zu blockieren und absoluten Dreck zu erzählen. Da hätte ich dann auch nicht die Hemmung, die Leute vorzuführen und hart zurückzuschießen. Aber wenn die Anrufer gut drauf sind, dann wird es richtig tischtennismäßig. Zack-zack, man geht immer weiter weg von der Platte, die Bälle fliegen in hohem Bogen ...
Köhler: Und da mach es dir nichts aus, auch mal einen Punktverlust hinzunehmen?

Kuttner: Nee, nee. Das muß man dann wegstecken können. Die Leute haben mich oft genug an der Nase herumgeführt, aber an diese Fälle erinnere ich mich gerne.
Köhler: Aber letztlich bist du ja doch immer der Stärkere. Schon allein, weil du der Herr über die Regler bist.
Kuttner: Die Regler sind immer stärker! Wenn es eine Hierarchie gibt, dann stehen ganz oben die Regler, dann komme ich, und dann kommen die Anrufer.
Köhler: Aber inwieweit auch immer du die Technik beherrschst, der Hörer hat nie die Chance, an den Reglern zu spielen.
Kuttner: Da bekenne ich mich auch dazu. Es gibt dieses Bild vom Wasserwerfer, und das stimmt auch wirklich. Du sitzt im Radio wie in einer gepanzerten Burg, da kommt keiner rein, und du kannst aber alle naßspritzen, wenn du willst. Außerdem regelst du noch die Wassertemperatur. Von daher versuche ich immer, eher fair zu sein. Du hast ja jetzt selbst alle Sendungen gehört, es passiert doch wirklich sehr selten, daß ich Leute nach einer halben Minute rausschmeiße, sondern selbst Leute, die nichts zu sagen haben oder einfach komplette Idioten sind, haben immer noch ihre drei oder fünf Minuten. Wenn man sich schon auf so eine Form von Gesprächssendung einläßt, dann muß man auch versuchen, nicht gerade die offene Diktatur, sondern noch die demokratisch bemäntelte Diktatur walten zu lassen. Hin und wieder, wenn eine Sendung mal total Scheiße läuft, dann denke ich: Ach, diese Arschlöcher! Jetzt setze ich doch einen Redakteur draußen hin, der alle Idioten vorher schon rausschmeißt. Aber hinterher bin ich meist wieder besänftigt und denke: Ach, ihr Idioten aller Länder, ruft doch an! Wir verstehen uns.
Köhler: Hast du nicht manchmal auch das Gefühl, daß du auf Grund dieser Machtposition ...
Kuttner: Da sind wir wieder bei Kohl!
Köhler: ... der da aber überhaupt keine Skrupel hat.
Kuttner: ... aber doch auch um das demokratische Mäntelchen sehr bemüht ist. Das versöhnt mich wieder mit ihm.
Köhler: Da bin ich mir bei ihm manchmal wirklich nicht sicher. Der hat

XI. 150 Der nackte Mensch

I Ansicht von vorn	I Вид спереди
1 der Hals	1 шея
2 die Kehle, Gurgel	2 горло
3-9 der Arm	3-9 рука
3 die Achselhöhle	3 подмышечная впадина
4 der Oberarm	4 плечо
5 der Ellbogen	5 локоть
6 der Unterarm	6 предплечье
7 die Handwurzel	7 запястье
8 die Hand	8 кисть руки
9 der Finger	9 палец
10-15 der Rumpf	10-15 туловище
10 die Brust	10 грудь
11 die Brustwarze	11 грудной сосок
12 der Bauch, Leib	12 живот
13 der Nabel	13 пупок
14 die Hüfte	14 бедро
15 die Leistenbeuge, Leiste, Leistengegend	15 пах, паховая область
16 die Geschlechtsteile, Genitalien	16 половые органы
17-22 das Bein	17-22 нога
17 der Oberschenkel	17 бедро
18 das Knie	18 колено
19 der Unterschenkel	19 голень
20 der Spann, Rist	20 подъём
21 der Fuß	21 стопа
22 die Zehe	22 палец ноги
II Ansicht von hinten	**II Вид сзади**
23 der Wirbel	23 позвонок
24 der Hinterkopf	24 затылок
25 der Nacken, das Genick	25 затылок
26 die Schulter, Achsel	26 плечо
27 das Schulterblatt	27 лопатка
28 der Rücken	28 спина
29 die Lende	29 поясница
30 das Kreuz	30 крестец
31 das Gesäß	31 ягодица
32 die Gesäßfalte	32 ягодичная борозда
33 der After	33 анальное отверстие
34 die Kniekehle	34 подколенная впадина
35 die Wade	35 икра
36 der Knöchel	36 лодыжка
37 die Ferse, Hacke, der Hacken	37 пятка
38 die Fußsohle, Sohle	38 подошва
39 der Fußballen, Ballen	39 мякоть на подошве ноги
III Der Kopf	**III Голова**
40 das Haar, Kopfhaar	40 волосы
41 der Scheitel	41 темя
42 die Schläfe	42 висок
43 die Stirn	43 лоб
44 das Ohr	44 ухо
45-51 das Gesicht	45-51 лицо
45 die Braue, Augenbraue	45 бровь
46 das Auge	46 глаз
47 die Nase	47 нос
48 die Wange, Backe	48 щека
49 der Mund	49 рот
50 die Lippe	50 губа
51 das Kinn	51 подбородок

Ergänzungen s. S. 561, 564, 565   Дополнения см. стр. 561, 564, 565

562

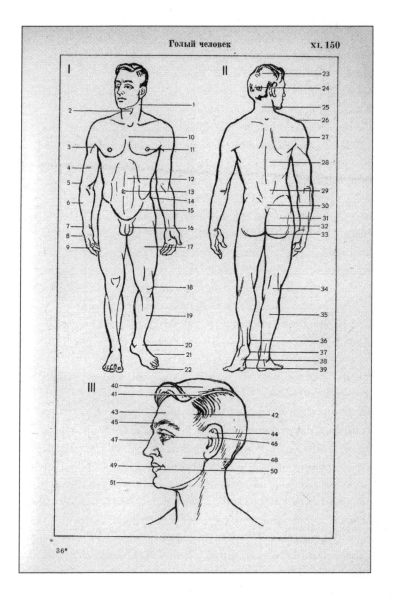

Faksimile: Jürgen Kuttner
Schematische Darstellung

wahrscheinlich nur ein paar gute Berater, die ihm das demokratische Mäntelchen in den Wind hängen.
Kuttner: Sicher bin ich mir da bei mir auch nicht.
Köhler: Du nutzt deine Machtposition aber eher, um die Leute permanent mit Jimi Hendrix zu terrorisieren.
Kuttner: Das ist doch keine Machtposition! Da verschränken sich eher Aufklärung und Trendsetting. Damals, als es diesen komischen Doors-Film gab, haben plötzlich alle Leute angefangen, wieder meine liebsten Doors-Platten zu hören. Das hat dann nach acht oder zehn Wochen wieder aufgehört, und jetzt bin ich wieder der einzige, der Doors-Platten hört. Das würde ich bei Hendrix auch gern mal versuchen, einfach so einen Trend zu setzen. Aber es ist ja nicht nur Hendrix, es sind ja auch Maria Callas oder Ernst Busch. Neulich habe ich mal solange Ernst Busch gespielt, bis irgendwelche jungen Menschen am nächsten Tag in den Plattenladen gerannt sind und diese Busch-CD kaufen wollten. Der Verkäufer war natürlich total überfordert. Das fand ich prima!
Köhler: Was aber zumindest mit der Aufklärung im philosophischen Sinne relativ wenig zu tun hat. Das ist doch jetzt eher wieder sehr diktatorisch.
Kuttner: Doch, im Sinne einer Befreiung von falschen Idolen! Aufklärung setzt Aufklärer voraus.
Köhler: Die dann aber neue Idole diktieren!
Kuttner: Ja, das ist die vormarxsche Aufklärung. Bei Marx ist ja in den Feuerbachthesen die Frage, wer die Erzieher erzieht. Die Frage wollen wir jetzt mal ungestellt lassen, und dann funktioniert das einfach so: Hier ist ein Aufklärer, und da sind welche, die aufzuklären sind. Hier ist einer, der Jimi Hendrix kennt, und da sind welche, die Jimi Hendrix nicht kennen. Die müssen jetzt so lange mit Jimi Hendrix, Maria Callas und Ernst Busch terrorisiert werden, bis sie das prima finden. Das funktioniert doch bei Take That auch so, warum soll es bei mir nicht gehen?
Köhler: Weil Aufklärung heißt: Schmeißt alle eure Idole über den Haufen, und sucht euch welche, die euch passen.
Kuttner: Nee, bei mir funktioniert Aufklärung eher so, daß man Idole anbietet.

Köhler: Solange es um Jimi Hendrix geht, mag das ja noch interessant sein. Gefährlich wird es doch aber, wenn auf diese Weise unterschwellig politische Statements verbreitet werden.

Kuttner: Was meinst du denn jetzt? Höre ich da etwa versteckte Kritik?

Köhler: Weiß ich nicht.

Kuttner: Unterschwellig verbreitete politische Statements sind doch eigentlich die akzeptableren. Eine bestimmte Art von unterschwelliger politischer Indoktrination setzt doch immer noch voraus, daß das dann erst oberschwellig werden muß. Das kann es doch aber nur bei den Leuten selber werden. Da haben sie möglicherweise ein Problem, oder sie fangen wirklich an nachzudenken. Das ist ganz okay, glaube ich.

Köhler: Insofern war es keine Kritik, sondern eigentlich nur eine Frage, die eigentlich mit der Formulierung: »Ist dir bewußt, daß ...« beginnen mußte. Das hätte aber nicht so kritisch gewirkt.

Kuttner: Na dann ist ja gut.

Köhler: Abschließend: Wie lange kann das Experiment Sprechfunk eigentlich noch gutgehen? Ist es nicht so, daß bei dieser Art Sendung zu befürchten steht, daß die Leute von dem ganzen Gequatsche mal die Nase voll haben werden?

Kuttner: Dann sieh dir Kohl an. Wie lange regiert der jetzt schon? 16 Jahre? Diesen Ehrgeiz hätte ich schon.

Köhler: Kohl regiert aber nur auf Grund einer fehlenden Alternative.

Kuttner: Das würde mir reichen.

Köhler: Schönen Dank!

Personenregister

Adenauer, Konrad 288
Almsick, Franziska van 302

Basinger, Kim 237
Bednarz, Klaus 308
Becker, Boris 65
Beimer, Mutter 177ff.
Biedenkopf, Kurt 40
Blümchen, Benjamin 248
Bogart, Humphrey 195, 247
Bormann, Professor 197
Busch, Ernst 312

Callas, Maria 312
Ceausescu, Nikolae 142

Dagobert, Kaufhauserpresser 232ff.
Dall, Karl 267
Da Vinci, Leonardo 266
Deng Xiaoping 155
Dreilich, Herbert 210f
Dutschke, Rudi 75

Ehrhardt, Ludwig 242
Eppelmann, Rainer 46
Ewing, Pamela 177
Ewing, Sue Ellen 177

Gagarin, Juri W. 117f
Gilzer, Maren 263
Gottschalk, Thomas 249

Hagen, Nina 150f
Hasselhof, David 155, 242, 245
Hendrix, Jimi 242, 302, 312f.
Hildebrandt, Regine 90
Hitler, Adolf 98
Hölderlin, Friedrich 267
Honecker, Erich 46, 176
Honecker, Margot 194
Hood, Robin 225

Ice-T 220f.

Jackson, Michael 51f.
Jahn, Friedrich Ludwig 97f.
Jandl, Ernst 268
Joplin, Janis 206

Kästner, Erich 213
King, Stephen 243, 245
Kohl, Helmut 302, 309ff.
Konz, Steuerberater 246
Kostner, Kevin 243
Krenz, Egon 194

Leander, Zarah 22
Lippert, Wolfgang 287ff

Mann, Thomas 280
Maske, Henry 302, 306
Mielke, Erich 150, 155
Möller, Gerti 211
Moik, Karl 300
Murphy, Eddie 244f.

Neskar, Vaclav 194, 196
Nietzsche, Friedrich 269

Reed, Dean 194ff.
Reich-Ranicki, Marcel 249
Resch-Treuwerth, Jutta 197

Schwarzenegger, Arnold 236f
Schwarzer, Alice 186
Stalin, Jossip Wissarionowitsch 98
Stallone, Sylvester 306
Stolpe, Manfred 40, 90

Thälmann, Ernst 242
Trenker, Luis 289

Ulbricht, Walter 136

Van Damme, Jean-Claude 237
Vernes, Jules 143

Yeti 286
Zartmann, Jürgen 205

Inhaltsverzeichnis

Gebrauchsanweisung 5
Elche 11
Spaß 24
Heucheln 34
Vertrauen 36
Schlaf 42
Der 7. Oktober 46
Gravierende
Fehlentscheidungen 51
Männer 52
Wut 53
Essen 66
Kuttner 70
Praktische Lebenshilfe 76
Taxierlebnisse 95
Wasserhähne 108
Schüler und Lehrer 125
Gedichte 128
Zielgruppe 131
Liebesgeschichten 132
Überflüssiges Wissen 141
Schreiben 144
Mein schönstes
Ferienerlebnis........... 149
Alpträume 165

Werbeindustrie 166
Peinlichkeiten 170
Rumspielen 175
Das erste Mal 185
Fernsehen im Radio 202
Die Drei 206
Gute Taten 212
Von A nach B
(Vektorrechnung) 219
Rache 221
Glück 226
Berufe 232
Helden, Idole
und Vorbilder 241
Langeweile 250
Rezepte 252
Laster 256
Lebensmaximen 273
Hundequote 282
Menschen in
Bad Harzburg 284
Kinder 291
Ein ganz
offenes Interview 300
Personenregister 318

Im Fachhandel wie im Direktversand über Buschfunk erhältlich:

BUSCHFUNK VERTRIEBS GmbH · Rodenbergstraße 8 · 10439 Berlin · Tel 030/ 445 93 80 · Fax 030/ 444 72 89

NEUERSCHEINUNG

Gregor Gysi:
Freche Sprüche

Herausgegeben von Jörg Köhler & Hanno Harnisch
Mit ca. 50 Abbildungen
Ca. 320 Seiten, Klappenbroschur
ISBN 3-89602-041-2
ca. 24,80 DM / ca. 180 öS / ca. 25,80 sFr

All das, wofür Gregor Gysi weit über die Sympathiegrenzen seiner eigenen Partei hinaus geliebt und gefürchtet ist, findet sich hier zum ersten Mal in einem Buch komprimiert, es ist also gleichermaßen das Standardwerk für Gysi-Fans und die kleine Rhetorik-Fibel für diejenigen unter seinen vielen politischen Gegnern, die schon immer davon geträumt haben, Gregor Gysi einmal im Leben gewachsen zu sein.

Fast von allein stellt sich dabei allerdings heraus, daß Gysi selten Witze um ihrer selbst Willen macht und an seiner zwiespältigen Partei doch mehr hängt, als ihm es ihm oft selbst lieb zu sein scheint.

Gregor Gysi erscheint in diesem Buch plötzlich in einem ganz neuen Licht, gerade die Ballung seiner sprachlichen Heldentaten macht ihn einerseits zum sympathischen Don Quichote, der fast chancenlos gegen die Bonner Windmühlen ficht, andererseits aber auch zur intellektuellen und rhetorischen Meßlatte für den modernen Politiker.

IN VORBEREITUNG

Jürgen Kuttner & Stefan Schwarz:

Die Expertengespräche

Mit zahlreichen Abbildungen
Ca. 320 Seiten, Klappenbroschur
ca. 24,80 DM / ca. 180 öS / ca. 25,80 sFr
Erscheint im Frühjahr 1996

Wirkliche Universalexperten sind selten geworden in der heutigen Zeit. Unzählige Wissenschaftler forschen auf unzähligen Gebieten – aber wo bleibt am Ende des zwanzigsten Jahrhunderts das universelle Genie, der klare Kopf, der noch fachübergreifend zu denken in der Lage ist?

Dieses Buch stellt einen Mann vor, der die besten Chancen hätte, als ein solches Genie bezeichnet zu werden. Bisher reicht sein Ruhm allerdings nur bis an die Grenzen des Sendegebiets von Radio Fritz (ORB).

Es handelt sich um Stefan Schwarz. Bekannt geworden ist Schwarz als Universalexperte in Jürgen Kuttners Kultsendung »Sprechfunk«, und berühmt wurde Schwarz durch seine atemberaubende Fähigkeit, zu nahezu jedem Thema einen wissenschaftlich fundierten Kommentar abzugeben – sei es nun die Geschichte des Taxifahrens, die Erfindung des Wasserhahns oder das Fehlen der Kniegelenke beim Elch.

In »Die Expertengespräche« erscheint nun zum ersten Mal eine vollständige Sammlung dieser Kommentare zum aktuellen Zeitgeschehen, literarisch wertvoll wird das Buch zudem durch die unterhaltsamen Fragen von Star-Moderator Jürgen Kuttner.

22 bis 1 Uhr nachts: Talk under the Blue Moon.
Die Radiosendung, in der ununterbrochen gequatscht wird. Meinungen, Ideen, Gefühle, Gespräche, Diskussionen, Streit. Anrufen, Senf dazugeben oder Klappe halten. **102,6 MHz**